Minerva
BE

Minervaベイシック・エコノミクス

統計学

Statistical Analysis

Shingo Shirahata
白旗慎吾 著

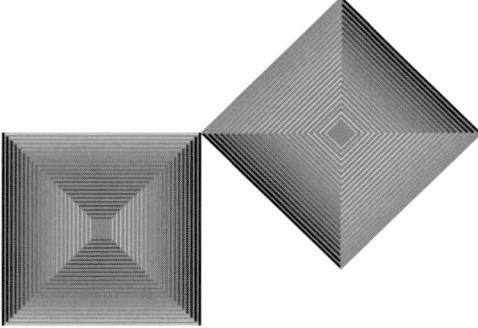

ミネルヴァ書房

R は The R Foundation が著作権を持つフリーソフトウエアです。
S-PLUS は Insightful Corporation の登録商標です。
Microsoft Windows および Microsoft Excel は米国 Microsoft Corporation の登録商標です。
SAS は米国 SAS Institute Inc. の登録商標です。
SPSS は米国 SPSS Inc. の登録商標です。
Statistica は StatSoft, Inc. 社の登録商標です。
S は Lucent Technologies 社の登録商標です。
Stata は米国 Stata 社の登録商標です。

はじめに

　「現代は情報化社会」と言われて久しく、今や「化」が取れて「情報社会」に突入したと言えるでしょう。新聞や雑誌には多くのデータが掲載されており、テレビでも多くのデータが紹介されています。政府をはじめとする行政や民間の発表するデータも膨大な量になります。そしてインターネットで検索すれば、必要な情報を含め、玉石混淆のデータがいくらでも得られます。かつ、これからもデータはますます増えるでしょう。では、これらのデータは有効に活用されているでしょうか。データには必ず誤差や個人差や予期せぬ変動が含まれています。経済成長率1つとっても、成長率の定義を認識しているでしょうか。また、その測定値にはどのくらいの大きさの誤差が含まれているか考えたことがあるでしょうか。データを基にして報告書等が作成され、そこからいろいろの結論が導かれ、実行に移されます。しかしながら、誤差を認識していない報告は、実は単なる感想文であり、せいぜいが参考資料にすぎないのではないでしょうか。そこから導かれる政策はヤマカンによるのと違いがありません。物価上昇率の計算には、多くの品目の値段を知る必要があり、かつそれらの品目には重要度や値段の大きな違いがあります。かつ、1つの商品でも販売店によって大きな差があります。真の物価上昇率など存在せず、現実に測られた物価上昇率は一種の近似に過ぎません。政策当局者はその限界を認識して行動しているでしょうか。

　統計学は誤差を含んだデータを効率的に取得し、正確な分析を行うための有力な道具の1つであり、正しい結論を導くために必須の分野です。統計学では、データを図表化したり、数学的に分析することによって正しい結論を導こうとします。本書は統計学の基礎的事項の紹介が目的であり、現実のデータの解析にはより高度な手法が必要です。ただし、統計解析の初歩として必要とされる事項のほとんどは網羅されています。

　数学はもちろん統計学も経済学・経営学・商学などの文科系学部学生には敬遠される学問分野です。しかしながら、かつては経済学や金融理論の一流の文献は英語で書かれている、と言われていましたが、現在は、それらは数学、特

i

に確率論と統計学で書かれています。将来は企業経営や政策立案に関与することを志望する経済系学部の学生、感想文ではなく根拠のある報告を行う義務のある者には、本書程度の統計学・数学を理解することは必修です。

本書の内容は、大きく分ければ、第1、2章の記述統計、第3、4章の確率の導入、第5、6章での統計学の基礎的概念の定義、第7章以降の個別問題に関する推定・検定です。データをそのまま見れば単なる数字の山にすぎません。データの整理とは、この数字の山をグラフやいろいろの統計量を用いて見やすく加工することです。データの整理には数学はほとんど必要としませんが、データ解析の前処理として必ず実行しなければなりません。確率に関する部分では、多くの確率分布を導入し、その性質について解説します。かつては経済関係の分野で必要とされる確率分布は2項分布や正規分布など、ごく少数でしたが、解析すべき経済事象が増大するにつれ、より多くの分布が必要となってきています。統計学の基礎的概念の定義では、最も代表的な分布である正規分布に基づく代表的統計量と推定・検定の概念を導入します。より高度の概念、つまり予測や、データ以外の付加情報を活かすためのベイズ法などは省略されます。個別の問題への推定・検定では、本書では一変量データおよび回帰における二変量データのみを扱っています。より多くの変量を解析するための多変量解析や時間順のデータを解析する時系列解析、実験計画法等の多くの分野については、本書の想定している以上の数学が必要であり、省略します。ただし、本書はこれらの分野の基礎となる筈です。

本書は数学の本ではないので厳密な証明を与えることは重視していません。多くの証明は断りなしに省略しています。なお、統計計算のほとんどは机上で手計算を行うことは困難であり、実際には何らかのソフトウエアを使用する必要があります。統計解析に用いられるソフトウエアにはSAS、SPSS、Statistica、S、S-PLUS、Rなどたくさんあります。この中でRはフリーソフトウエアであり、無料で入手できます。ただ、これらのソフトウエアはRを除き学生には高価で、かつ使用するには統計学とプログラムの知識が必要です。そこで、本書では、統計のソフトウエアではありませんが、表計算ソフトとして最も普及しているMicrosoft Excel（エクセル）の関数を随所で用いました。本文内ではエクセルに関しては詳しい説明はしませんが、巻末のエクセル統計

はじめに

関数表とエクセルのヘルプを参照すれば、かなりの計算が可能です。かつ、ほとんどの初等統計学の本では巻末に統計数値表が掲載されていますが、エクセルを用いれば不要であり、本書では省略されています。これを手始めに数学・統計学やコンピュータの苦手な文科系の皆さんも統計学とデータ解析になじんでいただきたいと思います。

　最後に、原稿が遅れに遅れて終始ご心配かけた担当の堀川健太郎氏らミネルヴァ書房の方々に深く感謝します。

　　　2008年6月

　　　　　　　　　　　　　　　　　　　　　　　　　　　　白旗慎吾

統計学

目　次

はじめに

数学記号／ギリシャ文字

第1章　一変量データのまとめ方……1

1.1 度数分布表，ヒストグラム……1
1.2 ステムリーフ……6
1.3 データを代表する値……8
 1.3.1　標本平均　　1.3.2　中央値、メディアン
 1.3.3　最頻値、モード　　1.3.4　加重平均
 1.3.5　打ち切り平均　　1.3.6　幾何平均
1.4 ばらつきの大きさを表す値……16
 1.4.1　標本分散、不偏分散、標準偏差　　1.4.2　四分位偏差
 1.4.3　範囲　　1.4.4　平均偏差
1.5 データの形を表現する統計量……21
 1.5.1　歪度　　1.5.2　尖度　　1.5.3　変動係数
1.6 グラフ……24
 1.6.1　ジニ係数　　1.6.2　箱ひげ図

第2章　多変量データのまとめ方……31

2.1 標本共分散と標本相関係数……31
 2.1.1　相関表と相関図　　2.1.2　標本共分散と相関係数
2.2 回帰直線と最小2乗法……39
2.3 3つ以上の変量の場合……42
 2.3.1　重相関係数　　2.3.2　偏相関係数
2.4 順位相関……45
2.5 時系列データ……48
 2.5.1　トレンド　　2.5.2　季節変動　　2.5.3　移動平均
2.6 グラフ表現……50
 2.6.1　相関図行列　　2.6.2　顔形グラフ

第3章 確率 …………………………………………………………… 55

3.1 確率……55
3.2 確率変数……59
    3.2.1 離散確率変数　3.2.2 連続確率変数
    3.2.3 多変量確率変数　3.2.4 無作為標本
3.3 確率変数の期待値……69
    3.3.1 1変量確率変数の期待値　3.3.2 多変量確率変数の平均
3.4 積率母関数、確率母関数……75

第4章 確率変数 ………………………………………………………… 81

4.1 離散確率変数……81
    4.1.1 (0,1)分布とベルヌーイ試行　4.1.2 2項分布
    4.1.3 ポアソン分布　4.1.4 負の2項分布
    4.1.5 超幾何分布　4.1.6 多項分布
4.2 連続分布……96
    4.2.1 一様分布　4.2.2 ベータ分布　4.2.3 指数分布
    4.2.4 ガンマ分布　4.2.5 ワイブル分布　4.2.6 正規分布
    4.2.7 対数正規分布　4.2.8 ロディスティック分布
    4.2.9 多変量正規分布

第5章 標本分布 ………………………………………………………… 119

5.1 確率変数の関数の分布……119
5.2 確率変数の和の分布……122
5.3 カイ2乗分布……127
5.4 t分布……130
5.5 F分布……133

第6章 推定と検定 ……139

- **6.1** 点推定……139
- **6.2** 平均2乗誤差と有効推定量……143
- **6.3** 推定量の構成法……147
  - 6.3.1 最尤法　6.3.2 モーメント法
- **6.4** 仮説検定……150
- **6.5** 検定統計量の構成法……153
  - 6.5.1 尤度比検定　6.5.2 推定量による検定
  - 6.5.3 標本P値

第7章 一標本問題における推測 ……159

- **7.1** 正規分布の平均（分散既知の場合）……159
- **7.2** 平均に関する推測（分散未知の場合）……162
- **7.3** 対応のある場合の平均の差……164
- **7.4** 大標本の場合の平均……166
- **7.5** 正規分布の分散に関する推測……168
- **7.6** 指数分布における推定・検定……169

第8章 二標本問題における推測 ……173

- **8.1** 平均の差に関する推測（分散既知の場合）……173
- **8.2** 平均の差に関する推測（分散共通の場合）……175
- **8.3** 平均の差に関する推測（分散未知の場合）……178
- **8.4** 分散の比に関する推測……180
- **8.5** 指数分布の平均の比に関する推測……182

第9章　比率の解析　………………………………………………… 187

- 9.1　1標本の比率……187
- 9.2　比率の差（同じ集団内の場合）……191
- 9.3　比率の差（2つの集団の場合）……194
- 9.4　ポアソン分布に関する推測……196
- 9.5　ポアソン分布の平均の差……198
- 9.6　負の2項分布についての推定・検定……200

第10章　分割表と適合度検定　………………………………………… 205

- 10.1　多項分布における検定……205
- 10.2　適合度検定……207
- 10.3　分割表の検定……209

第11章　分散分析　………………………………………………………… 217

- 11.1　一元配置分散分析……217
  - 11.1.1　平均の検定　　11.1.2　平均の推定
  - 11.1.3　分散の検定
- 11.2　二元配置分散分析（繰り返しのない場合）……224
- 11.3　二元配置分散分析（繰り返しのある場合）……229

第12章　回帰分析　………………………………………………………… 237

- 12.1　直線回帰……237
- 12.2　相関係数……242

第13章　ノンパラメトリック法 …… 247

13.1 一標本の推定・検定 …… 247
　13.1.1　符号による推定・検定　　13.1.2　符号付き順位和
13.2 二標本の推定・検定 …… 251
　13.2.1　中央値検定　　13.2.2　順位和検定
13.3 順位相関係数 …… 255

第14章　コンピュータによる統計解析 …… 259

14.1 並べかえ検定 …… 259
14.2 ジャックナイフ法 …… 261
14.3 ブートストラップ法 …… 263
14.4 シミュレーションによる検定 …… 265

表計算ソフト・エクセルの統計関数 …… 269
練習問題解答 …… 275
参考文献 …… 293
索　　引 …… 294

数学記号／ギリシャ文字

$A \leq B$ 　　　式または数値 A が B に等しいか小さい、$B \geq A$ としても同じ

$A \equiv B$ 　　　左辺 A を右辺 B で定義する。A, B は式でも集合でも何でもよい

$\in, \ni$ 　　　$x \in A$ は x が A に入る、という意味。逆にかいて $A \ni x$ としても同じ

$A \approx B$ 　　　左辺 A と右辺 B がほぼ等しい。A, B は式でも集合でも何でもよい

R, R^2, R^n 　　　実数全体、2次元平面、n 次元ユークリッド空間

$\sum_{i=1}^{n} a_i, \ \sum_{i=1}^{n} a_i$ 　　　$a_1 + a_2 + \cdots + a_n$ のこと

$\sum_{i=1}^{\infty} a_i$ 　　　$\sum_{i=1}^{n} a_i$ の n を無限大にした極限

$\sum_A a_i, \ \sum_{i \in A} a_i$ 　　　A に含まれる番号 i の a_i を加えたもの

$\sum\sum_A a_{ij} \ \sum\sum_{(i,j) \in A}$ 　　　A に含まれる (i,j) のところで a_{ij} を加えたもの。例えば $\sum\sum_{i \neq j} a_{ij}$ は i と j が異なるところで a_{ij} を加える。$\sum\sum_{i \neq j}^{n} a_{ij}$ は n 以下で i と j が異なるところで a_{ij} を加える

$\max_{1 \leq i \leq n} a_i$ 　　　$a_1, \ldots, a_n$ の中の最大値

$\min_{1 \leq i \leq n} a_i$ 　　　$a_1, \ldots, a_n$ の中の最小値

A^c 　　　集合 A の補集合、つまり A に入らない要素

$A \cap B$ 　　　集合 A および B の両方に含まれる要素全体

$\bigcap_{i=1}^{n} A_i, \ \cap_{i=1}^{n} A_i$ 　　　集合 $A_1, A_2, \ldots, A_n$ のすべてに含まれる要素全体

$\bigcap_{i=1}^{\infty} A_i$	集合 $A_1, A_2, \ldots$ のすべてに含まれる要素全体
$A \cup B$	集合 A または B のどちらかに含まれる要素全体。両方に含まれてもよい
$\bigcup_{i=1}^{n} A_i$	集合 $A_1, A_2, \ldots, A_n$ のどれかに含まれる要素全体
$\bigcup_{i=1}^{\infty} A_i$	集合 $A_1, A_2, \ldots$ のどれかに含まれる要素全体
$f', f'', f^{(k)}$	関数 $f(x)$ の微分、2回微分（微分された関数をもう一度微分したもの）、k 回微分
$\dfrac{\partial}{\partial a} L(a,b)$	2変数関数 $L(a,b)$ を b を固定して定数と見なし、a で微分する
e	自然対数の底、$2.71\cdots$
e^x	$e^x = 1 + x + \frac{x^2}{2} + \cdots + \frac{x^n}{n!} + \cdots$ と定義されているとしてよい。
$\log(x)$	e を底とした自然対数。$a = \log(x)$ とおくと $x = e^a$
$\exp(x)$	e^x のことである
$_n C_k$	$\frac{n!}{k!(n-k)}$
$\binom{x}{k}$	$\frac{x(x-1)\cdots(x-k+1)}{k!}$
$B(\alpha, \beta)$	変数 α, β のベータ関数
$\Gamma(\alpha)$	変数 α のガンマ関数
$h \to +0$	h を正の方から 0 に近づける。負の方から近づける場合は $h \to -0$
$\int_a^b f(x)dx$	関数 $f(x)$ を区間 (a,b) で積分したもの。もし $f(a)$ が定義されていなければ $\lim_{c \to a} \int_c^b f(x)dx$ である。$f(b)$ が定義されていない場合も同様。$f(x) \geq 0$ なら $f(x)$、x 軸、$x=a$、$x=b$ で囲まれた部分の面積

数学記号／ギリシャ文字

$\int_a^\infty f(x)dx$	$\lim_{b\to\infty}\int_a^b f(x)dx$ の意味
$E(X)$	確率変数 X の母平均
$Var(X)$	確率変数 X の母分散
$Cov(X,Y)$	確率変数 X,Y の母共分散
$Cor(X,Y)$	確率変数 X,Y の母相関係数
$Bi(n,p)$	合計 n、確率 p の2項分布
$Po(\lambda)$	パラメータ λ のポアソン分布
$NB(r,p)$	失敗数 r、成功確率 p の負の2項分布
$HG(M,N,n)$	パラメータ M,N,n の超幾何分布
$M(n;p_1,\ldots,p_K)$	合計 n、確率 $p_1,\ldots,p_K$ の多項分布
$U(a,b)$	区間 (a,b) の一様分布
$Be(\alpha,\beta)$	パラメータ α,β のベータ分布
$E_x(\lambda)$	パラメータ λ （平均 $1/\lambda$）の指数分布
$Ga(\alpha,\beta)$	パラメータ α,β のガンマ分布
$We(\alpha,\beta)$	パラメータ α,β のワイブル分布
$N(\mu,\sigma^2)$	平均 μ、分散 σ^2（標準偏差 σ）の正規分布
$\varphi(x),\Phi(x)$	標準正規分布 $N(0,1)$ の密度関数と分布関数
$k(\alpha)$	標準正規分布のパーセント点。$\Phi(\alpha)=\alpha/2$ と定義される。$\alpha=P(|X|>k(\alpha))$ である
$N(\mu_x,\mu_y;\sigma_x^2,\sigma_y^2,\rho\sigma_x\sigma_y)$	平均 (μ_x,μ_y)、分散 σ_x^2,σ_y^2、共分散 $\rho\sigma_x\sigma_y$、相関係数 ρ の2変量正規分布
$LN(\mu,\sigma^2)$	平均 μ、分散 σ^2 の正規分布からの対数正規分布
$LG(\mu,\sigma^2)$	平均 μ、尺度パラメータ σ のロディスティック分布
χ_n^2	自由度 n のカイ2乗分布

$\chi_n^2(\alpha)$		χ_n^2 のパーセント点。$\alpha = P(X > c)$ となる $c = \chi_n^2(\alpha)$ で定義される
t_n		自由度 n の t 分布
$t_n(\alpha)$		t_n のパーセント点。$\alpha = P(|T| > c)$ となる $c = t_n(\alpha)$ で定義される
$F_{m,n}, F_n^m$		自由度対 (m,n) の F 分布
$f_{m,n}(\alpha), f_n^m(\alpha)$		$F_{m,n}$ のパーセント点。$\alpha = P(F > c)$ となる $c = f_{m,n}(\alpha)$ で定義される

本書で用いられたギリシャ文字。

文字	読み	意味
α	アルファ	信頼係数、信頼度、有意水準、各種の確率など
ϵ	イプシロン	小さな正の数、大数の法則の証明などで使用
θ	シータ	パラメータ
λ	ラムダ	ポアソン分布の平均、指数分布の平均など
μ	ミュー	平均
ρ	ロー	相関係数
σ	シグマ	標準偏差、σ^2 は分散
ϕ	ファイ	空集合
φ	ファイ	標準正規分布の密度関数
χ	カイ	カイ 2 乗分布
Γ	ガンマ	ガンマ関数
Φ	ファイ	標準正規分布の分布関数
Ω	オメガの大文字	全事象

第1章　一変量データのまとめ方

データとは調査・観察・観測や実験の結果に得られた数値群をいう。データを取る目的は、その内容を知りたい対象（母集団、数値化されていなければならない）があるからであり、母集団を調べるためにデータを取る。母集団を調べるためには、その調査される対象を母集団からまんべんなく抽出する必要がある。そのために確率・確率変数と統計科学が必要となる。ただし、それは後の章にゆずり、この章および次の章では抽出された対象を観測・測定したデータの整理とデータ全体を記述する代表的なデータの関数（データだけで決まる量、統計量）を導入する。

データはそのままでは単なる数字の山であり、一見しただけでは何の情報も得られない。データを解析するためには、まずデータを整理してその概略を知らなければならない。データの概略を知るには、データをグラフに表して視覚的に見ること、およびデータの特性を表す統計量を求めること、の二つが有力である。この章では一変量データを表現する統計量およびグラフ表示について述べる。

1.1　度数分布表，ヒストグラム

データを整理するのにまず作成するのが度数分布表である。度数分布表とは、データの取りうる範囲を小区間（階級とよぶ）に分け、各階級に含まれる個数を数えて表にしたものである。K 個の階級に分けたとして、i 番目の階級の下端、上端を a_{i-1}, a_i （境界値）とおき、その中間点

$$c_i = \frac{a_{i-1} + a_i}{2}$$

を階級値とよぶ。各階級に入った個数（度数とよぶ）を数えて表 1.1 のような表を作成する。通常は階級値と度数だけを記入して度数分布表とよぶが、表 1.1 では累積度数 $g_1 = f_1$, $g_k = f_k + g_{k-1}$ $(k > 1)$ も記入してある。階級値ではなく階級の範囲を記することも多い。ここで階級の下端、上端の $\{a_i\}$ や階級に含まれるデータに関しては通常一定の条件があるが、それは例の中で述べる。さらにこの表を棒グラフに表したものがヒストグラムである。ヒストグラムにすれば図から直感的にいろいろの情報が得られる。

表 1.1　度数分布表

階級値	度数	累積度数
c_1	f_1	g_1
c_2	f_2	g_2
⋮	⋮	⋮
c_K	f_K	g_K
計	n	

例 1.1　表 1.2 の 100 個の数値を考える。データ（身長）では最大の値は 186 センチメートル、最小の値は 159 センチメートル、取り得る値は 28 個ある。そこでデータ全体を 10 個の集合

$$(158, 159, 160), (161, 162, 163), \ldots, (185, 186, 187)$$

に分類し、各集合に入った個数を数えて度数とする。データはセンチメートル単位で測られているが、どの集合も 3 つの値から成る。データの数値は小数点以下第 1 位を四捨五入していると解釈して、区間

$$(157.5, 160.5), (160.5, 163.5), \ldots, (184.5, 187.5)$$

を階級とする。

$$157.5, 160.5, \ldots, 187.5$$

が境界値である。センチメートル単位で測定しているので境界値の単位は必ずその 1/2、つまり .5 が付かなければならない。累積度数とはその階級およびそれ以下の階級に入った個数である。度数分布表は表 1.3 のようになる。

さらにヒストグラムは図 1.1 で与えられる。このデータの場合、全体にほぼ対称であるが、やや右側に裾を引いている。

表 1.2 男性 100 人の身長、体重、胸囲

	身長	体重	胸囲		身長	体重	胸囲		身長	体重	胸囲
1	171	59	86	35	175	85	102	69	165	54	80
2	172	58	85	36	168	51	79	70	168	52	86
3	175	62	90	37	181	63	84	71	178	67	89
4	159	56	83	38	166	55	83	72	170	52	86
5	164	50	82	39	169	66	90	73	171	72	96
6	174	59	90	40	170	63	86	74	168	47	82
7	165	66	94	41	166	56	84	75	163	56	85
8	178	71	86	42	174	64	86	76	183	70	90
9	177	61	90	43	165	50	85	77	172	60	87
10	168	61	86	44	173	65	90	78	180	64	91
11	168	58	87	45	168	63	89	79	183	69	93
12	169	52	85	46	170	60	86	80	178	81	86
13	162	54	81	47	178	65	85	81	178	57	82
14	160	70	96	48	167	57	84	82	182	69	96
15	185	66	88	49	168	58	86	83	168	54	87
16	173	60	87	50	179	63	84	84	166	59	88
17	170	58	81	51	170	59	86	85	166	53	84
18	174	75	92	52	165	62	90	86	167	63	82
19	181	55	85	53	170	57	85	87	176	66	90
20	169	66	87	54	176	59	85	88	176	75	94
21	163	60	89	55	171	56	80	89	170	57	79
22	165	54	88	56	161	55	87	90	172	61	87
23	167	54	81	57	175	65	91	91	173	59	81
24	168	62	89	58	171	58	84	92	167	60	87
25	171	70	91	59	164	57	90	93	167	50	82
26	174	70	95	60	173	57	81	94	170	58	81
27	171	66	85	61	177	66	91	95	174	50	86
28	170	63	90	62	175	68	88	96	173	60	86
29	171	61	95	63	182	68	86	97	172	53	87
30	168	57	84	64	167	50	81	98	171	58	86
31	181	68	90	65	177	58	81	99	170	61	90
32	170	56	84	66	173	59	91	100	165	54	84
33	186	69	87	67	159	51	82				
34	163	48	78	68	175	60	86				

データをいくつの階級に分けるべきか、に関しては決定的な指針はない。データの個数を n 個として、スタージェスの公式、$1 + \log_2 n$ に近い整数が一応の目安になるが、ヒストグラムが見やすいように適宜決めてよい。例 1.1 では階級に含まれる値の個数は共通の値 3 とした。ただし、一般に個数は同じとするのが原則であるが、例えば所得のデータのように右に長く裾を引く歪んだデー

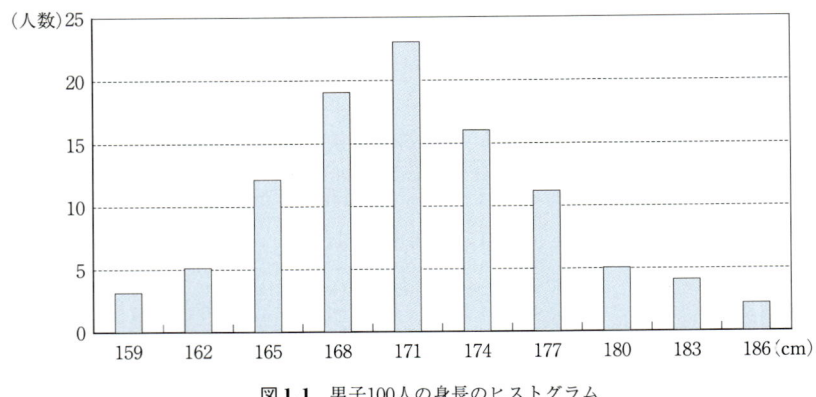

図 1.1 男子100人の身長のヒストグラム

タでは階級ごとに変えてもよい。統計解析ソフトウエアによっては原則を無視していることがあるので注意が必要となる。

度数分布表やヒストグラムを見るとデータ全体のいろいろな情報が得られる。例えば、ほぼ対称に分布しているか、右または左に長く裾を引いて歪んでいるか、2山型か（つまり男女の身長などのように異なる集団の混合か）、外れ値（他の観測値から飛び離れた値、記録ミスの可能性または異常事態の発生が予想される）があるか、等々が読みとれる。

表 1.3 男性 100 人の身長の度数分布表

階級値	度数	累積度数
159	3	3
162	5	8
165	12	20
168	19	39
171	23	62
174	16	78
177	11	89
180	5	94
183	4	98
186	2	100
計	100	

第 1 章 一変量データのまとめ方

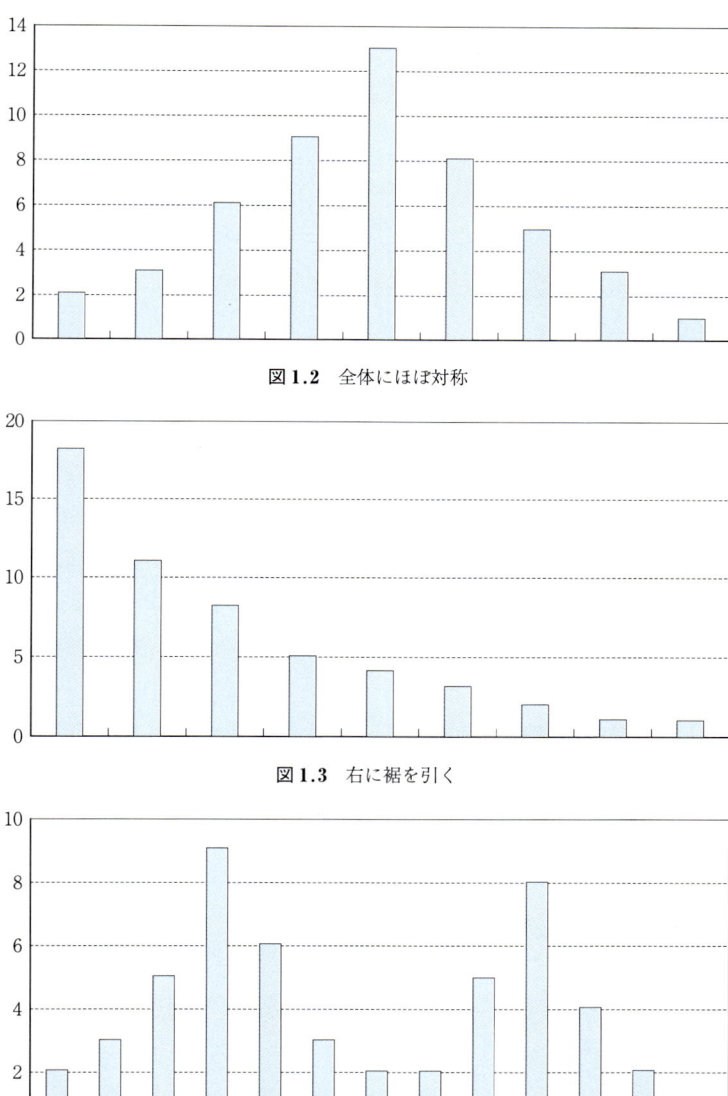

図 1.2　全体にほぼ対称

図 1.3　右に裾を引く

図 1.4　2 山型，2 つの集団が混じっている

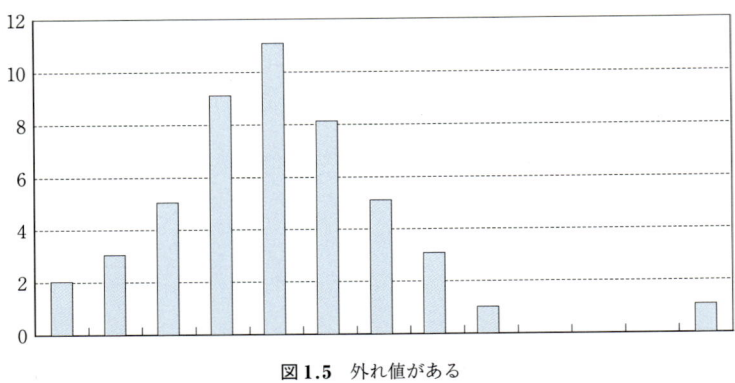

図 1.5　外れ値がある

1.2　ステムリーフ

　度数分布表やヒストグラムはデータ全体を把握できるが、同じ階級に分類された値はすべてその階級の階級値と見なされ、一つ一つの値の情報は消えてしまう。多数の観測値からなるデータならそれでもいいが、あまり大きくないデータではやはりその情報も保存したい場合がある。そのような場合に作られるのが*ステムリーフ*である。

　表 1.4 および表 1.5 のデータを考える。表 1.4 のデータは 2005 年の*日経平均株価*の*対数株価収益率*であり、毎週末の値で計算され、表 1.5 のデータは 2004 年の対数株価収益率である。対数株価収益率は、ここでは下の式で計算し小数点以下第 1 位を四捨五入している。

$$対数株価収益率 = 1,000 \times \log\left(\frac{日経平均株価の週終値}{前週の日経平均株価の週終値}\right) \quad (1.1)$$

数理ファイナンスの理論ではこのように対数を取ることが多い。もちろん平凡に計算した*株価収益率*

$$株価収益率 = 1,000 \times \left(\frac{日経平均株価の週終値}{前週の日経平均株価の週終値} - 1\right) \quad (1.2)$$

もよく用いられている。1,000 倍したのは単に数値の絶対値が小さすぎないようにしただけである。

ステムリーフは表 1.6 のように作成される。中央の階級値は度数分布表のときと同じであり、幹と見なされ、左右の部分を葉に見立てている。右側は 2005 年日経平均株価から算出された対数株価収益率で作成されている。例えば階級値 35.5 のところは $31, 32, \ldots, 40$ に対応する階級であり、245 は $32, 34, 35$ を意味し、1 位の桁の部分のみを記している。通常は右側のみを記すことが多いようであるが、ここでは対応を見るために左右に記した。また、ステムリーフからはヒストグラムを横に寝かせた形も得られる。

表のデータのステムリーフからは、2004 年に比べ 2005 年は大きく変動した週数はやや少ないが上昇した週の方が多いことが分かる。

表 1.4 2005 年の株価収益率

-7	-11	7	3	16	9	-1	18	4	-4
-11	-4	12	-4	-29	4	16	-13	-2	13
9	0	18	1	8	-6	16	-6	17	-12
41	2	11	12	7	20	15	31	-26	14
-17	11	53	5	32	10	42	-2	-16	49
10									

表 1.5 2004 年の株価収益率

-10	19	-27	-31	9	15	29	43	-34	22
30	3	6	-7	24	-31	-28	-53	20	21
-17	35	-13	34	-6	-26	1	-22	12	-32
-20	12	29	-17	5	-1	-18	8	32	-33
-12	-8	26	-4	5	-23	22	-30	29	25
10									

表 1.6 2004 年、2005 年の株価収益率

2004 年収益率	階級値	2005 年収益率
	55.5	4
3	45.5	129
245	35.5	12
1224569990	25.5	
22590	15.5	11223456667889
13556890	5.5	123457789900
14678	-4.5	0122444667
023778	-14.5	112367
023678	-24.5	69
011234	-34.5	
	-44.5	4
3	-54.5	

1.3 データを代表する値

1.3.1 標本平均

n 個のデータ $x_1, \ldots, x_n$ があるときその和

$$T_x = x_1 + x_2 + \cdots + x_n \tag{1.3}$$

を合計という。どのデータの合計かを明示したいときは T_x のように x を添え字につける。単に T と表してもよい。合計のうち 1 観測値当たりの値

$$\bar{x} = \frac{x_1 + x_2 + \cdots + x_n}{n} = \frac{1}{n}\sum_{i=1}^{n} x_i = \frac{T}{n} \tag{1.4}$$

を標本平均という。算術平均ともよばれる。単に平均ということも多い。ここで標本とはデータから計算された平均、という意味である。また、$\bar{x}$ の x の上の「-」は「バー」と読み、x で表したデータの平均を表すときに使われる。データを $z_1, \ldots, z_n$ のように表せば標本平均は

$$\bar{z} = \frac{z_1 + z_2 + \cdots + z_n}{n}$$

と表される。

$$z_i = \frac{x_i - a}{b}, \quad i = 1, \ldots, n \tag{1.5}$$

と変換してみる。これは測定単位を変えることを意味している。例えば欧米では温度を華氏で測定することが多いが、華氏で測定したデータ x を摂氏に変えるときは $a = 32$, $b = 1.8$ と変換する。このとき z_i での平均 $\bar{z}$ には下の性質がある。

性質 1.1

$$\bar{z} = \frac{\bar{x} - a}{b}, \quad \bar{x} = a + b\bar{z} \tag{1.6}$$

このようにデータの変換が統計量での変換とうまく対応できる性質を不変性という。さらに

性質 1.2

$$L(a) = \sum_{i=1}^{n}(x_i - a)^2 \tag{1.7}$$

が最小になるのは $a = \bar{x}$ のときである。

証明 L を微分して 0 とすればすぐ分かる。

$$L(a) = n(a - \bar{x})^2 + \sum_{i=1}^{n} x_i^2 - n(\bar{x})^2$$

と変形してもよい。

この性質から、標本平均は各データとの差の 2 乗和を最小にしていることが分かる。データ全体を代表する値は各データに近い必要があるが、すべてのデータに近いことは不可能であり、何らかの基準を作らねばならない。差の 2 乗和が小さいという意味で標本平均はデータ全体を代表するように定義されている。標本平均は大変シンプルな定義であり、したがって数学的にも扱いが簡単であるが、外れ値があると意味のない数値となることがある。

例 1.2 表 1.2 の最初の 5 個のデータの体重の平均を求めてみる。データは

$$59,\ 58,\ 62,\ 56,\ 50$$

である。式 (1.5) で $a = 55,\ b = 1$ とするとデータは 4, 3, 7, 1, -5 となり $T_z = 10$、標本平均は $\bar{z} = 2$ である。したがって式 (1.6) から $\bar{x} = 55 + 1 \times 2 = 57$ となる。

例 1.3 ある学科に入学した学生は 100 人であり、その保護者の年収は 99 人が 1,000 万円であり、残る 1 人は 100 億 1,000 万円とする。この残る 1 人は明らかに全体から離れた外れ値である。このとき合計は（万円を省略すると）

$$1{,}000 \times 99 + 1{,}001{,}000 = 1{,}100{,}000$$

であり標本平均は 100 で割って 1 億 1,000 万円となる。この値には全く意味がないであろう。

例 1.4　表 1.3 の度数分布表からの平均も計算してみる。度数分布表ではある階級に入った値をすべてその階級値で置き換える。表 1.1 の記号で言えば合計と標本平均は

$$T = c_1 f_1 + \cdots + c_K f_K, \quad \bar{x} = \frac{c_1 f_1 + \cdots + c_K f_K}{n} \tag{1.8}$$

である。したがって表 1.3 では標本平均は

$$\frac{1}{100}(159 \times 3 + 162 \times 8 + \cdots + 186 \times 2) = 171.27$$

となる。正確な平均は 171.22 であり、その違いは小さい。

表計算ソフト・エクセルでは、例えば、a1 から a10 まで 10 個の数値が格納されていれば =average(a1:a10) と入力して 10 個のデータの標本平均が求められる。

なお、度数分布表に性質 1.1 を用いた計算は 1.4.1 節の分散の所で紹介する。

1.3.2　中央値、メディアン

標本平均は数学的には簡単であったが、外れ値があるととんでもない値を取ることがあった。したがって外れ値があっても意味のある代表値を求めたい。そのために作られている代表的な統計量が中央値、メディアンである。中央値は以下のように定義される。

まずデータ $x_1, x_2, \ldots, x_n$ を昇順に並べ替えて

$$x_{(1)} \leq x_{(2)} \leq \cdots \leq x_{(n)} \tag{1.9}$$

となったとする。これを順序統計量という。この並べ替えたデータの中で順位が中央になる値を中央値と定義する。具体的には

$$Me = \begin{cases} x_{(\frac{n+1}{2})}, & n \text{ が奇数} \\ \frac{1}{2}(x_{(\frac{n}{2})} + x_{(\frac{n}{2}+1)}), & n \text{ が偶数} \end{cases} \tag{1.10}$$

で与えられる。

中央値は外れ値があっても値の変化は小さい。それは、外れ値があっても一般に中央部分の変化は小さいからである。ただし平均よりは数学的な扱いは難しくなる。エクセルでは =median(a1:a10) のように入力すればよい。また、標本平均と同様不変性が成り立つ。

度数分布表およびヒストグラムでは全体を 2 分する値とし、以下のように計算される。K 個の階級に分類されるとして、表 1.1 の記号を用いる。累積度数が初めて $\frac{1}{2}n$ を超える階級の番号 m を求め、その下の境界値からいくら大きくすればヒストグラムを 2 分するかを見ればよい。すなわち $g_{m-1} \leq \frac{1}{2}n$, $g_m > \frac{1}{2}n$ となる m を求め

$$M_e = a_{m-1} + \frac{\frac{n}{2} - g_{m-1}}{f_m}(a_m - a_{m-1}) \tag{1.11}$$

で計算すればよい。

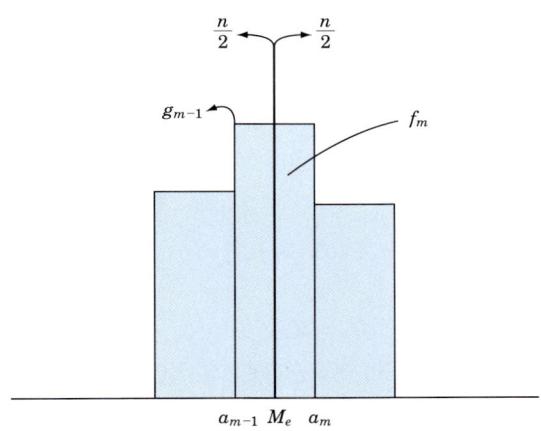

図 **1.6** ヒストグラムでの中央値の計算

例 1.5 例 1.2 と同じデータで中央値を計算すると

$$Me = 58$$

である。データが数個の場合は計算はほとんど不要であろう。

例 1.6　度数分布表 1.2 の身長のデータの度数分布表 1.3 から計算してみよう。初めて累積度数が 50 を超えるのは階級値 171 の階級であり、その階級の下端、上端は 169.5, 172.5、直前の階級の累積度数は 39 なので
$$Me = 169.5 + \frac{50-39}{23} \times (172.5 - 169.5) = 170.9$$
である。右にやや裾を引いているので標本平均よりはやや小さいが違いは小さい。

性質 1.3
$$L(a) = \sum_{i=1}^{n} |x_i - a|$$
を a の関数と見たとき最小にする a は n が奇数のときは $a = x_{(\frac{n+1}{2})}$ であり、n が偶数のときは区間 $[x_{(\frac{n}{2})}, x_{(\frac{n}{2}+1)}]$ の任意の値である。

この性質から、中央値は常に $L(a)$ の最小値を与える。したがって中央値はデータとの差の絶対値の和を最小にしていることが分かる。その意味で中央値はデータ全体を代表している。標本平均は差の2乗で考えた。中央値は差の絶対値で考えている。

1.3.3　最頻値、モード

標本平均、中央値と並んでよく用いられるのが最頻値、モードである。最頻値とは
$$Mo = 最も多い値 \qquad (1.12)$$
である。ただしデータ数が小さい場合や同じ値がほとんど出ないか、有効数字の桁数が多い場合はしばしばうまく行かない。したがって実際には度数分布表で最も度数が大きかった階級の階級値を指して最頻値とし、その階級をモード階級とよぶことが多いようである。明確に式で表せないことから分かるように数学的には扱いにくい量であるが、意味が分かりやすいことからしばしば用いられる。

例 1.7　表 1.2 の度数分布表では階級値 171 センチメートルの階級がモード階級である。

標本平均、中央値、最頻値の3つは最もよく使われる代表値である。もしデータがある値に関しほぼ対称ならこの3つはほぼ同じ値になる。一方、所得額や貯蓄額のような右に裾を引くデータの場合は、ほとんどの場合

$$最頻値 < 中央値 < 標本平均 \qquad (1.13)$$

となる。したがって、平均所得や平均貯蓄額などに意味があるかどうかは意見の分かれるところである。エクセルでの計算は同点がある場合に不安定であり推奨しない。

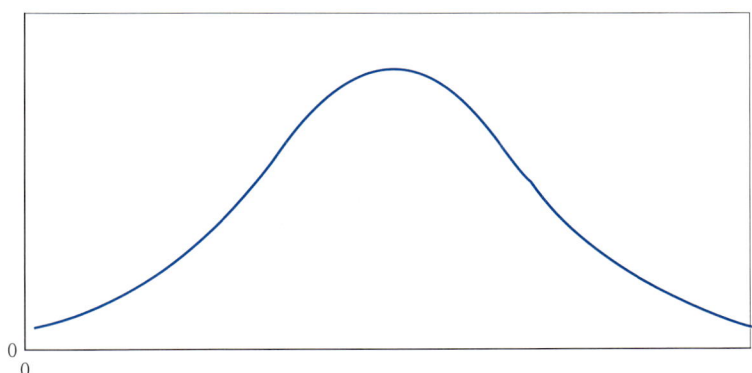

図 1.7 　平均 ≃ 中央値 ≃ 最頻値

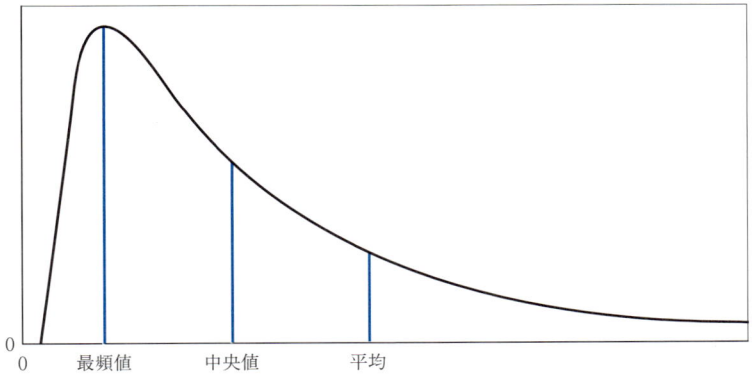

図 1.8 　平均 ＞ 中央値 ＞ 最頻値

1.3.4 加重平均

標本平均は単純に合計を求め、それを個数で割った。これは n 個の観測値が基本的に同じ性質の場合に限り有効である。データ $x_1, x_2, \ldots, x_n$ が異なった性質を持つ場合は適当な重み $w_1, w_2, \ldots, w_n$ を考えて

$$\bar{x}_w = w_1 x_1 + w_2 x_2 + \cdots + w_n x_n \tag{1.14}$$

を平均として採用するのが加重平均である。ここで重みは $w_1 + w_2 + \cdots + w_n = 1$ とされる。標本平均はこの特別な場合と考えられる。例えば、物価指数は多くの品目の価格が必要であるが、その単価の違いは大きく、適当な重みをつけて計算されている。東証株価指数も一種の加重平均である。

例 1.8 社長 1 名、管理職 9 名、一般社員 90 名からなる会社で、社長が 100 %、管理職が 50 %、一般社員は 10 %昇給したとする。このときの平均昇給率は単純に

$$\frac{100 + 50 + 10}{3} = 53.3\ \%$$

ではなく人数で重みを付けた

$$\frac{1}{100} \times 100 + \frac{9}{100} \times 50 + \frac{90}{100} \times 10 = 14.5\ \%$$

とすべきであろう。

1.3.5 打ち切り平均

加重平均は各データの性質が異なるために重みを考えが、性質が同じであっても他と離れた値があっては困ることがある。そのために大きい値と小さい値を一定数無視して平均を計算するのが打ち切り平均である。

データを昇順に並べたときに、大きい方から k 個、小さい方から k 個を無視すると打ち切り平均は順序統計量を用いて

$$\bar{x}_t = \frac{x_{(k+1)} + x_{(k+2)} + \cdots + x_{(n-k)}}{n - 2k} \tag{1.15}$$

で与えられる。中央値 Me はこの特別な場合と考えられる。k は目的に応じ適宜きめられる。

例 1.9　10 点満点で採点されるある競技での 9 人の審判の得点が

$$9.4,\ 9.4,\ 9.5,\ 9.5,\ 9.6,\ 9.7,\ 9.7,\ 9.7,\ 9.8$$

であるとき、大きい方と小さい方を 3 人ずつ無視すると

$$\bar{x}_t = \frac{9.5 + 9.6 + 9.7}{3} = 9.6$$

となる。この場合 $n = 9,\ k = 3$ である。

1.3.6　幾何平均

観測値が正の値しか取らず、かつデータ全体が歪んでいて標本平均を求めることがためらわれる場合を考える。そのような場合にしばしば採用されるのが幾何平均である。幾何平均は

$$\bar{x}_g = \sqrt[n]{x_1 \times x_2 \times \cdots \times x_n} \tag{1.16}$$

で定義される。また、（自然）対数をとった

$$\log \bar{x}_g = \frac{\log x_1 + \log x_2 + \cdots + \log x_n}{n} \tag{1.17}$$

も幾何平均とよばれることがある。歪んだデータに対してしばしば用いられる。

例 1.10　最近 5 年間の経済成長率が 1.5 %，0.9 %，0.7 %，2.2 %，1.7 %，だったとする。その間の平均成長率とは、毎年同じ成長率だったとすれば、いくらにすれば同じ結果になるか、と解釈される。この上昇率を a とすれば、前年との比に変換して

$$(1+a)^5 = 1.015 \times 1.009 \times 1.007 \times 1.022 \times 1.017$$

なので幾何平均を求めることにより $a = 0.014$、つまり 1.4 % が平均成長率となる。

1.4 ばらつきの大きさを表す値

データ全体を代表する値を定義しようとするのが前節の目的であった。しかしながら、例えば $-3, -2, 1, 4$ と $-30, -20, 10, 40$ はいずれも標本平均は 0 であるが、全く様相を異にしている。2つのデータでばらつきが 10 倍違っている。したがってデータの様相を知るにはばらつきの大きさも重要となる。この節ではばらつきの大きさを表現する統計量を定義する。

1.4.1 標本分散、不偏分散、標準偏差

標本平均 $\bar{x}$ がデータ全体を代表していると見なせる場合を考える。このとき $\bar{x}$ から遠い観測値が多ければばらつきの程度は大きいと見なせる。そこで各観測値の $\bar{x}$ からの距離の2乗の平均

$$s_x^2 = \frac{1}{n}\sum_{i=1}^{n}(x_i - \bar{x})^2, \ s_x \geq 0 \tag{1.18}$$

を考え、これを標本分散という。ばらつきの程度を表す統計量として最も代表的なものとして知られている。単に分散ということも多い。計算上は

$$s_x^2 = \frac{1}{n}\sum_{i=1}^{n}x_i^2 - (\bar{x})^2 \tag{1.19}$$

もしくは

$$s_x^2 = \frac{1}{n}\sum_{i=1}^{n}(x_i - x_0)^2 - (\bar{x} - x_0)^2 \tag{1.20}$$

が便利である。ここで x_0 は何を選んでもよい。したがって計算に便利な x_0 を選ぶべきである。数学・統計学のシステムソフトのほとんどでは、何らかの方法により適当な x_0 を選んで計算している

また、近年では式 (1.18) の分母の n を $n-1$ に変えた不偏分散

$$u_x^2 = \frac{1}{n-1}\sum_{i=1}^{n}(x_i - \bar{x})^2, \ u_x \geq 0 \tag{1.21}$$

の方がよく用いられている。その理由は後述する。データの個数 n が大きければどちらでも支障はないが、電卓や一部のシステムソフトでは s_x^2 と u_x^2 のどちらを計算しているのか不明なものが散見されるので注意が必要となる。

ところで s_x^2 と u_x^2 の単位はどちらも元のデータの測定単位の 2 乗となっている。例えば、センチメートルで測定されたデータなら平方センチメートルとなる。そこで元のデータと測定単位をそろえた $s_x = \sqrt{s_x^2}$ および $u_x = \sqrt{u_x^2}$ を標本標準偏差とよぶ。このどちらで計算したかを明示しないソフトウエアも多いので注意が必要である。エクセルでは =var(a1:a10), =varp(a1:a10) とすれば不偏分散、標本分散を計算できる。=stdev(a1:a10), =stdevp(a1:a10) とすれば不偏分散、標本分散からの標準偏差が計算される。

標本平均のときと同様

$$z_i = \frac{x_i - a}{b}, \quad i = 1, \ldots, n$$

と変換すると次が成り立つ。

性質 1.4 標本平均では $\bar{z} = (\bar{x} - a)/b$ となったが分散の場合は

$$s_z^2 = \frac{s_x^2}{b^2}, \quad u_z^2 = \frac{u_x^2}{b^2} \tag{1.22}$$

となる。つまり a の値に関係しない。

さらにデータから測定単位を消去する、つまり測定単位のない無名数にして測定単位に無関係にするために

$$z_i = \frac{x_i - \bar{x}}{s_x} \text{ または } \frac{x_i - \bar{x}}{u_x} \tag{1.23}$$

を考える。このように標本平均を引いた後に標準偏差で割る操作を規準化という。基準化、標準化ともいう。データ x_i の偏差値は $10 \times z_i + 50$ と定義されている。つまり偏差値は無名数であるがあたかも試験の点数のような値に変換している。標本分散で規準化した場合、および偏差値の場合は、標本分散を 1 および 100 にしている。不偏分散で規準化した場合は z の不偏分散を 1 および 100 にしている。

性質 1.2 から、$x_1, x_2, \ldots, x_n$ を n 個の数値とすると

$$L(a) = \frac{1}{n} \sum_{i=1}^{n} (x_i - a)^2$$

を a の関数と見て最小にする a は $a = \bar{x}$ であり、最小値は s_x^2 であることが分かる。この性質は、距離の 2 乗の意味では標本平均がデータ全体との距離が最も近く、その最小値が標本分散であることを意味する。

例 1.11　例 1.2 の数値では

$$s_x^2 = \frac{(59-57)^2 + \cdots + (50-57)^2}{5} = 16, \ u_z^2 = 20$$

となる。例 1.3 では計算する気にならないであろう。

例 1.12　表 1.3 の度数分布表から計算してみよう。性質 1.1 と性質 1.4 を用いる。階級値を $z_i = (c_i - 171)/3$ と変換する。ここで 171 は度数が最大の階級の階級値であり、かつ度数分布表のほぼ中央にあるので選んだ。3 は階級の幅である。表 1.7 はその計算の様子である。

表 1.7　表 1.3 からの分散の計算

階級値	度数 f	u	uf	$u^2 f$
159	3	-4	-12	48
162	5	-3	-15	45
165	12	-2	-24	48
168	19	-1	-19	19
171	23	0	0	0
174	16	1	16	16
177	11	2	22	44
180	5	3	15	45
183	4	4	16	64
186	2	5	10	50
計	100		9	379

度数分布表ではデータはその属する階級の階級値に等しいと見なした。変換により階級値は $-4, -3, \ldots, 5$ となり、その標本平均は

$$\frac{z_1 f_1 + \cdots + z_{10} f_{10}}{100} = \frac{9}{100} = 0.09$$

標本分散は

$$\frac{z_1^2 f_1 + \cdots + z_{10}^2 f_{10}}{100} - (0.09)^2 = \frac{379}{100} - (0.09)^2 = 3.7819$$

である。これより標本平均は $171 + 3 \times 0.09 = 171.27$、標本分散は $3.7819 \times 3^2 = 34.0371$ となる。標本平均は例 1.4 と一致する。なお真の標本分散は 33.7716 であり、違いは小さい。

1.4.2 四分位偏差

標本分散はデータ全体を代表しているのは標本平均である、として構成されている。中央値がデータ全体を代表している、とするのが四分位偏差である。データ全体の中で小さい方から 25％の値（第 1 四分位）を Q_1、大きい方から 25％の値（第 3 四分位）を Q_3 とおく。第 2 四分位 Q_2 は中央値のことである。四分位偏差は

$$Q = \frac{Q_3 - Q_1}{2} \tag{1.24}$$

で定義される。データの中央部半分が長さ $2Q$ の区間に入ることになる。したがって広い範囲に散らばっているデータでは Q が大きくなる傾向があり、かつ少数個の外れ値があっても Q の値はあまり変動しない。$2Q$ を四分位範囲という。

中央値と異なり n が有限の場合は下から、もしくは上から 25％の値は決めがたい。一般には順序統計量 $x_{(1)} \leq \cdots \leq x_{(n)}$ に対して

$$Q_1 = (1-c)x_{(j)} + cx_{(j+1)}, \; Q_3 = cx_{(n-j)} + (1-c)x_{(n+1-j)} \tag{1.25}$$

とする方法がよく使われている。ここで、j は $(n+1)/4$ を超えない最大の整数、$c = (n+1)/4 - j$ である。

エクセルからは =quartile(a1:a10,n) とすると n=0, 1, 2, 3, 4 のときそれぞれ最小値、$Q_1, Q_2 = Me, Q_3$、最大値を出力する。

度数分布表からは中央値の場合と同様に以下のように計算される。

$$g_{m_1-1} \leq \frac{n}{4}, \; g_{m_1} > \frac{n}{4}, \; g_{m_2-1} \leq \frac{3n}{4}, \; g_{m_2} > \frac{3n}{4}$$

となる m_1, m_2 を見つけて

$$Q_1 = a_{m_1-1} + \frac{\frac{n}{4} - g_{m_1-1}}{f_{m_1}} \times (a_{m_1} - a_{m_1-1}),$$

$$Q_3 = a_{m_2-1} + \frac{\frac{3n}{4} - g_{m_2-1}}{f_{m_2}} \times (a_{m_2} - a_{m_2-1})$$

として Q を求めればよい。

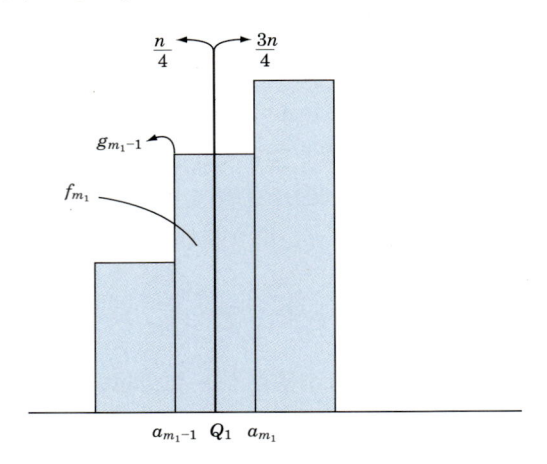

図 1.9 ヒストグラムでの Q_1 の計算

例 1.13 例 1.2 と同じデータで計算してみよう。この場合、$n = 5$ なので $j = 1$, $c = 0.5$ である。したがって

$$Q_1 = 50 \times 0.5 + 56 \times 0.5 = 53, \ Q_3 = 59 \times 0.5 + 62 \times 0.5 = 60.5$$

となるので、$Q = 3.75$ である。

例 1.14 中央値の場合と同様に表 1.3 の度数分布表から計算してみよう。$m_1 = 4$, $a_{m_1-1} = 166.5$, $f_{m_1} = 19$, $g_{m_1-1} = 20$, $m_2 = 6$, $a_{m_2-1} = 172.5$, $f_{m_2} = 16$, $g_{m_2-1} = 62$ であり、階級の幅は 3 なので

$$Q_1 = 166.5 + \frac{25 - 20}{19} \times 3 = 167.3,$$

$$Q_3 = 172.5 + \frac{75-62}{16} \times 3 = 174.9,$$

となり $Q = 3.8$ である。長さ約 7.6 の範囲に中央の半分の人数が入っている。

1.4.3 範囲

範囲データの中の最大値から最小値を引いた値である。$x_{(1)} \leq x_{(2)} \leq \cdots \leq x_{(n)}$ を順序統計量とすると

$$R = x_{(n)} - x_{(1)} \tag{1.26}$$

と定義される。直感的には非常にもっともらしい統計量である。範囲は外れ値があると全く意味を持たない値になるが、小数個のデータの場合は特に計算しなくても求めることができる長所がある。

1.4.4 平均偏差

標本分散は平方根をとればデータと同じ単位となるが、そのままでは同じにならない。そこでそのまま単純に計算してもデータと同じ単位になる

$$\frac{1}{n}\sum_{i=1}^{n}|x_i - \bar{x}| \tag{1.27}$$

を用いることがある。これを平均偏差とよぶ。他にも、外れ値に影響される度合いの小さい統計量として

$$\frac{1}{n}\sum_{i=1}^{n}|x_i - Me|$$

や $|x_i - Me|$ の中央値、などいろいろの統計量が考えられている。

1.5 データの形を表現する統計量

前2つの節ではデータ全体を代表する値とデータ全体の散らばりの大きさを測る統計量を構成しようとした。この節ではデータの形を表現する統計量を考える。

1.5.1 歪　度

データがほぼ対称なら標本平均、中央値、最頻値はほぼ同じ値となり、かつ多くの標準的な統計手法が使える。そこで対称性からのずれの表現として

$$\gamma_3 = \frac{\sum_{i=1}^{n}(x_i - \bar{x})^3/n}{s_x^3} \qquad (1.28)$$

が提案されている。これを歪度という。標本歪度ともいう。歪度が正で大きい場合は、標本平均より小さいデータはあまり標本平均から離れないが、標本平均より大きいデータには標本平均から大きく正の方向に離れているものが多くなる。つまり、正の方向に長く裾を引くデータでは大きい傾向がある。歪度が負ならその逆の傾向を持つ。歪度はデータの測定単位に無関係な無名数であり、所得や貯蓄のデータでは大きい場合が多い。歪度は無名数であり、エクセルからは =skew(a1:a10) と入力して求められる。

1.5.2 尖　度

統計解析では、4.2.6 節で導入される正規分布がデータの分布として標準的に仮定されることが多い。正規分布が仮定できれば、もしくは正規分布より外れ値が出にくければ標準的な手法（標本平均、標本分散など）を用いて不安はない。正規分布からのずれを測る統計量の一つとして

$$\gamma_4 = \frac{\sum_{i=1}^{n}(x_i - \bar{x})^4/n}{s_x^4} - 3 \qquad (1.29)$$

が定義される。これを尖度という。標本尖度ともいう。尖度が正で大きければ標準的な場合より外れ値が出やすく、負ならその可能性がより小さいことを意味する。尖度は無名数である。エクセルからは =kurt(a1:a10) のように入力する。

例 1.15　後掲の表 1.9 での体重のデータで歪度と尖度を計算してみよう。標本平均と標本分散は 50.64 と 20.9104、また

$$\frac{1}{n}\sum_{i=1}^{n}(x_i - \bar{x})^3 = 6.1899, \quad \frac{1}{n}\sum_{i=1}^{n}(x_i - \bar{x})^4 = 1201.20$$

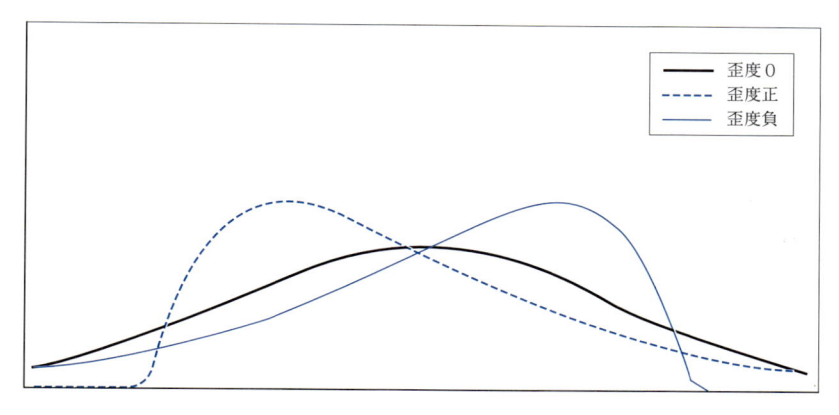

図 1.10　歪　度

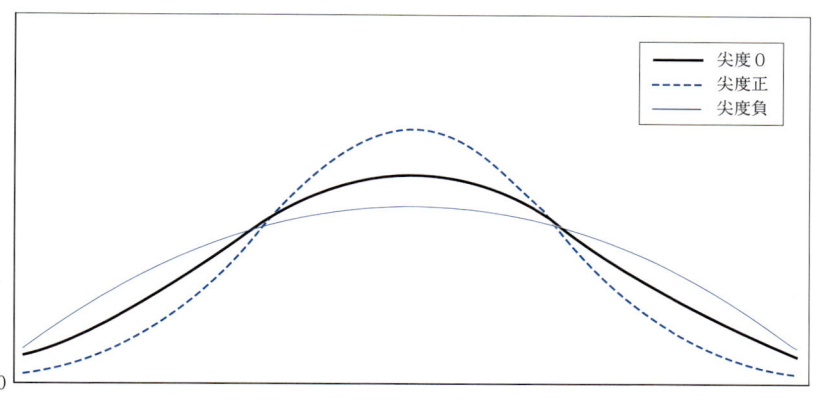

図 1.11　尖　度

となるので歪度と尖度はそれぞれ $\gamma_3 = 0.0647$, $\gamma_4 = -0.2528$ となる。やや平均の周りに固まりすぎ、かつ右に裾を引いているが、ほぼ標準的に分布している。

1.5.3　変動係数

一般にデータでは平均の大きい場合はばらつきの程度も大きいことが多い。象の体重の方が犬の体重よりばらつきは大きく、低価格の物品の店ごとの値段の差異より高価格の物品の値段の違いの方が大きい。そこで標本平均 $\bar{x}$ と標本

標準偏差 s_x を用いて

$$Cv = \frac{s_x}{\bar{x}} \tag{1.30}$$

を考え、変動係数という。変動係数は無名数であり、データの相対的なばらつきの大きさを表現している。変動係数 Cv の逆数 $1/Cv$ を SN 比という。SN 比は目標とする値が誤差の何倍になるか、というイメージである。

1.6　グラフ

データはそれだけでは単なる数値の羅列であり、分かりにくい。そこでデータをグラフに表す方法がいろいろ考えられてきた。ヒストグラムやステムリーフはデータ全体を俯瞰しよう、という手法であるが、同様の趣旨の方法を 2 つ紹介する。

1.6.1　ジニ係数

例えば所得の格差を考えるには、分散や四分位偏差、さらに四等分ではなく九等分、十等分することなどがなされている。一方、近年、別のグラフ表現に基づくジニ係数が脚光を浴びてきた。

ジニ係数は以下のように図を描いて導かれる。データを昇順に並べて

$$x_{(1)} \leq x_{(2)} \leq \cdots \leq x_{(n)}$$

とし、さらに、x の合計を T とおく。$y_0 = 0$, $y_k = (x_{(1)} + \cdots + x_{(k)})/T$, $k = 1, \ldots, n$ とおく。辺の長さ 1 の正方形を考え、左下が原点で座標 $(0,0)$ とする。

まず $(0,0)$ と $(1/n, y_1)$ 結ぶ、次に $(1/n, y_1)$ と $(2/n, y_2)$ を結ぶ。このように次々に結んでいくと一つの曲線が描かれる。これをローレンツ曲線という。この曲線と対角線に囲まれた部分の面積の 2 倍がジニ係数である。完全に全てのデータが同じ値（格差のない世界）になれば面積、すなわちジニ係数は 0 であり、1 個が正で残りがすべて 0（格差最大の世界）ならジニ係数は 1 となる。

例 1.16 　日本の 47 都道府県の面積を表 1.8 に数値のみ与えてある。このデータでジニ係数を求めてみよう。ただし、北海道（$83456km^2$）は大きすぎるので除外し他の 46 都府県で求める。面積最大は岩手県、次いで福島県、長野県と続き最小は香川県である。図 1.12 のグラフが書け、ジニ係数は 0.2779 と求まる。

表 1.8 　日本の都道府県の面積

1876	1895	2187	2275	2416	2440	3507	3691	3797	4017
4095	4145	4185	4189	4247	4465	4613	4727	4976	5157
5164	5677	5777	6096	6112	6339	6363	6408	6708	7105
7112	7286	7405	7735	7780	8395	8478	9188	9323	9607
10621	11612	12583	13562	13783	15279	83456			

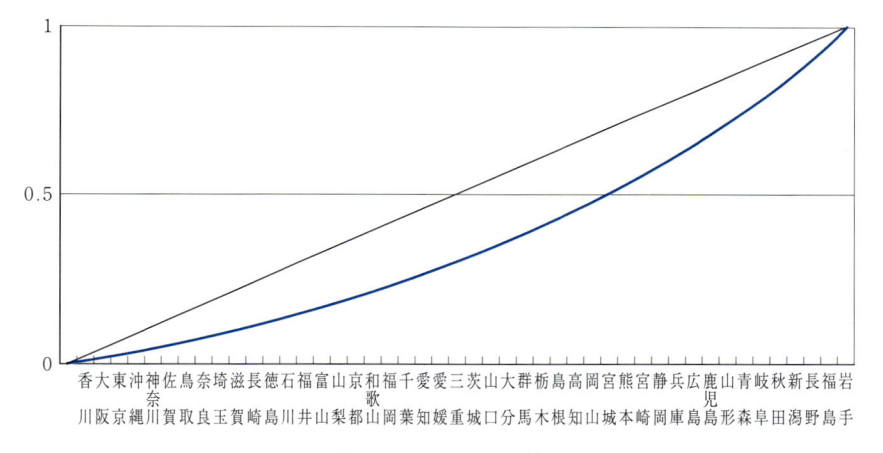

図 1.12 　ローレンツ曲線

1.6.2 　箱ひげ図

データ全体を表すものとして中央値、四分位偏差、最大値、最小値を考え、これを図にしたものが箱ひげ図である。これは四分位偏差内を箱にし、最大値と最小値をひげのように外に伸ばして描かれる。箱ひげ図はデータ全体の概略を小さく、細く描けるので複数の図を並べて描くことができる。株価の値動きを表すローソク足はこの変形である。

例 1.17　男子の身長のデータ（表 1.2）と女子の身長のデータ（表 1.9）で箱ひげ図を作ってみる。例 1.14 では Q_1, Q_3 を度数分布表から求めたが、エクセルの関数を用いる。男子のデータが a1:a100 に格納されているとすると =quartile(a1:a100,k) の k に 0, 1, 2, 3, 4 と入れると順に最小値、第1四分位、第2四分位（中央値）、第3四分位、最大値が得られる。同様に女子の値も求めると

	最小値	Q_1	Q_2	Q_3	最大値
男子	159	167	170.5	175	186
女子	149	155	159	163	170

となる。これから図 1.13 が得られる。図から、男子の中央値（Q_2）は Q_1, Q_3 の平均よりはやや小さく、ひげは小さい方より大きい方により伸びていることが分かる。女子の方が対称に近いことも読める。

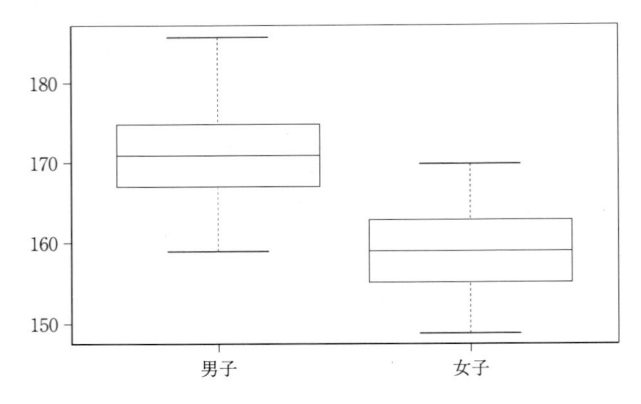

図 1.13　身長の箱ひげ図

例 1.18　5日間の株の値動きが以下のようであった。

	第1日	第2日	第3日	第4日	第5日
始値	733	760	760	782	780
高値	764	760	760	800	782
安値	715	730	772	775	760
終値	755	740	772	775	763

これから図 1.14 が得られる。図では、始値と終値で箱が作られ値下がりした

表 1.9 女性 100 人の身長、体重、胸囲

	身長	体重	胸囲		身長	体重	胸囲		身長	体重	胸囲
1	153	49	83	35	157	47	80	69	167	51	79
2	157	49	80	36	155	59	86	70	158	46	84
3	158	47	78	37	153	44	82	71	160	51	76
4	159	51	82	38	161	49	81	72	154	47	80
5	164	53	81	39	154	53	89	73	154	42	80
6	159	52	86	40	162	47	75	74	162	51	84
7	164	51	81	41	154	47	81	75	153	44	77
8	158	52	84	42	158	48	78	76	161	57	84
9	164	62	83	43	153	51	77	77	158	51	77
10	154	48	80	44	159	57	85	78	163	55	80
11	164	57	84	45	164	57	90	79	162	58	88
12	163	48	78	46	150	50	84	80	164	56	83
13	155	42	77	47	163	54	84	81	157	47	82
14	149	53	86	48	165	57	86	82	159	47	83
15	155	47	81	49	153	46	78	83	154	45	83
16	161	47	81	50	165	52	82	84	166	58	82
17	162	52	85	51	159	53	83	85	161	55	83
18	166	54	80	52	153	43	77	86	153	52	83
19	160	49	81	53	158	55	83	87	153	47	83
20	164	54	87	54	154	43	80	88	151	41	79
21	164	54	81	55	160	45	80	89	157	53	83
22	168	51	79	56	159	52	82	90	158	50	81
23	158	43	80	57	155	53	85	91	159	46	79
24	167	56	85	58	167	42	74	92	159	53	80
25	163	52	83	59	166	53	84	93	157	54	84
26	161	52	79	60	165	48	81	94	163	56	86
27	162	53	77	61	155	49	75	95	154	63	89
28	167	51	76	62	154	53	83	96	154	55	86
29	159	48	83	63	159	42	79	97	165	58	81
30	165	53	82	64	156	49	83	98	170	51	81
31	156	47	83	65	158	55	83	99	153	48	80
32	151	51	83	66	152	44	78	100	160	49	80
33	160	51	82	67	162	47	84				
34	161	50	84	68	164	54	80				

日は箱は黒く塗られる。高値はひげのように上に伸ばされ、安値は下に伸ばされる。もし高値もしくは安値が始値または終値に一致すれば少なくとも一方のひげのない図となる。

図 1.14　株価のろうそく足

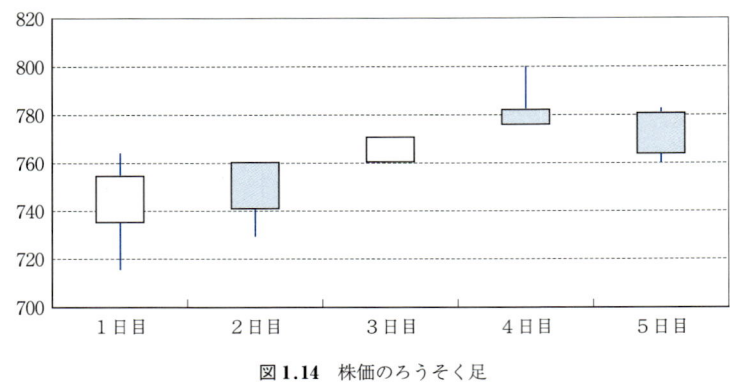

---- Tea Break　統計学 ----

　Tea Break、紅茶ブレーク、何じゃそりゃ。コーヒーブレークじゃないの。すみません。私はコーヒーより紅茶の方が好きなんです。コーヒーも嫌いではありませんが。もっとも酒の方がもっといいんです。ビール、発泡酒、日本酒、焼酎、泡盛にワイン、ウイスキー、ブランデー、何でも歓迎。もっとも酒では後で仕事が再開できなくなります。

　ところで、統計学は難しいですね。文科系の学生には数学と並んで嫌われる双璧です。数学が嫌いだから経済学部に入学したのに、という怨嗟の声をよく聞きます。でもこれから経営に携わろうとする学生は否応なしに統計学を勉強しなければならない時代になりつつあります。

　統計学には三つの源流があると言われています。一つは 18 世紀のドイツの国勢学派に発します。統計といえば人口、出生数、貿易額、企業収益等々、すぐに連想されるものは数値の羅列です。ただし、現代ではこれらの数値なくして国（規模を別にすれば県でも団体でもかまいません）の運営はできません。当時でもそうでしょう。ドイツ国勢学派は国家の状態を数値で記述することを主張しました。統計学を意味する英語 Statistic の語源は State（国家）の状態を記述する、にあります。記述によりヨーロッパ諸国の客観的比較が可能になりました。もっともそのようなことは国家の権力者には必要、かつ程度の差はあれ、いつの時代でも行っていた筈です。戦争をするにも彼我の戦力を見積もる必要がありますし、国民か

ら絞るだけの権力ではなく国を運営する権力であるためには絶対に必要です。その意味では統計学は国家発祥の時代に遡るかもしれません。第二次世界大戦では、日本の軍部はこのことを忘れ、精神力にのみ頼り、統計を用いて考察することを忘れてしまいました。ただし、当時のドイツは分裂した社会であり、単なる記録、表示の段階にとどまり、物事の数量化と実証、という段階には到達できませんでした。

練習問題

1.1 表 1.2 の男性のデータでの胸囲に関する標本平均、標本分散、不偏分散、最小値、第 1 四分位、中央値、第 3 四分位、最大値、四分位偏差、標本歪度、標本尖度を計算せよ。

1.2 標本分散の計算式 (1.19) と (1.20) を示せ。

1.3 m 個のデータからの標本平均と標本分散 $\bar{x}$, s_x^2 と n 個の別のデータからの標本平均と標本分散 $\bar{y}$, s_y^2 があるとする。このとき 2 つのデータを合併した $N = m + n$ 個のデータでの標本平均と標本分散はどうなるか。

第2章 多変量データのまとめ方

第1章では一変量データのまとめ方と統計量について述べた。この章では二つ以上の変量がある場合について考える。

2.1 標本共分散と標本相関係数

2.1.1 相関表と相関図

n 個の2変量データ $(x_1, y_1), (x_2, y_2), \ldots, (x_n, y_n)$ を考えよう。単に x のみ、または y のみに興味がある場合はそれぞれのみを考えればよいが、2変量もしくはそれ以上の変量がある場合は相互関係に興味があるといえる。そこで、まずデータを視覚的に見て全容を直感的にとらえようというのが散布図（相関図ともいう）である。散布図は単に2次元平面にデータをプロットするものであるが、2変量データ解析のための基本となり、1次元のヒストグラムからは分かりにくいこと、つまりデータが2つの集団からなることの認識や外れ値の発見、等が視覚的に可能となる。図 2.1 では x のみ、y のみのヒストグラムを作成しても2つの集団のデータが混じっていることは分からないであろうし、図 2.2 でも周辺を見ても外れ値は発見できないであろう。

2次元の度数分布表といえるのが相関表である。x を r 個の階級、y を s 個の階級に分け、それぞれの階級値を $\{c_i\}$ と $\{d_j\}$ とし、度数 f_{ij} を (x, y) の x が c_i の階級、y が d_j の階級に分類された個数、とする。周辺和を

$$f_{i\cdot} = \sum_{j=1}^{s} f_{ij}, \quad f_{\cdot j} = \sum_{i=1}^{r} f_{ij}$$

とおいたとき表 2.1 のように作成する。相関図と相関表は3つ以上の変量がある場合でも組み合わせごとに作成し、データの全体像をとらえる助けとする。

図 2.1 2つの集団のデータ

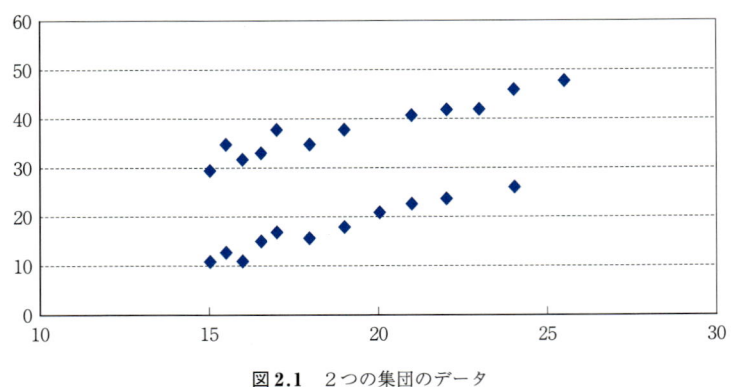

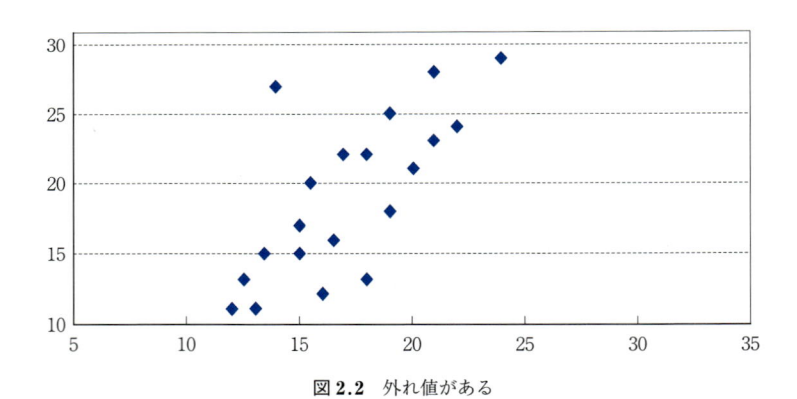

図 2.2 外れ値がある

表 2.1 相関表

階級値	d_1	$\cdots$	d_j	$\cdots$	d_s	計
c_1	f_{11}	$\cdots$	f_{1j}	$\cdots$	f_{1s}	$f_{1\cdot}$
$\vdots$	$\vdots$		$\vdots$		$\vdots$	$\vdots$
c_i	f_{i1}	$\cdots$	f_{ij}	$\cdots$	f_{is}	$f_{i\cdot}$
$\vdots$	$\vdots$		$\vdots$		$\vdots$	$\vdots$
c_r	f_{r1}	$\cdots$	f_{rj}	$\cdots$	f_{rs}	$f_{r\cdot}$
計	$f_{\cdot 1}$	$\cdots$	$f_{\cdot j}$	$\cdots$	$f_{\cdot s}$	n

例 2.1　表 1.9 のデータの身長と体重の相関表と相関図をかこう。身長の最小値は 149cm、最大値は 170cm、体重ではそれぞれ 41kg, 63kg である。身長で

は 8 個の階級に分類し、その階級値を 149, 152, 155, 158, 161, 164, 167, 170 とし、体重は 6 個の階級に分類し、その階級値を 42.5, 46.5, 50.5, 54.5, 58.5, 62.5 とする。合計 $8 \times 6 = 48$ 個に分けることになる。各集合に分類される個数を数えて表 2.2 を得る。表では、やや右下がり、つまり身長と体重にはやや正の相関が見られるが、あまり強くないことが分かる。相関図は図 2.3 に描く。全体から多少外れているデータもあるが、やはりやや正の相関が見られる。ここでは全く同じ値があるので、各データに小さな数値を加えて加工している。

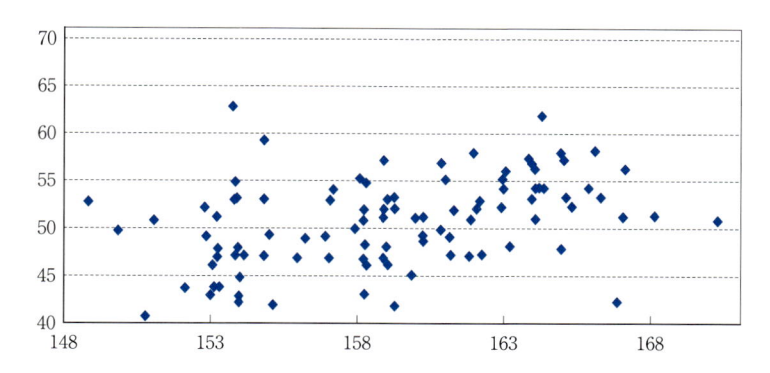

図 2.3 女子の身長と体重の相関図

表 2.2 表 1.9 のデータの相関表

階級値	42.5	46.5	50.5	54.5	58.5	62.5	$f_{i\cdot}$
149			1	1			2
152	5	3	4				12
155	3	6	2	4	1	1	17
158	2	8	7	6	1		24
161		4	9	2	2		17
164		2	3	9	4	1	19
167	1		3	3	1		8
170			1				1
$f_{\cdot j}$	11	23	30	25	9	2	100

2.1.2　標本共分散と相関係数

2変量のデータでは x と y 個々の変量の平均や分散などよりもその間の関係により興味がある。全体を目で見て判断するには相関表や散布図を見ることになるが、関係を探ったり関係の強さを測る尺度も必要である。そのために定義されているのが標本共分散

$$s_{xy} = \frac{1}{n} \sum_{i=1}^{n} (x_i - \bar{x})(y_i - \bar{y}) \tag{2.1}$$

である。積を展開すれば

$$s_{xy} = \frac{1}{n} \sum_{i=1}^{n} x_i y_i - \bar{x}\bar{y} \tag{2.2}$$

となる。さらに

$$s_{xy} = \frac{1}{n} \sum_{i=1}^{n} (x_i - x_0)(y_i - y_0) - (\bar{x} - x_0)(\bar{y} - y_0) \tag{2.3}$$

とも書ける。ここで x_0, y_0 は任意の値であり、計算に便利なようにとればよい。適当な x_0, y_0 を選ぶことにより数値計算誤差が減少し、数値も見やすくなる。例えば、男子の身長と体重なら $x_0 = 170$, $y_0 = 55$ のあたりが適当であろう。

標本分散のときと同様、現在では不偏共分散

$$u_{xy} = \frac{1}{n-1} \sum_{i=1}^{n} (x_i - \bar{x})(y_i - \bar{y}) \tag{2.4}$$

の方がよく用いられている。これらを単に共分散ということも多いが、どちらを計算しているのか注意が必要となる。エクセルの関数には標本共分散のみがある（巻末の附録参照）。標本共分散はその定義から見て、$(\bar{x}, \bar{y})$ の右上および左下にデータが多く、右下および左上に少ない場合に大きくなる傾向がある。したがって x が大きい（小さい）ときに y も大きく（小さく）なる場合には正で大きな値をとり、x が大きい（小さい）ときに y は小さく（大きく）なる傾向がある場合に負で絶対値が大きくなる。そのような関係が見られない場合は 0 の近くになる。ただし外れ値がある場合はおかしな値になることが多い。

性質 2.1 データを

$$(u_i, v_i) = (\frac{x_i - a}{b}, \frac{y_i - c}{d}),\ i = 1, \ldots, n$$

と変換してみよう。これは x、y の測定単位を、例えばセンチメートルとキログラムをメートルとトンに変えることを意味する。このとき変換した値の共分散は

$$s_{uv} = \frac{s_{xy}}{bd} \tag{2.5}$$

となる。

標本共分散は、その単位は x と y の単位の積である。例えば、身長と体重の共分散を考えたとき、身長がセンチメートル、体重がキログラムの場合と、身長がメートル、体重がトン、ではその数値は 10 万倍違う。10 万倍違えば人間の感じる印象は全く異なる。そこでデータの単位に無関係にした

$$r_{xy} = \frac{s_{xy}}{s_x s_y} = \frac{u_{xy}}{u_x u_y} \tag{2.6}$$

を考えよう。これを標本相関係数という。単に相関係数ということもある。ピアソンの相関係数や積率相関係数とよばれることも多い。標本相関係数では、s_{xy} を用いれば標本分散による標本標準偏差 s_x, s_y、u_{xy} を用いれば不偏分散による標本標準偏差 u_x, u_y を用いなければならない。一部のソフトウエアでは、デフォルトでは分散として u_x^2 を計算しながら、共分散ではデフォルトで s_{xy} を計算していたりするので注意が必要である。$-1 \leq r_{xy} \leq 1$ であり、$r_{xy} = 1$ なら $\{(x_i, y_i)\}$ は正の傾きを持つある直線上にあり、$r_{xy} = -1$ なら負の傾きを持つ直線上にある。

性質 2.2 性質 2.1 のように x_i, y_i を変換すると性質 1.4 と性質 2.1 の結果から

$$r_{uv} = \begin{cases} r_{xy}, & bd > 0 \text{ の時} \\ -r_{xy}, & bd < 0 \text{ の時} \end{cases} \tag{2.7}$$

となる。通常考える変換は $b, d > 0$ であろう。したがって測定単位の変更でも相関係数は変わらない。

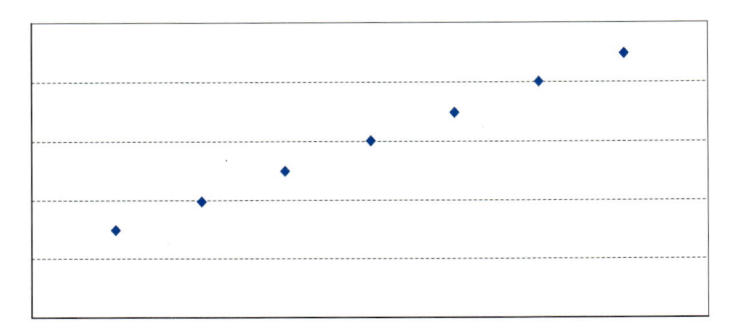

図 2.4　相関係数 1

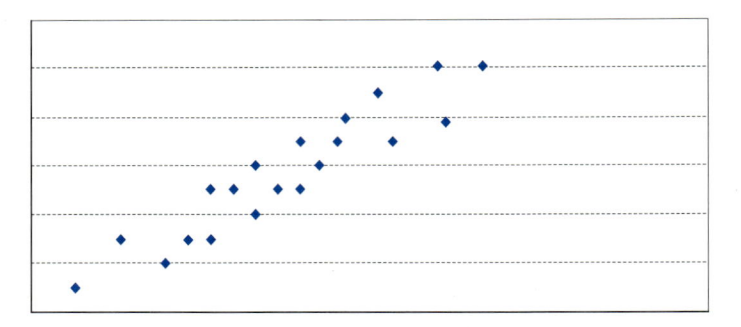

図 2.5　強い正の相関

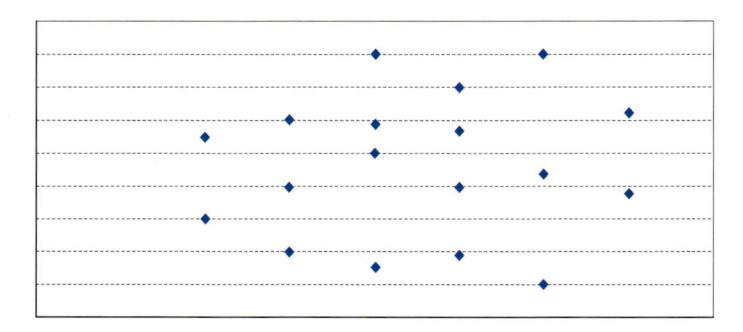

図 2.6　相関なし

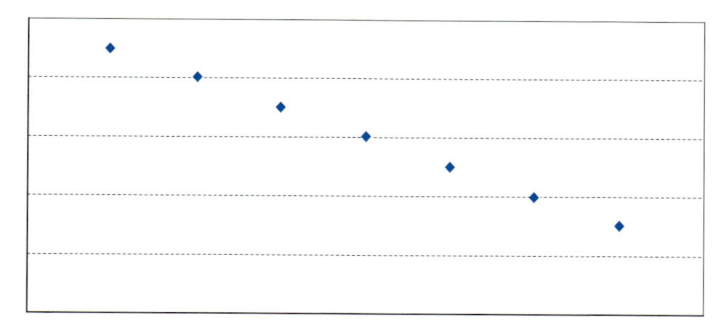

図 2.7　相関係数 −1

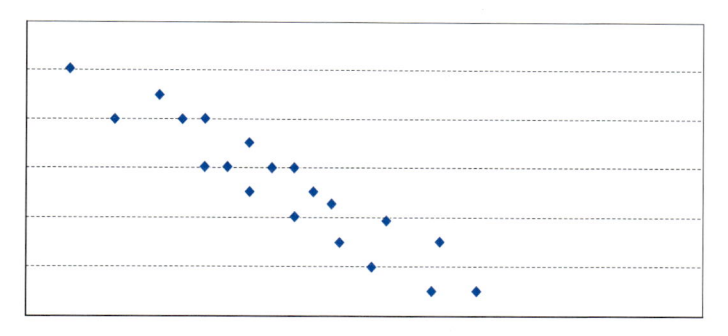

図 2.8　強い負の相関

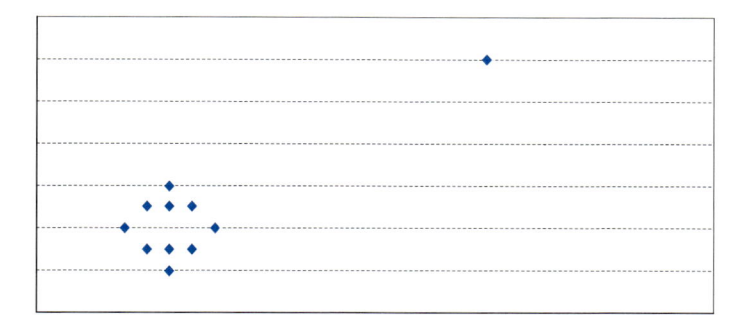

図 2.9　相関係数不適当

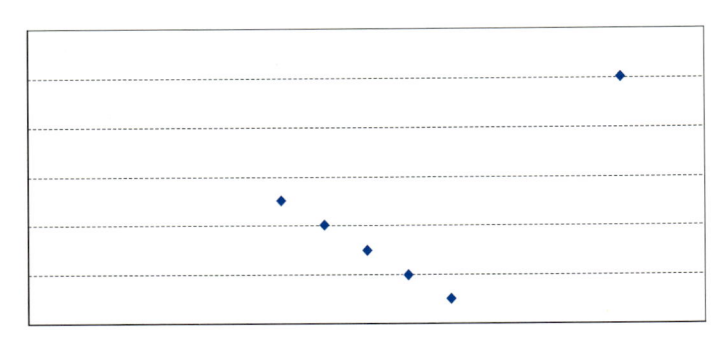

図 2.10 相関係数不適当

例 2.2 表 1.2 の男性のデータで、身長を x、体重を y、胸囲を z として r_{xy}, r_{yz}, r_{xz} を計算する。計算そのものは単純であるが、手計算はきわめて面倒であり巻末附録のエクセル関数を用いてみよう。身長が a1:a100、体重が b1:b100、胸囲が c1:c100 に格納されているとすると、適当なセルに

$$=\mathrm{correl(a1:a100,b1:b100)},\quad =\mathrm{correl(b1:b100,c1:c100)},$$
$$=\mathrm{correl(c1:c100,a1:a100)}$$

と入力してそれぞれ $r_{xy} = 0.537$, $r_{yz} = 0.698$, $r_{xz} = 0.275$ を得る。体重と胸囲の相関関係は非常に強く、身長と体重の相関も高いが身長と胸囲の相関はあまり高くない。

例 2.3 表 1.9 の女性のデータでやはり相関係数を、ただし相関表を作成して計算してみよう。計算は表 2.3 のように作成される。ここで u_i は身長の階級値を $(x - 158)/3$ と変換した値、v_j は体重の階級値を $(y - 50.5)/4$ と変換した値であり、分散の計算例 1.14 と同様に、変換した値に対する身長の平均 $36/100 = 0.36$、身長の分散 $264/100 - 0.36^2 = 2.5104$、体重の平均 $4/100 = 0.04$、体重の分散 $146/100 - 0.04^2 = 1.4584$ を得る。また共分散は $73/100 - 0.36 \times 0.04 = 0.7156$ である。これより元の単位に戻すと、身長、体重の平均はそれぞれ $0.36 \times 3 + 158 = 159.08$、$0.04 \times 4 + 50.5 = 50.66$、分散はそれぞれ $2.5104 \times 3^2 = 22.5936$、$1.4584 \times 4^2 = 23.3344$

となる。標本共分散は $0.7156 \times 3 \times 4 = 8.5872$ である。標本相関係数は $0.7156/\sqrt{2.5104 \times 1.4584} = 8.5872/\sqrt{22.5936 \times 23.3344} = 0.374$ である。なお標本相関係数の真値は 0.385 であり、荒い計算の割には正確である。

表 2.3 表 2.2 の相関表からの計算

階級値	42.5	46.5	50.5	54.5	58.5	62.5	$f_{i\cdot}$	u_i	$u_i f_{i\cdot}$	$u_i^2 f_{i\cdot}$	$\sum_{j=1}^{6} u_i v_j f_{ij}$
49			1	1			2	-3	-6	18	-3
52	5	3	4				12	-2	-24	48	26
55	3	6	2	4	1	1	17	-1	-17	17	3
58	2	8	7	6	1		24	0	0	0	0
61		4	9	2	2		17	1	17	17	2
64		2	3	9	4	1	19	2	38	76	36
67	1		3	3	1		8	3	24	72	9
70			1				1	4	4	16	0
$f_{\cdot j}$	11	23	30	25	9	2	100		36	264	73
v_j	-2	-1	0	1	2	3					
$v_j f_{\cdot j}$	-22	-23	0	25	18	6	4				
$v_j^2 f_{\cdot j}$	44	23	0	25	36	18	146				
$\sum_{i=1}^{8} u_i v_j f_{ij}$	20	4	0	22	24	3	73				

2.2 回帰直線と最小 2 乗法

2.1.1 節のような 2 変量データがあるとし、y が x でどのように説明されるか考えよう。このような場合 x を説明変数、y を被説明変数という。x は独立変数ともいい、予測変数ともいう。y は分野によって用語はいろいろであり従属変数、目的変数、応答変数、反応変数ともいう。本書では説明変数、被説明変数とよぶことにする。多くの場合、誤差がなければ y は x の適当な連続関数で書けるはずである。連続関数は狭い範囲内では直線で近似できるので、データに最も適合する直線を求める手法を考えよう。このようにある変数の値で別の変数を説明しよう、という方法を回帰分析といい、統計学で最もよく使われる手法である。

直線の式として $a+bx = \theta_0 + \theta_1(x-\bar{x})$ を考え

$$L = \frac{1}{n}\sum_{i=1}^n (y_i - a - bx_i)^2 \tag{2.8}$$

$$= \frac{1}{n}\sum_{i=1}^n \{y_i - \theta_0 - \theta_1(x_i - \bar{x})\}^2 \tag{2.9}$$

が最小になるようにパラメータ θ_0, θ_1 または a, b を決定する。$b = \theta_1$, $a = \theta_0 - \theta_1\bar{x}$ と変形すればこの2つの表現は同値である。このように被説明変数と、説明変数の関数の差の2乗和を最小にする方法を<u>最小2乗法</u>といい、統計学だけではなくいろいろの分野で応用されている。

式 (2.9) を最小にする $\hat{\theta}_0, \hat{\theta}_1$ は、$L = L(\theta_0, \theta_1)$ を偏微分した連立方程式

$$\frac{\partial}{\partial \theta_0} L(\theta_0, \theta_1) = -\frac{2}{n}\sum_{i=1}^n \{y_i - \theta_0 - \theta_1(x_i - \bar{x})\} = 0, \tag{2.10}$$

$$\frac{\partial}{\partial \theta_1} L(\theta_0, \theta_1) = -\frac{2}{n}\sum_{i=1}^n (x_i - \bar{x})\{y_i - \theta_0 - \theta_1(x_i - \bar{x})\} = 0, \tag{2.11}$$

の解である。性質 $\sum_{i=1}^n (x_i - \bar{x}) = 0$ を用いると容易に

$$\hat{\theta}_0 = \bar{y}, \quad \hat{\theta}_1 = \frac{\sum_{i=1}^n (x_i - \bar{x})(y_i - \bar{y})}{\sum_{i=1}^n (x_i - \bar{x})^2} = \frac{s_{xy}}{s_x^2} \tag{2.12}$$

を得る。$\hat{\theta}_0, \hat{\theta}_1$ を θ_0, θ_1 の<u>最小2乗解</u>という。a, b の最小2乗解は $\hat{b} = \hat{\theta}_1$, $\hat{a} = \hat{\theta}_0 - \hat{\theta}_1\bar{x}$ である。

求めた最小2乗解を用いて作る直線

$$y = \hat{\theta}_0 + \hat{\theta}_1(x - \bar{x}) = \hat{a} + \hat{b}x \tag{2.13}$$

を y の x への<u>回帰直線</u>とよぶ。

$$\hat{e}_i = y_i - \hat{\theta}_0 - \hat{\theta}_1(x_i - \bar{x}) \tag{2.14}$$

は当てはめし損なった量であり、i 番目のデータ y_i の<u>残差</u>とよぶ。残差をグラフにプロットすることにより直線の仮定が正しいか、各データのバラツキに変

化があるか、等を診断でき、したがって残差は回帰直線が適当かどうかの目安になる。残差の平均平方和、つまり $L(\theta_0, \theta_1)$ の最小値

$$s_e^2 = \frac{1}{n}\sum_{i=1}^n \hat{e}_i^2 \tag{2.15}$$

を残差平均平方和とよぶ。また、$ns_e^2 = ss_e^2$ を残差平方和とよぶ。残差平方和は簡単な計算により

$$ss_e^2 = ns_y^2(1 - r_{xy}^2) \tag{2.16}$$

となる。ここで、r_{xy} は x と y の相関係数である。したがって、この関係から $r_{xy}^2 \leq 1$ であることが分かる。r_{xy} の絶対値が 1 に近いほど残差は小さく、したがって最小2乗法による当てはめは正確なことが分かり、絶対値が 1 のときは残差は 0、つまりデータは完全に回帰直線上にある。$\hat{y}_i = \hat{\theta}_0 + \hat{\theta}_1(x_i - \bar{x})$ を y_i の予測値という。また、説明変数を用いたことにより y のばらつきのうちどれくらいが説明されたか、の尺度として

$$r^2 = \frac{\sum_{i=1}^n (\hat{y}_i - \bar{y})^2}{\sum_{i=1}^n (y_i - \bar{y})^2} = 1 - \frac{s_e^2}{s_y^2} = r_{xy}^2 \tag{2.17}$$

がある。これを決定係数または寄与率という。r^2 は $(y_1, \hat{y}_1), \ldots, (y_n, \hat{y}_n)$ の相関係数の2乗になっている。より多くの説明変数を扱う場合でもこのことは成立する。

説明変数の変動が狭い範囲なら直線の当てはめは多くの場合に良い結果をもたらすが、広くなるとその他の関数を考える必要が出てくる。当てはめる関数には

$$y = a + bx + cx^2 \qquad \text{2次式}$$
$$y = a + bx + cx^2 + dx^3 \qquad \text{3次式}$$
$$y = a + b\log x \qquad \text{対数関数}$$
$$y = a + bx^c \qquad \text{幾何関数}$$
$$y = \frac{1}{ax+b} \qquad \text{双曲線関数}$$
$$y = a + be^{cx} \qquad \text{指数関数}$$
$$y = \frac{1}{a+be^{cx}} \qquad \text{成長関数}$$

などがある。どの関数を当てはめるかは相関図を描いて決めることになる。最近は特定の関数族を用いないで行うノンパラメトリックな方法が各種開発され、実用化されている。

例 2.4　表 1.9 の女子のデータの身長を体重で説明しよう。例 2.3 では相関表を作成したが、ここではエクセルを利用して平均、分散、共分散、相関係数は

	標本平均	標本分散	標本共分散	標本相関係数
身長	159.12	22.3056	8.3132	0.3849
体重	50.64	20.9104		

と求まる。したがって回帰直線は

$$y = 159.12 + \frac{8.3132}{20.9104}(x - 50.64) = 138.99 + 0.398x$$

であるが、決定係数は $(0.3849)^2 = 0.148$、したがって体重は身長のばらつきの 14.8 ％しか説明していない。図 2.3 からもあまり高い説明力は期待できないように見える。

注意 2.1　説明変数 x によって被説明変数 y がうまく説明できても x と y に因果関係がある、とは言えない。x と y の関係は別の変量を通じた見かけだけの可能性がある（2.3.2 節参照）。実験によって得られたデータ、つまり x を操作して得たデータの場合は、因果関係がある、と言えるが、観察・観測によって得たデータでは因果関係については別に考察が必要であろう。

2.3　3つ以上の変量の場合

簡単のため 3 変量の場合のみを述べる。4 つ以上の変量の場合は、数学的には単純な拡張であるが、より多くの数学的予備知識が必要であり、かつ記号が煩雑なので省略する。

$$(x_1, y_1, z_1), (x_2, y_2, z_2), \ldots, (x_n, y_n, z_n)$$

を 3 変量データとする。

2.3.1 重相関係数

x, y, z のうち z が目的変数であり、x, y の一次式

$$a + bx + cy = \theta_0 + \theta_1(x - \bar{x}) + \theta_2(y - \bar{y}) \tag{2.18}$$

で z を説明したい、とする。前節と同様パラメータの間に

$$a = \theta_0 - \theta_1 \bar{x} - \theta_2 \bar{y}, \ b = \theta_1, \ c = \theta_2$$

の関係がある。最小2乗法により

$$L = \frac{1}{n}\sum_{i=1}^{n}\{z_i - \theta_0 - \theta_1(x_i - \bar{x}) - \theta_2(y_i - \bar{y})\}^2 \tag{2.19}$$

を最小にする $(\theta_0, \theta_1, \theta_2)$ を求めることになる。2.2節と同様に連立方程式

$$\frac{\partial}{\partial \theta_0}L = 0, \ \frac{\partial}{\partial \theta_1}L = 0, \ \frac{\partial}{\partial \theta_2}L = 0$$

を解いて求まる。計算は省略するが、解は x, y, z の標本分散、標本共分散を用いて

$$\hat{\theta}_0 = \bar{z}, \ \hat{\theta}_1 = \frac{s_{xz}s_y^2 - s_{yz}s_{xy}}{s_x^2 s_y^2 - s_{xy}^2}, \ \hat{\theta}_2 = \frac{s_{yz}s_x^2 - s_{xz}s_{xy}}{s_x^2 s_y^2 - s_{xy}^2} \tag{2.20}$$

となる。

$$z = \hat{\theta}_0 + \hat{\theta}_1(x - \bar{x}) + \hat{\theta}_2(y - \bar{y}) \tag{2.21}$$

を z の x, y への回帰平面という。被説明変数 z が (x, y) の一次式でよく説明されるなら z_i とその予測値

$$\hat{z}_i = \hat{\theta}_0 + \hat{\theta}_1(x_i - \bar{x}) + \hat{\theta}_2(y_i - \bar{y}) \tag{2.22}$$

は近いはずである。$(z_1, \hat{z}_1), (z_2, \hat{z}_2), \ldots, (z_n, \hat{z}_n)$ の相関係数 r を求めると標本相関係数を用いて

$$r = \sqrt{\frac{r_{xz}^2 + r_{yz}^2 - 2r_{xy}r_{yz}r_{xz}}{1 - r_{xy}^2}}$$

を得る。これを z の (x,y) への**重相関係数**という。r^2 が決定係数（寄与率）であり、z のばらつきのうち $100r^2$ %が回帰式で説明された、と解釈する。重相関係数は z と (x,y) の関連の強さを表現する統計量である。

例 2.5 表 1.2 の男子のデータを用いて胸囲 z を身長 x および体重 y で説明してみよう。計算すれば、身長、体重、胸囲の標本平均は 171.22, 60.45, 86.65 であり、標本分散は 33.7716, 48.1275, 18.6075 である。また x と y、y と z、z と x の標本共分散、相関係数はそれぞれ 21.6410, 20.8975, 6.8870、および 0.537, 0.698, 0.275 である。これより式 2.20 より $\hat{\theta}_0 = 86.65$, $\hat{\theta}_1 = -0.104$, $\hat{\theta}_2 = 0.481$ となり、決定係数は $r^2 = 0.502$ である。なお、z を x のみで説明した場合の決定係数は $(0.275)^2 = 0.0755$、y のみで説明したときは $(0.698)^2 = 0.488$ である。したがって z を説明するのに、身長 x はあまり役に立っていないことが分かる。3 つの回帰式は

$$\begin{aligned} z &= 86.65 - 0.1044(x - 171.22) + 0.4812(y - 60.45) \\ z &= 86.65 + 0.2039(x - 171.22) \\ z &= 86.65 + 0.4342(y - 60.45) \end{aligned}$$

である。

2.3.2 偏相関係数

3 つの変量の内 2 つの間の関連の強さは相関係数で測られる。ただし、例えば x と y の相関係数で x と y に関連があるように見えても、それが真の関連なのか、それとも第 3 の変量 z の影響であり、実際に関連があるのかどうかは分からない。例えば、物の値段の間には見かけ上関連があるように見えることが多いが、それは環境の影響であることが多い。また、同じ日に生まれた二人の子供の体重は見かけ上非常に関連が強いが、それは第 3 の変量である時間の影響である。そこで第 3 の変量の影響を取り除くために

$$\hat{x}_i = x_i - \bar{x} - \frac{s_{xz}}{s_z^2}(z_i - \bar{z}), \tag{2.23}$$

$$\hat{y}_i = y_i - \bar{y} - \frac{s_{yz}}{s_z^2}(z_i - \bar{z}) \tag{2.24}$$

を考える。これらは x, y それぞれを z に回帰させたときの残差であり、これによって z の影響は取り除かれた、と見なす。$(\hat{x}_1, \hat{y}_1), (\hat{x}_2, \hat{y}_2), \ldots, (\hat{x}_n, \hat{y}_n)$ の相関係数を $r_{xy \cdot z}$ とおく。煩雑な計算により

$$r_{xy \cdot z} = \frac{r_{xy} - r_{xz} r_{yz}}{\sqrt{(1 - r_{xz}^2)(1 - r_{yz}^2)}} \tag{2.25}$$

となる。これを z の影響を取り除いたときの x と y の相関係数と解釈し、偏相関係数という。偏相関係数は第 3 の変量 z があるときの x と y の真の相関係数である。ただし x, y, z の関係が線形的な場合に良い性質を持つことは直線回帰の場合と同様である。

例 2.6　例 2.5 の場合に偏相関係数を計算してみよう。z を固定したときの x と y の偏相関係数は式 (2.25) を計算すると $r_{xy \cdot z} = 0.501$ となる。同様に y を固定したときの x と z の偏相関係数は $r_{xz \cdot y} = -0.166$、x を固定したときの y と z の偏相関係数は $r_{yz \cdot x} = 0.679$ である。身長、体重、胸囲を長さ、重さ、太さ、と思えば、太さを固定すれば長さと重さは正の相関、重さを固定すれば長さと太さは負の相関、長さを固定すれば重さと太さが正の相関を持つ、という結果になっており納得できるであろう。

2.4　順位相関

相関係数は x, y の間に直線的な関係があるときに有効であった。しかしながら、x が増加すれば確かに y も増加する、または減少する傾向にあるが、直線的ではないことも多い。そのような場合には 2.2 節ではいろいろな変換を考えるべきである、としたがデータを順位に変えて相関係数を求めることも有力な方法である。順位は単調な変換を行っても不変な量であり、非常に広い適用範囲を持つ。

x_i の $x_1,\ldots,x_n$ の間での小さい方から数えた順位を r_i、y_i の $y_1,\ldots,y_n$ の間での小さい方から数えた順位を s_i、とする。例えば、データが

$$(1.1, 2.1), (1.2, 2.5), (1.5, 2.4), (1.7, 2.2)$$

なら順位は

$$(1,1), (2,4), (3,3), (4,2)$$

である。この順位をあたかも得られたデータのように見なして計算した相関係数

$$\rho = \frac{\sum_{i=1}^n \left(r_i - \frac{n+1}{2}\right)\left(s_i - \frac{n+1}{2}\right)}{\sqrt{\sum_{i=1}^n \left(r_i - \frac{n+1}{2}\right)^2 \sum_{i=1}^n \left(s_i - \frac{n+1}{2}\right)^2}} \tag{2.26}$$

をスピアマンの順位相関係数という。スピアマンの ρ ともいう。直線的関係でない場合や外れ値が散見する場合などに広く使われている。また、数値データがなくても順位さえ分かればよいので適用可能範囲が広い。もしデータの間に同点がなければ

$$\sum_{i=1}^n \left(r_i - \frac{n+1}{2}\right)^2 = \sum_{i=1}^n \left(i - \frac{n+1}{2}\right)^2 = \frac{n(n^2-1)}{12}$$

を用いて

$$\begin{aligned} \rho &= \frac{12}{n(n^2-1)}\left\{\sum_{i=1}^n r_i s_i - \frac{n(n+1)^2}{4}\right\} & (2.27) \\ &= 1 - \frac{6}{n(n^2-1)}\sum_{i=1}^n (r_i - s_i)^2 & (2.28) \end{aligned}$$

と簡単な形になる。ρ は $-1 \leq \rho \leq +1$ である。$x_i < x_j$ のとき常に $y_i < y_j$ となるなら $\rho = 1$、常に $y_i > y_j$ となるなら $\rho = -1$ である。

もっと単純に、(x_i, y_i) が (x_j, y_j) より右上または左下にあるときスコアが $+1$、右下または左上にあるときスコアが -1、その他では 0 としすべての組み合わせでスコアを加えたものを考える。

$$\tau = \frac{1}{n(n-1)}\sum_{i=1}^{n}\sum_{j=1}^{n}\mathrm{sgn}(x_i - x_j)\mathrm{sgn}(y_i - y_j) \quad (2.29)$$

$$= \frac{1}{n(n-1)}\sum_{i=1}^{n}\sum_{j=1}^{n}\mathrm{sgn}(r_i - r_j)\mathrm{sgn}(s_i - s_j) \quad (2.30)$$

$$\quad (2.31)$$

である．

$$\tau = \frac{2}{n(n-1)}\sum\sum_{i<j}\mathrm{sgn}(r_i - r_j)\mathrm{sgn}(s_i - s_j) \quad (2.32)$$

をケンドールの順位相関係数といい，$-1 \leq \tau \leq 1$ となる．ケンドールの τ ともいう．$n(n-1)$ で割っているのは，$i \neq j$ となる組み合わせの個数が (i,j) と (j,i) を異なるものと考えると $n(n-1)$ であり，同じものと考えると $n(n-1)/2$ となるからである．スピアマンの順位相関係数のときと同様，τ_{xy} の場合も $x_i < x_j$ のとき常に $y_i < y_j$ となるなら $\tau = 1$，常に $y_i > y_j$ となるなら $\tau = -1$ である．

例 2.7　10 の企業を 2 つの基準 A，B で評価したときの順位が表 2.4 のようになったとする．このときのスピアマンの順位相関係数とケンドールの順位相関係数を求めよう．

表 2.4　企業評価の順位

企業	1	2	3	4	5	6	7	8	9	10
基準 A	1	4	2	6	5	3	7	9	8	10
基準 B	2	4	5	3	1	8	9	7	6	10
差	-1	0	-3	3	4	-5	-2	2	2	0

式 (2.28) に代入すればスピアマンの順位相関係数は

$$1 - \frac{6}{990}(1 + 0 + \cdots + 0) = 0.564$$

となる．一方，ケンドールの順位相関係数は，例えば企業 4 に対して，基準 A，B とも同時に高い順位は 4 社，同時に低いのは 2 社の計 6 社，そうでないのは 3 社，したがってスコアは $6 - 3 = 3$ である．その他の企業でもスコアの計を求めて加えると 0.422 となる．

2.5 時系列データ

時系列データとは時間順に取られたデータで、その順序に意味のあるデータを指す。経済学で扱うデータの多くは時系列データであり、医学・薬学など多くの分野でもその重要性は大きい。時系列データ解析の目的は予測を行うことである。時系列データは、トレンド、季節変動、循環変動、誤差変動から成る。季節変動は周期変動ともいう。予測のためにはトレンドが最も重要であるが、季節変動の除去も本質的である。

表 2.5 時系列データの解析表

データ	予測値			残差			予測値
	トレンド	季節変動	循環変動	トレンド	季節変動	循環変動	
15.31	10.32	5.71	−0.79	4.99	−0.72	0.07	15.24
7.65	10.16	−1.65	−0.94	−2.51	−0.86	0.08	7.57
5.17	10.01	−3.60	−0.80	−4.84	−1.24	−0.44	5.61
9.09	9.86	−0.46	−0.68	−0.77	−0.31	0.37	8.72
14.91	9.70	5.71	−0.24	5.21	−0.50	−0.26	15.17
7.98	9.55	−1.65	−0.19	−1.57	0.08	0.27	7.71
5.66	9.40	−3.60	−0.24	−3.74	−0.14	0.10	5.56
8.13	9.24	−0.46	−0.14	−1.11	−0.65	−0.51	8.64
15.17	9.09	5.71	0.16	6.08	0.37	0.21	14.96
8.06	8.94	−1.65	0.46	−0.88	0.77	0.31	7.75
5.40	8.78	−3.60	0.40	−3.38	0.22	−0.18	5.58
8.39	8.63	−0.46	0.43	−0.24	0.22	−0.21	8.60
15.03	8.47	5.71	0.36	6.56	0.85	0.49	14.54
6.67	8.32	−1.65	0.67	−1.65	0.00	−0.67	7.34
5.73	8.17	−3.60	0.64	−2.44	1.16	0.52	5.21
8.30	8.01	−0.46	0.96	0.29	0.75	−0.21	8.51

時系列データを $y_1, \ldots, y_n$ とする。モデルとしては

$$y_t = T_t + S_t + C_t + E_t \tag{2.33}$$

$$y_t = T_t S_t C_t E_t \tag{2.34}$$

の2つのモデルがよく採用される。ここで T_t, S_t, C_t, E_t はそれぞれトレンド、季節変動、循環変動、誤差変動である。モデル (2.33) を加法モデル、(2.34) を乗法モデルという。ただし乗法モデルの解析には通常対数をとって加法モデルに変換するのでここでは加法モデルについて考える。

2.5.1 トレンド

例 2.8　ある季節商品の販売数量が以下のようになった（ただしすでに対数をとっているとする）。最小2乗法により直線を当てはめ、残差を計算せよ。

	冬	春	夏	秋
第1年	15.31	7.65	5.17	9.09
第2年	14.91	7.98	5.66	8.13
第3年	15.17	8.06	5.40	8.39
第4年	15.03	6.67	5.73	8.30

第1年冬を $t=1$、春を $t=2,\ldots$、第4年秋を $t=16$ とし、これを説明変数にしてデータ $y_t, t=1,\ldots,16$ に最小2乗法により直線を当てはめる。説明変数の平均は 8.5、標本分散は 21.25、データと説明変数の標本共分散は -3.264 なので切片の推定値は 10.471、傾きの推定値は -0.154 であり、回帰直線 $y = 10.471 - 0.154t$ を得る。そのときの予測値や残差は表 2.5 のトレンドの列にまとめてある。

トレンドは直線的とは限らない。ただし、あまり長期間に渡らなければ直線としても大過ないであろう。また、後述の移動平均により誤差を消去した成分でカバーできることも多い。

2.5.2 季節変動

例題 2.8 だけではまだ季節変動のために予測はできない。例題では周期 4 の季節変動があることはあきらかであるが、一般にはコレログラムを求めて検出する。コレログラムは系列相関係数を図示したものであり、遅れ k の系列相関係数は z_t をトレンドを当てはめたあとの残差、とすると

$$r_k = (z_1, z_{k+1}), \ldots, (z_{n-k}, z_n) \text{ の相関係数}$$

と定義される。常に $r_0 = 1$ である。

例 2.9　系列相関係数を求めて周期が 4 であることを確かめよ。また季節変動を除去したときの残差を求めよ。

系列相関係数は表 2.5 のトレンドによる残差から求まって

$$r_1 = -0.087,\ r_2 = -0.793,\ r_3 = -0.087,\ r_4 = 0.988$$

となり、遅れ 5 以上の系列相関係数もこれに近い値を繰り返す。したがって周期は 4 である。季節変動は、周期 4 なので冬の季節変動は $(z_1+z_5+z_9+z_{13})/4$ である。同様に春、夏、秋の季節変動も求まる。季節変動値およびトレンドと季節変動を取り除いた予測値と残差は表 2.5 の季節変動の列にある。

2.5.3 移動平均

2.5.1 節と 2.5.2 節でデータからトレンドと季節変動が取り除かれたと見なす。その残差を u_t とすると、そこに残された誤差を通常は<u>移動平均</u>で取り除く。例えば 3 項移動平均とは

$$v_2 = \frac{u_1 + u_2 + u_3}{3}, v_3 = \frac{u_2 + u_3 + u_4}{3}, \ldots, v_{n-1} = \frac{u_{n-2} + u_{n-1} + u_n}{3}$$

のようにそのデータの前後、計 3 項の平均で定義される。これが循環変動を表す、と見なす。なお v_1, v_n では定義されない。ここでは直近の値を使うことにする。

循環変動値およびトレンド・季節変動・循環変動値を取り除いた残差は表 2.5 の循環変動の列にあり、最終の予測値は予測値の列にある。

2.6 グラフ表現

多変量のデータは数値を見ただけでは把握しづらい。そのため直感的把握を可能にしようと多くのグラフ表現が工夫されている。2.1.1 節の相関図はその代表的なものであるが、他にも円グラフ、帯グラフ、レーダーチャート等々多くのグラフが工夫されている。ここでは特にその中の 2 つについて述べる。

2.6.1 相関図行列

通常の相関図は 2 つの変量の場合に描かれる。しかしながら、一般にはより多くの変量を考える必要がある。そこで 3 つ以上の変量の場合に、2 つずつの

組で相関図を作成し、行列のように配置する。これを相関図行列、または散布図行列という。

例 2.10　図 2.11 は表 1.2 の男子の身長、体重、胸囲という 3 変量データで作成した相関図行列である。対角線にはそれぞれのヒストグラムも描いてある。ソフトウエアによってはヒストグラムは省略されたり、箱ひげ図を書き加えたりしている。ここで、例えば身長・体重の右上の相関図は横軸が体重、縦軸が身長であり、左下の相関図では横軸が身長、縦軸が体重で描いている。どの組み合わせでも正の相関があることが読みとれる。

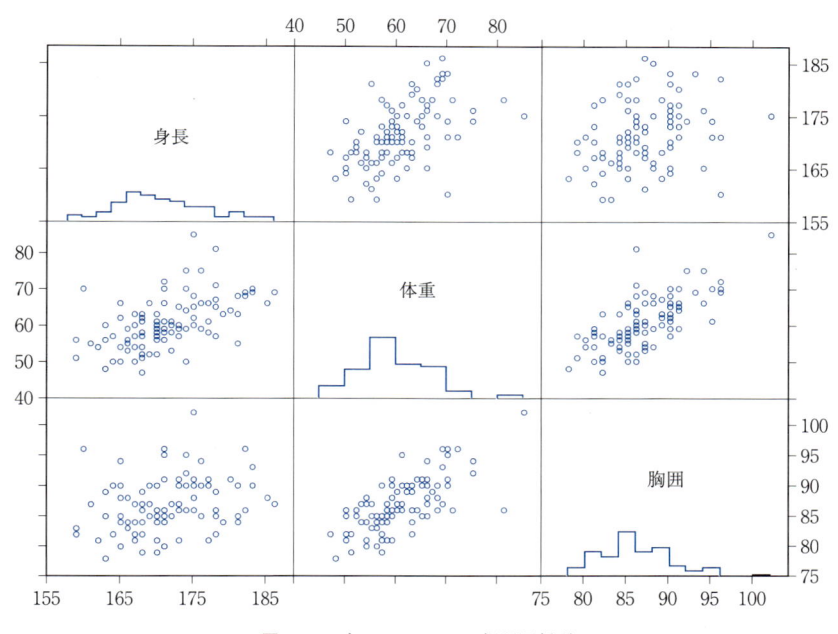

図 **2.11**　表1.2のデータの相関図行列

2.6.2　顔形グラフ

人間が最も興味を持つのは人間であり、特に顔であろう。そこで多変量のデータを人間の顔として描いて、多変量のデータを直感的に把握しようとしている

のが Chernoff の顔形グラフである。

例 2.11　日本、韓国、アメリカ、イギリス、ドイツ、フランス、イタリアの 12 の経済関係の指標を顔形グラフに表現したのが図 2.12 である。12 の指標は

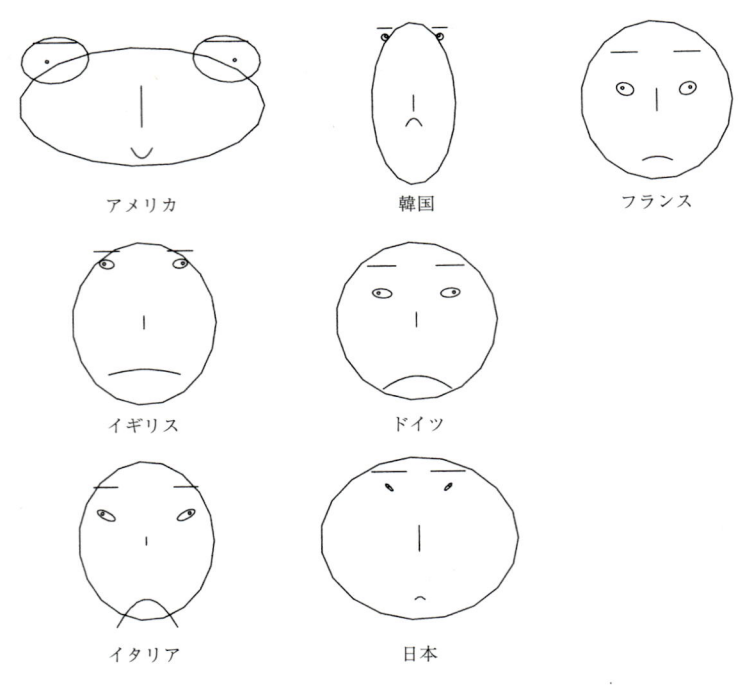

図 2.12　顔形グラフの例

一人当たり国民総生産（GNP）、電話（固定＋携帯）普及率、乳児死亡率、殺人事件件数等である。一人当たり GNP は顔の大きさで表現している。アメリカの顔が大きく、日本がその次であることが分かる。目の幅は人口当たりの殺人事件件数であり、日本の件数の少なさが分かる。データそのものやどのデータを顔のどの部分に割り当てたか、は省略するが全体を直感的に把握することができる手法である。一般に、良いデータと好感を持てる顔が対応するようにデータを加工して描かれる。

Tea Break　統計学　その2

　ドイツ国勢学派は国家の状態を記述する段階に止まってしまいました。これは当時のドイツが分裂状態だったことに原因があるのかも知れません。それに対し、イギリスでは単に国家の状態を記述するのみならず、社会自体を数量的に表現し、事実を収集し解釈し、経験的に因果関係を発見しようとする政治算術学派を早くも17世紀に生み出しました。これはイギリスで封建的関係が崩壊し、商品生産、貨幣の流通が社会の主流になり、富が蓄積されたからに他なりません。ドイツ国勢学派では単にデータを集め、表にするだけでしたが、イギリスではデータを集めた後、その統計量の関数関係を想定し、観察により実際に確認し、必要な結論を求めました。もちろん現在では常識に類する程度の結論でしたが、観察と比較のうえで実証性を確保し、数量的考察に基礎をおいたことは当時では大変な貢献だったのです。生命保険もこのころに誕生しました。生命保険は単にデータを収集するだけではなく、世界を数量的に把握できなければ存在できないでしょう。

　一方、フランスでは確率論が誕生しました。確率論はサイコロ、トランプカード等のギャンブルの流行から発生したと言われています。サイコロやトランプでどのような状況がどの程度出現するかを知り、ゲームに勝つためには、初等確率論を知っているかどうかは、1回だけのゲームではともかく、何度も繰り返せば大きく影響します。食事のためにカードゲームを中断したくないサンドイッチ伯（イギリス人ですが）が簡単に取れる食物としてサンドイッチを発明した、と言われるのは有名な話です。確率論の研究から偶然的事象の数学的取り扱いが可能になり、そこから現在の推測統計学に発展しました。

　統計学を勉強せざるを得なくなった人たちの苦しみはこの3つの流れから来ているのです。

練習問題

2.1　下は10週間のA社の株価の週末値の前週末値との差 y と日経平均株価の週末値と前週末値との差 x である。A社の株価の変動を日経平均株価の変動の一次式で説明せよ。

x	-262	-34	253	111	125	-43	371	312	-670	-54
y	-30	-20	35	-25	11	-24	55	10	-95	-2

2.2 表 1.9 の女性のデータに対して例 2.4 で身長を体重で説明したが、さらに
   (1) 身長、体重、胸囲それぞれの標本平均、標本分散および 3 つの標本共分散と標本相関係数を計算せよ。
   (2) 身長を胸囲で説明したときの回帰式および寄与率を求めよ。
   (3) 身長を体重と胸囲で説明したときの回帰式および寄与率を求めよ。
   (4) 身長、体重、胸囲をそれぞれ固定したときの偏相関係数を計算せよ。

2.3 以下の人工的な数値で標本相関係数、スピアマンの ρ、ケンドールの τ を計算せよ。

x	1	2	3	4	5	6	7	8	9	100
y	-150	0	1	2	3	4	5	6	7	8

第3章　確　率

　データを集めるのは、そのデータを引き出す集団の性質を知るためである。その調べたい集団を母集団とよんだ。母集団から実験、観測、調査等によってデータを抜き出す。そのようなデータを得るための作業を試行という。確率変数とは、試行の結果得られる変数をいう。第1章、第2章では、試行の結果として得られた数値から、種々の統計量を構成した。そこでは、すでに結果が得られた、としてデータを単なる数値と見なしていた。しかしながら、試行の結果を、前もって知ることはできない。もう一度試行を行えば異なった数値が得られるであろう。例えば、サイコロを投げて1の目が出たとしても、もう一度試行を行えば2になるかも知れないし、5かも知れない。したがってデータから正しい結果を引き出すためには統計量の性質を知る必要がある。この章ではそのための基礎的な事項である確率の概念について述べる。

3.1　確　率

　起こりうるすべての現象から成る集合を Ω とおき、標本空間とよぶ。全事象ともいう。全事象の部分集合を事象という。事象の中には空事象、つまり空集合も含まれるとするのが便利であり、ϕ と表す。事象 $A \subset \Omega$ の起こる確率を $P(A)$ とおく。数学的には $P(A)$ は以下のように定義される。

定義 3.1　全事象 Ω の部分集合 A に対し、集合に対し定義された $P(A)$ が次の3つの条件を満たすとき確率という。

(1)　任意の $A \subset \Omega$ に対し $P(A) \geq 0$ である。
(2)　全事象に対しては $P(\Omega) = 1$ である。

(3)　$A_1, A_2, \ldots$ が互いに排反である、すなわち $i \neq j$ に対し $A_i \cap A_j = \phi$ のとき

$$P(\bigcup_{i=1}^{\infty} A_i) = \sum_{i=1}^{\infty} P(A_i)$$

が成立する。

互いに排反である場合は

$$\sum_{i=1}^{\infty} A_i \equiv \bigcup_{i=1}^{\infty} A_i$$

とも表す。定義では無限個の和を取っているが、現実には有限個に適用してよい。

確率は一般的な用語としても使われており、上の数学的な定義とは距離があるように見えるかも知れないが実際には常識で成り立つことはほとんど証明できる。例えば以下のことが定義から証明できる。

性質 3.1　定義から以下のことが容易に導かれる。

(1)　$P(\phi) = 0$
(2)　$A \subset B$ なら $P(A) \leq P(B)$
(3)　$P(A^c) = 1 - P(A)$
(4)　任意の2つの事象に対し $P(A \cup B) = P(A) + P(B) - P(A \cap B)$

定義 3.2　2つの事象 A, B に対し $P(B) > 0$ のとき

$$P(A|B) = \frac{P(A \cap B)}{P(B)} \tag{3.1}$$

を B であることが分かっているときの A の条件付き確率という。

定義式では割算があるために $P(B) > 0$ を仮定しているが

$$P(A \cap B) = P(A|B)P(B) \tag{3.2}$$

と見れば、実際には $P(B) = 0$ なら $P(A \cap B) = 0$ であり $P(A|B)$ はどのような値としても不都合は起きない。通常は 0 とする。

定義 3.3 2つの事象 A, B が

$$P(A \cap B) = P(A)P(B) \tag{3.3}$$

を満たすとき A と B は確率 P に関し<u>独立</u>である、という。

式 (3.3) から、独立かどうかは確率 P に関係する。つまり、同じ事象であっても確率が変われば独立性も変わる。また条件付き確率の定義も合わせると A と B が独立なら

$$P(A|B) = P(A), \quad P(B|A) = P(B) \tag{3.4}$$

が成立する。これは B であるかどうかは A であるかどうか、また、A であるかどうかは B であるかどうかの確率に何の影響も及ぼさない、つまり A と B は互いに相手の確率に関する情報を持たず、無関係であることを意味する。

条件付きの確率は多くの応用例を持つ。以下の定理はその基本となる。

定理 3.1（全確率の公式） 互いに排反な事象の列 $A_1, A_2, \ldots$ により全事象が $\Omega = \sum_{i=1}^{\infty} A_i$ と分解されているとする。このとき事象 A の確率は

$$P(A) = \sum_{i=1}^{\infty} P(A|A_i) P(A_i) \tag{3.5}$$

で与えられる。

証明 $A = A \cap \Omega = \sum_{i=1}^{\infty} (A \cap A_i)$ なので

$$\begin{aligned} P(A) &= \sum_{i=1}^{\infty} P(A \cap A_i) \\ &= \sum_{i=1}^{\infty} P(A|A_i) P(A_i) \end{aligned}$$

となり証明された。

定理 3.2（ベイズの定理） 定理 3.1 の仮定の下で

$$P(A_i|A) = \frac{P(A|A_i) P(A_i)}{\sum_{j=1}^{\infty} P(A|A_j) P(A_j)} \tag{3.6}$$

が成立する。

証明 条件付き確率の定義から $P(A_i|A) = P(A_i \cap A)/P(A)$ なので分子に式 (3.2)、分母に全確率の公式を用いればよい。

事象 A の確率を直接計算することは困難であるが、A_i であることが分かっていれば容易に計算できる場合に全確率の公式は有用である。一方ベイズの定理は、A という事件が起きたときその原因を探るのに有用である。その意味で $P(A_i)$ を**事前確率**、$P(A_i|A)$ を**事後確率**という。

例 3.1 格付け AAA, AA, A の企業の 5 年後倒産率をそれぞれ 1 ％、3 ％、5 ％とおく。それぞれの格付けの企業数は 30 社、70 社、100 社の総計 200 社とする。

(1) この 200 社からでたらめに 1 社を選んだとき、その企業が 5 年後に倒産する確率を求めよ。

(2) 5 年後にある企業が倒産していた。その企業が格付け AAA, AA, A である確率（事後確率）をそれぞれ求めよ。

例 3.1 の解

(1) 全確率の公式から倒産する確率は

$$0.01 \times \frac{30}{200} + 0.03 \times \frac{70}{200} + 0.05 \times \frac{100}{200} = 0.037$$

つまり 3.7 ％である。

(2) ベイズの定理から AAA である事後確率は

$$\frac{0.01 \times \frac{30}{200}}{0.037} = 0.041$$

であり, AA, A では同様に 0.284, 0.676 である。事前確率は 0.15, 0.35, 0.5 なので格付け AAA, AA では事後確率は小さく、格付け A では大きくなっている。

3.2 確率変数

変数 X を前もっては知ることのできない何らかの試行の結果を表す変数とする。そのようなものを確率変数とよぶ。このように確率変数は通常大文字で記し、確率変数を観測した値は小文字で表すことが多い。確率変数には、実用的には全事象 Ω が飛び飛びの値をとる離散確率変数と連続的な値をとる連続確率変数とがある。離散確率変数は主に個数、回数、人数を数えたデータである計数値データが対応し、連続確率変数には量を測定した計量値データが対応する。ただし現実にはその境界はあいまいであり、離散確率変数でも取りうる値の個数が十分大きい場合は連続確率変数で近似する方が便利であり、連続確率変数を測定した場合でも四捨五入等により得たデータの値が少数個の場合は計数値データと見なすことがある。

3.2.1 離散確率変数

前述のように離散確率変数は実用上は回数等を数えることが多いので 0 または正の整数値をとることが多い。そこで簡単にするために $\Omega = \{0, 1, 2, \ldots\}$ とする。Ω を一般にするのは単純ではあるが煩雑な作業であり、読者におまかせする。

定義 3.4 適当な数列 $\{p_0, p_1, p_2, \ldots\}$ があって、すべての $k \geq 0$ で $p_k \geq 0$ であり、かつ

$$\sum_{k=0}^{\infty} p_k = 1 \tag{3.7}$$

を満たし

$$p_k = P(X = k), \quad k = 0, 1, 2, \ldots \tag{3.8}$$

となるとき $\{p_k\}$ を X の確率関数という。

離散確率変数 X がある集合 A に入る確率は

$$P(A) = \sum_{k \in A} p_k$$

で与えられる。特に A を k 以下の整数にしたとき

定義 3.5

$$F(k) = P(X \leq k) = \sum_{i \leq k} p_i = p_0 + p_1 + \cdots + p_k \tag{3.9}$$

を X の**累積分布関数**、または単に**分布関数**という。すべての整数 $k \geq 1$ で $p_k = F(k) - F(k-1)$ となる。

例 3.2 　偏りのないサイコロを投げたときに出る目を X とすると可能な実現値の集合は $\{1, 2, 3, 4, 5, 6\}$ であり、$p_1 = \cdots = p_6 = \frac{1}{6}$ であるが、全事象を $\{0, 1, \ldots\}$ として $k = 1, \ldots, 6$ 以外に対しては $p_k = 0$ として差し支えない。

例 3.3 　$p_k = \frac{1}{2^{k+1}}$, $k = 0, 1, \ldots$ とおくと確かに $p_k \geq 0$ であり、分布関数は

$$F(k) = p_0 + p_1 + \cdots + p_k = 1 - \frac{1}{2^k},$$

かつ $\sum_{k=0}^{\infty} p_k = \lim_{k \to \infty} F(k) = 1$ である。またこのとき正の偶数となる確率は

$$p_2 + p_4 + \cdots = \sum_{k=1}^{\infty} \frac{1}{2^{2k+1}} = \frac{1}{6}$$

となる。奇数となる確率は $1 - \frac{1}{2} - \frac{1}{6} = \frac{1}{3}$ である。ここで $p_0 = \frac{1}{2}$ を用いた。

3.2.2 連続確率変数

確率変数 X の取りうる範囲が無限区間 $(-\infty, \infty)$、またはその部分区間である場合が連続確率変数である。

定義 3.6 　適当な非負関数 $f(x)$ が存在して

$$\int_{-\infty}^{\infty} f(x) dx = 1$$

を満たし、任意の区間 (a, b) で

$$P(a < X < b) = \int_a^b f(x) dx$$

となるとき $f(x)$ を X の確率密度関数、略して密度関数という。以後では確率密度関数につける「確率」は省略する。

要するに連続確率変数が区間 (a,b) になる確率は非負関数 $f(x)$ と x 軸、$x=a$, $x=b$ に囲まれた面積となる。X の取りうる範囲が $(-\infty,\infty)$ の部分集合の場合は範囲外で $f(x)=0$ とすれば $\Omega=(-\infty,\infty)$ として差し支えない。

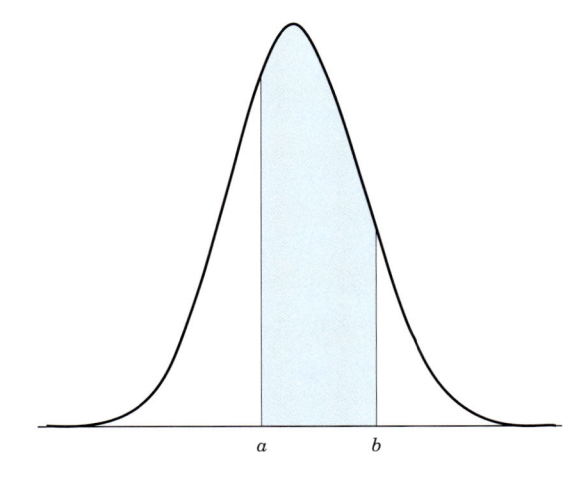

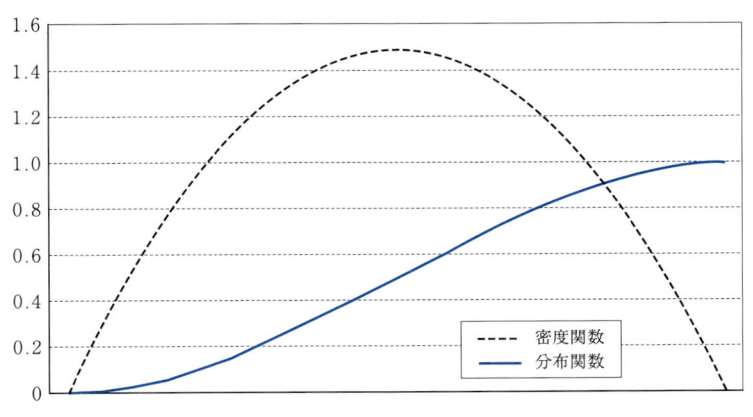

図 **3.1** $P(a<x<b)$

図 **3.2** 密度関数と分布関数

分布関数は離散確率変数の場合と同様

$$F(x) = P(X \le x) = \int_{-\infty}^{x} f(t)dt \tag{3.10}$$

と定義される。分布関数は単調増加関数であり、ほとんどの点で $f(x) = F'(x)$ が成立する。連続確率変数では一点だけの確率 $P(X = a)$ は 0 とされる。

したがって

$$\begin{aligned} P(a \le X \le b) &= P(a < X \le b) = P(a \le X < b) \\ &= P(a < X < b) = F(b) - F(a) \end{aligned} \tag{3.11}$$

であり、連続確率変数の場合は等号が入るかどうかに神経を使う必要はない。

例 3.4　区間 $(0, 2)$ からでたらめに一点を選んだときの座標を X とおく。でたらめに、とは区間内の点の選ばれやすさがどの点でも全く同じである、と考えれば密度関数 $f(x)$ は定数であり、区間 $(0, 2)$ 以外では $f(x) = 0$ とするのが自然であろう。区間 $(0, 2)$ での積分値が 1 にならなければならないので

$$f(x) = \begin{cases} \frac{1}{2}, & 0 < x < 2 \\ 0, & \text{それ以外} \end{cases}$$

で与えられる。分布関数は

$$F(x) = \begin{cases} 0, & x \le 0 \\ \frac{1}{2}x, & 0 < x < 2 \\ 1, & x \ge 2 \end{cases}$$

となる。$F(x)$ は $x = 0, 2$ で微分できない。

3.2.3　多変量確率変数

3.2.1 節および 3.2.2 節では 1 個の確率変数を考えた。しかし、実際のデータが 1 個ということはほとんどありえない。したがって 2 つ以上の確率変数を考える必要がある。ただし 3 つ以上の場合は記号が複雑となるのでこの節では主に 2 次元、かつ連続確率変数の場合を考える。

第 3 章 確 率

定義 3.7 適当な 2 変数関数 $f(x,y)$ があって、すべての $x, y \geq 0$ で $f(x,y) \geq 0$ でありかつ

$$\iint_{-\infty < x, y < \infty} f(x,y) dx dy = 1$$

を満たし

$$P(a < X < b, c < Y < d) = \iint_{a < x < b,\ c < y < d} f(x,y) dx dy \quad (3.12)$$

となるとき $f(x,y)$ を X, Y の**同時密度関数**という。**結合密度関数**ということもある。

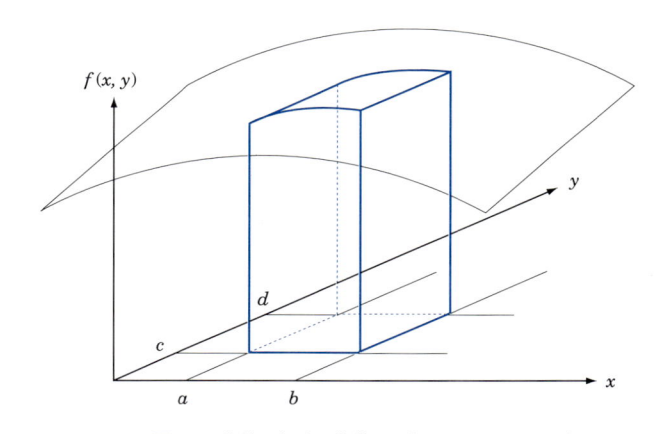

図 3.3 柱状の部分の体積が $P(a<x<b,\ c<y<d)$

ここで $\iint$ は初等解析学での重積分であるが、x を固定して y で先に積分した後に x で積分する、もしくはその逆にしてよい。つまり

$$\begin{aligned}
\iint_{a<x<b, c<y<d} f(x,y) dx dy &= \int_a^b \left(\int_c^d f(x,y) dy \right) dx \\
&= \int_c^d \left(\int_a^b f(x,y) dx \right) dy
\end{aligned}$$

同時密度関数は2つの確率変数 X と Y を同時に扱うための基本的道具である。2つのうち一方のみを考えれば

$$f_1(x) = \int_{-\infty}^{\infty} f(x,y) dy, \quad f_2(y) = \int_{-\infty}^{\infty} f(x,y) dx \tag{3.13}$$

とおくと

$$\begin{aligned} P(a < X < b) &= P(a < X < b, -\infty < Y < \infty) = \int_a^b f_1(x) dx \\ P(c < Y < d) &= \int_c^d f_2(y) dy \end{aligned}$$

を得る。したがって $f_1(x), f_2(y)$ はそれぞれ X, Y の密度関数と解釈できる。

定義 3.8 関数 $f_1(x)$ を X の周辺密度関数という。同様に $f_2(y)$ は Y の周辺密度関数である。

積分とは和を拡張したものととらえることができる。したがって、周辺密度関数とは、同時密度関数での、例えば x を固定して y で加えたもの、と直感的に解釈してよい。

2つの確率変数があるときに、一方の値が分かっているときのもう一方の条件付き分布は以下のように考える。

$$\begin{aligned} P(a < X < b | y - h < Y < y + h) &= \frac{P(a < X < b, y - h < Y < y + h)}{P(y - h < Y < y + h)} \\ &= \frac{\frac{1}{2h} \int_{y-h}^{y+h} \left(\int_a^b f(x,y) dx \right) dy}{\frac{1}{2h} \int_{y-h}^{y+h} f_2(y) dy} \\ &\to \int_a^b \frac{f(x,y)}{f_2(y)} dx, \quad h \to +0 \end{aligned}$$

となるのでこの式を $P(a < X < b | Y = y)$ と解釈する。このとき

$$f_1(x|y) = \frac{f(x,y)}{f_2(y)}, \quad f_2(y|x) = \frac{f(x,y)}{f_1(x)} \tag{3.14}$$

は密度関数となるので以下のように定義する。

定義 3.9 $f_1(x|y)$ を $Y=y$ が分かっているときの X の条件付き密度関数という。同様に $X=x$ が分かっているときの Y の条件付き密度関数は $f_2(y|x)$ である。

周辺密度関数は直感的には和のようなものと解釈できた。条件付き密度関数 $f_2(y|x)$ は、例えば x を固定して同時密度関数を y の関数と考えたもの、つまり x で同時密度関数を切断したときの切断面と解釈できる。ただし切断しただけでは密度関数の定義を満たさないので $f_1(x)$ で割っている。

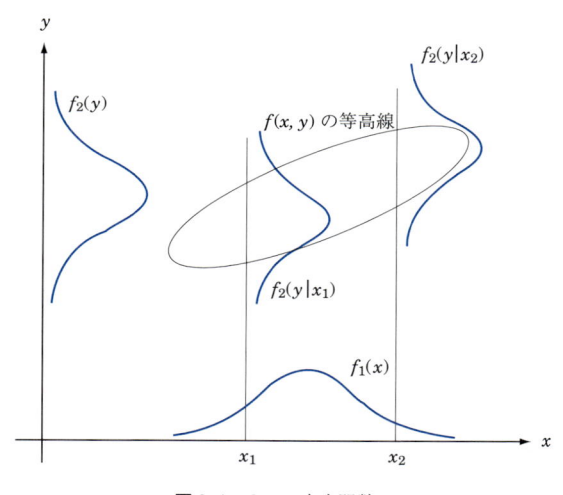

図 3.4 3つの密度関数

定義 3.10 X, Y の同時密度関数と周辺密度関数がすべての x, y において

$$f(x,y) = f_1(x) f_2(y) \tag{3.15}$$

が成立するとき X と Y は独立であるという。

確率変数 X と Y が独立である、ということは

$$f_1(x|y) = f_1(x), \quad f_2(y|x) = f_2(y) \tag{3.16}$$

と同じことである．さらにすべての $a < b, c < d$ に対して

$$P(a < X < b, c < Y < d) = P(a < X < b)P(c < Y < d) \qquad (3.17)$$

とも同値である．つまり確率変数の独立性は事象の独立性とほぼ同値なことである．

離散確率変数の場合は連続確率変数の場合の積分を和に置き換えて以下のように与えられる．

定義 3.11 適当な 2 重数列 $\{p_{ij};\ i,j = 0, 1, 2, \ldots\}$ があって

$$\text{すべての } i, j \geq 0 \text{ で } p_{ij} \geq 0 \text{ でありかつ } \sum_{i=0}^{\infty} \sum_{j=0}^{\infty} p_{ij} = 1$$

を満たし

$$p_{ij} = P(X = i, Y = j), \quad i, j = 0, 1, 2, \ldots \qquad (3.18)$$

となるとき $\{p_{ij}\}$ を X, Y の同時確率関数という．

同時確率関数は 2 つの確率変数 X と Y を同時に扱うための基本的道具である．2 つのうち一方のみ，例えば X についてのみ考えれば

$$P(X = i) = \sum_{j=0}^{\infty} p_{ij} \equiv p_{i\cdot} \qquad (3.19)$$

Y のみを考えれば

$$P(Y = j) = \sum_{i=0}^{\infty} p_{ij} \equiv p_{\cdot j} \qquad (3.20)$$

なので次のように定義される．

定義 3.12 2 つの確率変数 X, Y があるときの X の確率関数 $p_{i\cdot}$, Y の確率関数 $p_{\cdot j}$ を X, Y それぞれの周辺確率関数という．

さらに，2 つの確率変数があるときに，一方の値が分かっているときのもう一方の条件付き分布は以下で定義される．

定義 3.13 $Y=j$ が分かっているときの X の条件付き確率関数は

$$P(X=i|Y=j) = \frac{P(X=i, Y=j)}{P(Y=j)} = \frac{p_{ij}}{p_{\cdot j}} \tag{3.21}$$

で与えられ、$X=i$ が分かっているときの Y の条件付き確率関数は

$$P(Y=j|X=i) = \frac{p_{ij}}{p_{i\cdot}} \tag{3.22}$$

で与えられる。

定義 3.14 X と Y の同時確率関数と周辺確率関数の間に

$$p_{ij} = p_{i\cdot} p_{\cdot j} \tag{3.23}$$

がすべての i, j で成立するとき X と Y は独立である。

3.2.4 無作為標本

3.2.3 節では 2 個の確率変数を考えたが一般には多くのデータがある。n 個の連続確率変数 $X_1, X_2, \ldots, X_n$ を考える。このときその同時密度関数は n 変数の非負関数で表され

$$\int_{-\infty}^{\infty} \cdots \int_{-\infty}^{\infty} f(x_1, \ldots, x_n) dx_1 \cdots dx_n = 1 \tag{3.24}$$

を満たす。X_i の周辺密度関数は

$$f_i(x_i) = \int_{-\infty}^{\infty} \cdots \int_{-\infty}^{\infty} f(x_1, \ldots, x_n) dx_1 \cdots dx_{i-1} dx_{i+1} \cdots dx_n \tag{3.25}$$

で与えられる。

これらの積分は 2 変数の場合と同様、普通の積分を繰り返す、と解釈してよい。

定義 3.15

$$f(x_1, \ldots, x_n) = f_1(x_1) \cdots f_n(x_n) \tag{3.26}$$

を満たすとき $X_1, \ldots, X_n$ は互いに独立である、という。

離散確率変数の場合でも確率関数に対して同じ関係が成り立つ。また、独立性と以下のこととは同じことである。

性質 3.2 $X_1, X_2, \ldots, X_n$ が独立のとき任意の事象 $A_1, A_2, \ldots, A_n$ に対して
$$\begin{aligned} P(X_1 \in A_1, X_2 \in A_2, \ldots, X_n \in A_n) \\ = P(X_1 \in A_1)P(X_2 \in A_2) \cdots P(X_n \in A_n) \end{aligned} \tag{3.27}$$
となり、逆も成立する。

さらにこれらが同じ分布に従う場合は
$$f(x_1, \ldots, x_n) = f(x_1) \cdots f(x_n) \tag{3.28}$$
が適当な密度関数 $f(x)$ に対して成り立つ。

定義 3.16 データを表す確率変数 $X_1, \ldots, X_n$ が互いに独立、かつ同一分布に従うとき、すなわち式 (3.28) を満たすとき $X_1, \ldots, X_n$ を大きさ n の無作為標本という。

無作為標本は統計的データ解析の基本となる。母集団が無限個の元から成る場合に、他のデータの値に無関係に要素を抽出する場合は無作為標本となる。有限個の元から成る母集団であっても、抽出した要素をもとに戻してからランダムに抽出することを繰り返すならやはり無作為標本である。これを復元抽出という。もとにもどさない場合を非復元抽出といい、この場合は互いに独立にならず、したがって無作為標本にはならない。

例 3.5 くじ m 本の中に当たりくじが r 本あるとき、甲と乙がこの順で引くとする。甲が当たれば $X_1 = 1$、外れれば $X_1 = 0$、乙が当たれば $X_2 = 1$、外れれば $X_2 = 0$ とする。ここで甲が引いたくじをもとに戻してよくかき混ぜてから乙が引く場合（復元抽出）と甲が引いたくじはもとに戻さない場合（非復元抽出）を考える。甲が当たりくじを引く確率は、いずれにしろ $P(X_1 = 1) = r/m$ である。乙が当たりくじを引く確率は、復元抽出の場合

第 3 章 確 率

はやはり $P(X_2 = 1) = r/m$ であり、非復元抽出の場合も全確率の公式（定理 3.1）から

$$P(X_2 = 1) = P(X_2 = 1|X_1 = 1)P(X_1 = 1) + P(X_2 = 1|X_1 = 0)P(X_1 = 0)$$
$$= \frac{r-1}{m-1} \times \frac{r}{m} + \frac{r}{m-1} \times \frac{m-r}{m}$$
$$= \frac{r}{m}$$

となる。つまり当たりくじを引く確率は引く順序によらない。しかしながら復元抽出の場合は X_1, X_2 は互いに独立になるが、非復元抽出の場合は

$$\begin{aligned} P(X_1 = 1, X_2 = 1) &= P(X_2 = 1|X_1 = 1)P(X_1 = 1) \\ &= \frac{r(r-1)}{m(m-1)} \\ &\neq P(X_1 = 1)P(X_2 = 1) \end{aligned}$$

となり独立ではない。

3.3 確率変数の期待値

3.3.1 1 変量確率変数の期待値

定義 3.17 確率変数 X の平均は確率関数 $\{p_k\}$、または密度関数 $f(x)$ に対して

$$\mu = E(X) \equiv \begin{cases} \sum_{k=0}^{\infty} k p_k, & \text{離散の場合} \\ \int_{-\infty}^{\infty} x f(x) dx, & \text{連続の場合} \end{cases} \quad (3.29)$$

と定義される。

平均はまた標本平均と区別するために母平均ともいわれる。期待値、もしくは平均値ということもある。記号の E は期待値（Expected Value）の頭文字である。平均はさらに X の関数の場合に拡張されて

定義 3.18　確率変数 X の関数 $g(X)$ の平均とは

$$E\{g(X)\} \equiv \begin{cases} \sum_{k=0}^{\infty} g(k)p_k, & \text{離散の場合} \\ \int_{-\infty}^{\infty} g(x)f(x)dx, & \text{連続の場合} \end{cases}$$

と定義される。$g(X)$ の期待値ともいう。

特に $g(x) = x^k$, k は正整数、の場合を X の k 次の積率または k 次のモーメントとよび、理論・応用で重要な役割を果たしている。さらに $g(x) = (x-\mu)^2$ の場合は特に重要であり

定義 3.19
$$\sigma^2 = Var(X) \equiv E\{(X-\mu)^2\} \tag{3.30}$$

を分散、または標本分散と区別するために母分散という。

　確率変数 X の平均や分散は第 1 章の標本平均や標本分散・不偏分散を母集団で定義したものであり、標本平均や標本分散・不偏分散は平均や分散を推定している。

　期待値は和や積分で定義されているので次の定理が成り立つことはほとんど明らかであろう。

定理 3.3　2 つの関数 $g_1(x)$ と $g_2(x)$ と任意の実数 a, b に対して、

$$E\{ag_1(X) + bg_2(X)\} = aE\{g_1(X)\} + bE\{g_2(X)\}$$

が、各平均が有限ならば、成立する。

定理 3.3 により以下のことがいえる。

$$\begin{aligned} E(aX+b) &= aE(X) + b \\ Var(aX+b) &= a^2 Var(X) \\ Var(X) &= E(X^2) - \mu^2 \\ &= E\{X(X-1)\} + \mu - \mu^2 \end{aligned}$$

上の最後の等式は離散確率変数の平均の計算に有用である。

例 3.6 公平なサイコロを投げたときに出る目を X とする。X の平均 $E(X)$ および分散 $Var(X)$ を求めてみよう。公平なサイコロなので

$$p_1 = p_2 = \cdots = p_6 = \frac{1}{6}$$

でありその他では確率は 0 である。したがって

$$E(X) = 1 \times \frac{1}{6} + 2 \times \frac{1}{6} + \cdots + 6 \times \frac{1}{6} = \frac{7}{2}$$

であり

$$Var(X) = 1^2 \times \frac{1}{6} + 2^2 \times \frac{1}{6} + \cdots + 6^2 \times \frac{1}{6} - (\frac{7}{2})^2 = \frac{35}{12}$$

となる。

例 3.7 密度関数が

$$f(x) = \begin{cases} cx^2, & -1 < x < 1 \\ 0 & その他 \end{cases}$$

のとき c を求め、$E(X)$、$Var(X)$、$E\{\sqrt{|X|}\}$ を計算してみよう。

$$\int_{-1}^{1} x^2 dx = \frac{2}{3}$$

なので $c = \frac{3}{2}$ である。平均、分散、$\sqrt{|X|}$ の平均はそれぞれ

$$\begin{array}{rcl} E(X) & = & \dfrac{3}{2} \displaystyle\int_{-1}^{1} x \cdot x^2 dx = 0, \\ Var(X) & = & \dfrac{3}{2} \displaystyle\int_{-1}^{1} x^2 \cdot x^2 dx = \dfrac{3}{5}, \\ E(\sqrt{|X|}) & = & 3 \displaystyle\int_{0}^{1} x^{\frac{5}{2}} dx = \dfrac{6}{7} \end{array}$$

を得る。

例 3.8　確率関数が
$$p_k = \frac{c}{k^2}, \quad k = 1, 2, \ldots$$
で与えられるときの $E(X)$ は存在しない、もしくは無限大である。ここで c は確率関数になるように定める。実際、形式的に
$$E(X) = c \sum_{k=1}^{\infty} k \cdot \frac{1}{k^2} = c \sum_{k=1}^{\infty} \frac{1}{k}$$
であるがこの値が無限大であることはよく知られている。

例 3.9　密度関数が
$$f(x) = \frac{1}{\pi} \cdot \frac{1}{1+x^2}$$
のとき平均はどうなるであろうか。形式的には
$$\mu = E(X) = \frac{1}{\pi} \cdot \int_{-\infty}^{\infty} \frac{x}{1+x^2} dx$$
である。しかしながら積分
$$\int_a^b \frac{x}{1+x^2} dx$$
で $a \to -\infty, b \to \infty$ の発散速度を調整するといかなる値にでも収束させることができることが初等解析学でよく知られている。したがって上の式の値は無限大とも言えず有限な値に確定もしない。したがって $E(X)$ は存在しない。

3.3.2　多変量確率変数の平均

簡単のため主に 2 変量確率変数 X, Y について述べる。2 つの確率変数 X と Y の関数 $h(X, Y)$ に対し、$h(X, Y)$ の平均（期待値）は以下で定義される。

定義 3.20　確率変数 X, Y の関数 $h(X, Y)$ の平均は

$$E\{h(X,Y)\} = \begin{cases} \sum_{i=0}^{\infty} \sum_{j=0}^{\infty} h(i,j) p_{ij}, & X, Y \text{ が共に離散の場合} \\ \int\int_{R^2} h(x,y) f(x,y) dx dy, & X, Y \text{ が共に連続の場合} \end{cases} \tag{3.31}$$

で定義される。ここで $\{p_{ij}\}$ は X, Y の同時確率関数、$f(x,y)$ は X, Y の同時密度関数である。ただし式 (3.31) が有限な値に確定していなければならない。

なお2変量の場合 X が連続、Y が離散などの場合もあり、多変量の場合はより複雑であるが、煩雑であり、(3.31) 以外は省略する。

特に関数 $h(x,y)$ が x, y の一方のみの関数の場合、例えば $h(x,y) = h_1(x)$ の形の場合の平均は周辺確率関数や周辺密度関数で計算すればよい。つまり

$$E\{h_1(X)\} = \begin{cases} \sum_{i=0}^{\infty} h_1(i) p_{i\cdot} & X \text{ が離散の場合} \\ \int_{-\infty}^{\infty} h_1(x) f_1(x) dx, & X \text{ が連続の場合} \end{cases} \quad (3.32)$$

が成立する。特に X の平均は $h_1(x) = x$ として

$$E(X) = \begin{cases} \sum_{i=0}^{\infty} i p_{i\cdot}, & X \text{ が離散の場合} \\ \int_{-\infty}^{\infty} x f_1(x) dx, & X \text{ が連続の場合} \end{cases} \quad (3.33)$$

で与えられる。Y の場合や分散や積率でも同様である。

2つの関数 $h_1(x,y)$ と $h_2(x,y)$ に関する次の性質は、1変量の場合と同様で、平均や分散が積分や和で定義されているので、両辺が有限であればほぼ明らかである。

性質 3.3 任意の実数 a, b および関数 $h_1(x,y), h_2(x,y)$ に関して

$$E\{a h_1(X,Y) + b h_2(X,Y)\} = a E\{h_1(X,Y)\} + b E\{h_2(X,Y)\} \quad (3.34)$$

がそれぞれの平均が有限ならば成立する。

もし X と Y が互いに独立、かつ $h(x,y) = g_1(x) g_2(y)$ なら $h(X,Y)$ の平均は $g_1(X)$ および $g_2(Y)$ の平均の積を計算すればよい。すなわち

定理 3.4 確率変数 X, Y が互いに独立なら

$$E\{g_1(X) g_2(Y)\} = E\{g_1(X)\} E\{g_2(Y)\} \quad (3.35)$$

が成立する。特に $g_1(x) = x, g_2(y) = y$ のとき

$$E(XY) = E(X)E(Y) \tag{3.36}$$

である。

定義 3.21 確率変数 X, Y の平均をそれぞれ μ_x, μ_y とおくとき

$$Cov(X,Y) \equiv E\{(X - \mu_x)(Y - \mu_y)\} \tag{3.37}$$

を X と Y の共分散、もしくは母共分散といい

$$Cor(X,Y) \equiv \frac{Cov(X,Y)}{\sqrt{Var(X)Var(Y)}} \tag{3.38}$$

を X, Y の相関係数、もしくは母相関係数という。

標本共分散、標本相関係数を第 2 章でデータで定義した。その母集団版を上で定義している。データの場合と同様に以下のことが成立する。

性質 3.4 任意の定数 a, b, c, d（ただし $ac \neq 0$）に対し

$$
\begin{aligned}
Cov(aX + b, cY + d) &= acCov(X,Y) \tag{3.39}\\
Cor(aX + b, cY + d) &= \begin{cases} Cor(X,Y), & ac > 0 \\ -Cor(X,Y), & ac < 0 \end{cases} \tag{3.40}
\end{aligned}
$$

が成立する。

共分散の単位は X, Y の測定単位の積、例えば X が円、Y がドルなら共分散の単位は円 × ドルであり、共にセンチメートルなら平方センチメートルであるが、相関係数は無名数である。したがって相関係数は単位のない数値となる。

これらを用いて確率変数の一次式の平均、分散が求められる。

定理 3.5 X, Y を 2 つの確率変数、a, b を任意の実数とすると以下のことが成立する。

(1) $E(aX+bY) = aE(X)+bE(Y)$,

(2) $Var(aX+bY) = a^2 Var(X) + b^2 Var(Y) + 2Cov(X,Y)$,

(3) X と Y が互いに独立なら $Var(aX+bY) = a^2 Var(X) + b^2 Var(Y)$

3つ以上の確率変数の場合は以下のようになる。

定理 3.6 $X_1, X_2, \ldots, X_n$ を n 個の確率変数、$a_1, a_2, \ldots, a_n$ を任意の実数、とする。

(1) $E(\sum_{i=1}^n a_i X_i) = \sum_{i=1}^n a_i E(X_i)$,

(2) $Var(\sum_{i=1}^n a_i X_i) = \sum_{i=1}^n a_i^2 Var(X_i) + \sum\sum_{i \neq j} a_i a_j Cov(X_i, X_j)$,

(3) $X_1, \ldots, X_n$ が互いに独立なら $Var(\sum_{i=1}^n a_i X_i) = \sum_{i=1}^n a_i^2 Var(X_i)$

もし $X_1, X_2, \ldots, X_n$ が独立で同じ分布に従うなら以下の性質が成立する。

性質 3.5 もし $X_1, X_2, \ldots, X_n$ が共通の平均 μ、分散 σ^2 を持ち互いに独立なら標本平均
$$\bar{X} = \frac{X_1 + X_2 + \cdots + X_n}{n}$$
に対し
$$E(\bar{X}) = \mu, \quad Var(\bar{X}) = \frac{\sigma^2}{n} \tag{3.41}$$
が成立する。つまり n が大きくなれば標本平均の平均は母平均に等しいがばらつきを表す分散は小さくなる。標準偏差をばらつきの尺度とすればそれは $\sqrt{n}$ の逆数と比例する。データを多く得ればより精度の良い推測ができる根拠がこの性質である。

3.4 積率母関数、確率母関数

確率変数の平均、分散を定義から直接計算することは一般に面倒である。そこで確率変数の平均、分散を計算するのに便利な概念を導入しよう。

定義 3.22　確率変数 X に対し

$$M_X(t) \equiv E(e^{tX}) = \begin{cases} \sum_{k=0}^{\infty} e^{kt} p_k & X \text{ が離散のとき} \\ \int_{-\infty}^{\infty} e^{tx} f(x) dx & X \text{ が連続のとき} \end{cases} \quad (3.42)$$

が $t = 0$ のまわりで有限な値になるとき M_X を X の**積率母関数**、または**モーメント母関数**という。関数 $M_X(t)$ における X はどの確率変数の積率母関数かを明示する必要のないときはしばしば省略する。

定義 3.23　X が離散確率変数のとき

$$P_X(z) \equiv \sum_{k=0}^{\infty} z^k p_k \quad (3.43)$$

が $z = 1$ のまわりで有限な値になるとき P_X を X の**確率母関数**という。関数 $P_X(z)$ の X はどの確率変数の確率母関数かを明示する必要のないときはしばしば省略する。

確率母関数は伝統的によく用いられているが、$z = e^t$ おけば積率母関数に一致し、両者は離散確率変数に対しては本質的に同じものである。そこで本書では主に積率母関数について述べる。

積率母関数 $M(t)$ は $t = 0$ の近くで存在すれば $t = 0$ で何回でも微分できて

$$M'_X(0) = E(X), \ M''_X(0) = E(X^2), \ldots, M^{(k)}_X(0) = E(X^k) \quad (3.44)$$

であり、したがって

$$E(X) = M'_X(0), \quad Var(X) = M''_X(0) - \{M'_X(0)\}^2 \quad (3.45)$$

となる。多くの場合、モーメントを計算するには積分や無限和を計算する必要があるが、積率母関数を用いれば積分や和の計算は一度だけであり、あとは微分すればよい。コンピュータによる数値計算では積分の方が微分の計算より易しいが、筆算では多くの場合微分の方が積分より易しい。

確率母関数に関しては

$$P'_X(1) = E(X), \quad P''_X(1) = E\{X(X-1)\} \quad (3.46)$$

第3章 確率

となり
$$E(X) = P'_X(1), \quad Var(X) = P''_X(1) + P'_X(1) - \{P'_X(1)\}^2 \tag{3.47}$$
を得る。

例 3.10 　離散確率変数 X の確率関数が $\lambda > 0$ に対し
$$p_k = e^{-\lambda}\frac{\lambda^k}{k!}, \quad k = 0, 1, 2, \ldots \tag{3.48}$$
となるとき、指数関数の定義から確かにこれは確率関数になる。このときの確率母関数を求めてみよう。
$$P(z) = e^{-\lambda}\sum_{k=0}^{\infty} z^k \frac{\lambda^k}{k!} = e^{-\lambda}\sum_{k=0}^{\infty} \frac{(\lambda z)^k}{k!} = e^{-\lambda}e^{\lambda z}$$
となる。微分すると
$$P'(z) = \lambda e^{-\lambda}e^{\lambda z}, \quad P''(z) = (\lambda)^2 e^{-\lambda}e^{\lambda z}$$
なので
$$E(X) = Var(X) = \lambda \tag{3.49}$$
を得る。積率母関数は $z = e^t$ とすると
$$M(t) = \exp(\lambda(e^t - 1)) \tag{3.50}$$
である。

例 3.11 　確率変数 X の密度関数が
$$f(x) = \begin{cases} \lambda e^{-\lambda x}, & x > 0 \\ 0 & x \leq 0 \end{cases} \tag{3.51}$$
となるときの積率母関数、平均、分散を求めてみよう。ここで $\lambda > 0$ である。

$$M(t) = \lambda \int_0^{\infty} e^{tx} e^{-\lambda x} dx = \lambda \int_0^{\infty} e^{-(\lambda-t)x} dx = \frac{\lambda}{\lambda - t}, \quad t < \lambda \tag{3.52}$$

となり微分すると

$$E(X) = M'(0) = \frac{1}{\lambda}, \quad Var(X) = \frac{1}{\lambda^2} \tag{3.53}$$

を得る。

積率母関数は平均や分散の計算に有用であるが理論的価値も大きい。以下の定理がその根拠を与える。

定理 3.7 確率変数 X と Y の積率母関数 $M_X(t)$ と $M_Y(t)$ が $t=0$ の周りで存在する、と仮定する。このとき X と Y の分布が一致すればその積率母関数 $M_X(t)$ と $M_Y(t)$ が一致することはもちろんであるが、逆も成立する。すなわち、ある区間 (a,b) で $M_X(t) = M_Y(t)$ が成立すれば X と Y の分布は一致する。

定理 3.8 確率変数 X の積率母関数と分布関数を $M_X(t)$ および $F(x)$ とおく。さらに、確率変数の列 $X_1, X_2, \ldots$ の積率母関数と分布関数を $M_n(t)$ および $F_n(t)$ とおく。このとき

$$\lim_{n \to \infty} M_n(t) = M_X(t)$$

が $t=0$ の近くで成立すれば $F(x)$ が連続となる点 x で

$$\lim_{n \to \infty} F_n(x) = F(x)$$

が成立する。

定理 3.7 によれば、すべてのモーメントが存在する分布全体と積率母関数になりえる関数全体が 1：1 に対応することを意味する。確率分布は密度関数または確率関数、および分布関数で決まるが、積率母関数でも決まることが分かる。定理 3.8 は積率母関数が近いことと分布が近いことが同値であることを意味する。したがって分布の近似に関することは積率母関数の収束に置き換えてよい。このことは $X, X_1, X_2, \ldots$ が離散か連続かによらない。さらに和の分布に関し

て以下の定理が成立する。一般に複数の確率変数の関数の分布を求めることは複雑な操作を必要とするが、分布の型によっては和の分布が簡単に求まる。

定理 3.9　確率変数 $X_1, X_2, \ldots, X_n$ が互いに独立で積率母関数 $M_1, M_2, \ldots, M_n$ を持つとする。このとき $Z = X_1 + X_2 + \cdots + X_n$ の積率母関数は

$$M_Z(t) = M_1(t)M_2(t)\cdots M_n(t) \tag{3.54}$$

で与えられる。

この定理は $n = 2$ の場合を示した後、数学的帰納法を用いれば容易に証明できる。

Tea Break　指　数

現代社会に生きる私たちは数値に囲まれて生きています。とりわけ経済に関係する数値は生活に重大な影響を及ぼします。そのような数値の中でも株価指数や物価指数、失業率などは重要でしょう。これらはある計算方式で計算されていますが、どのように計算されているかは以外に知られていません。ちょっと覗いてみましょう。

日経平均株価：日経平均株価は日本経済新聞社が有名 225 企業の株価の平均値として発表しています。バブル絶頂期には 3 万 8915 円まで上昇しました。ん、ちょっと待てよ、あの頃でもそんな値の株はほとんどなかったぞ、と思われるかもしれません。それにはからくりがあります。日経平均株価は 225 社の株の「見なし額面」を決め、それを 50 円に換算します。つまり株価を

$$\text{指数に組み入れる株価} = \text{実際の株価} \times \frac{50}{\text{みなし額面}}$$

とします。そして日経平均株価は

$$\text{日経平均株価} = \frac{\text{指数に組み入れる株価の合計}}{\text{除数}}$$

と計算されます。

東証株価指数：TOPIX（TOkyo stock Price IndeX）という名でもしられている東京証券取引所が日々発表している株価指数で、東証第 1 部の毎日の時価総額（全上場株をある日の終値で評価したものの合計額）を基準日の時価総額で割って算

出されます。基準日は 1968 年 1 月 4 日で、その日の時価総額を 100 として計算します。日経平均株価とならんで、重要な指数となっています。2 部の指数、規模別指数、マザーズの指数など同様の指数も発表されています。

練習問題

3.1 2つの事象 A，B に関して
$$P(A \cup B) = P(A) + P(B) - P(A \cap B)$$
を示せ。

3.2 $P(\phi) = 0$ であることを示し、全確率の公式および Bayes の定理は無限個の和で示されているが有限個の和でもよいことを示せ。

3.3 4つの地域 A，B，C，D でのある党の支持者の割合を 25 %，20 %，15 %，10 % とする。また、それぞれの地域での有権者数の比率を 1:2:3:4 とする。有権者数の比率にしたがって地域を選び、その地域の有権者からでたらめに 2 人を選んで調べたところ、1 人はある党の支持者であり、他の 1 人はそうではなかった。
  (1) このような結果になる確率を求めよ。
  (2) どの地域が選ばれたのか事後確率を求めよ。

3.4 2個のサイコロを投げてその目の和を X とする。
  (1) X の平均と分散を求めよ。
  (2) X が偶数の確率を求めよ。
  (3) X が偶数のときには X を受け取り、奇数のときは $-X$ を受け取る（つまり X 支払う）、というギャンブルを考える。このギャンブルは公平、つまり受取額 Z の平均は 0 であることを示せ。

3.5 密度関数 $f(x) = \frac{1}{2}\exp(-|x|)$，$-\infty < x < \infty$ の積率母関数を求め、微分することにより平均と分散を求めよ。

第4章　確率変数

3章では確率の概念と確率変数の一般的な概念について述べた。この章ではよく応用される確率変数の例をあげる。

4.1 離散確率変数

ここでは代表的な離散確率変数の例をあげる。なお、ここであげる分布の確率や分布関数の多くはエクセルでも計算できるので、巻末のエクセルの統計関数も参照されたい。

4.1.1 $(0,1)$ 分布とベルヌーイ試行

確率変数 X が $(0,1)$ 分布に従う、とは

$$X = \begin{cases} 1, & \text{確率} \quad p \\ 0, & \text{確率} \quad q \equiv 1-p \end{cases} \tag{4.1}$$

となることである。

$$P(X=i) = p^i(1-p)^{1-i}, \quad i=0,1$$

とも書ける。

$$E(X) = p, \quad Var(X) = p(1-p) \tag{4.2}$$

となることはほとんど明らかであろう。この確率変数は、賛成か反対か、成功か失敗か、破産したかしなかったか、等のように2つの事象のどちらかが起こる場合を表現しており広範囲に例を見ることができる。

ベルヌーイ試行とは共通の p を持つ $(0,1)$ 分布に従う独立な確率変数の列 $X_1, X_2, \ldots$ をいう。長さ n のベルヌーイ試行とは、ベルヌーイ試行であって、

個数を n 個とした $X_1, X_2, \ldots, X_n$ をいう。$i_1, i_2, \ldots, i_n$ を 0 または 1 とすると式 (3.27) から

$$P(X_1 = i_1, X_2 = i_2, \ldots, X_n = i_n) = P(X_1 = i_1)P(X_2 = i_2) \cdots P(X_n = i_n)$$
$$= p^k(1-p)^{n-k}, \quad \sum_{j=1}^{n} i_j = k \quad (4.3)$$

となる。

4.1.2 2項分布

長さ n のベルヌーイ試行における 1 の個数は

$$X = X_1 + X_2 + \cdots + X_n$$

と表される。その分布を2項分布という。パラメータは個数 n と確率 p なので $Bi(n, p)$ と表す。

確率 $P(X = k)$ を考えよう。$X = k$ となるのは 0 または 1 となる $i_1, i_2 \ldots, i_n$ で $i_1 + i_2 + \cdots + i_n = k$ となる場合の全体である。したがってそのような場合の確率をすべて加えればよい。このような場合の数は

$$_nC_k = \frac{n!}{k!(n-k)!}$$

個あり、そのすべての場合の生起確率は式 (4.3) で与えられる。したがって

$$P(X = k) = {}_nC_k p^k (1-p)^{n-k}, \ k = 0, 1, \ldots, n \quad (4.4)$$

となる。

式 (4.4) が確かに確率となることは2項展開

$$(a+b)^n = \sum_{k=0}^{n} {}_nC_k a^k b^{n-k} \quad (4.5)$$

で $a=p, b=1-p=q$ とおいて示すことができる。さらに2項分布の積率母関数 $M_X(t)$ も同様に2項展開 (4.5) を用いて

$$\begin{align*}
M_X(t) &= E(e^{tX}) \\
&= \sum_{k=0}^{n} e^{tk} {}_nC_k p^k (1-p)^{n-k} \\
&= \sum_{k=0}^{n} {}_nC_k (pe^t)^k (1-p)^{n-k} \\
&= (pe^t + 1 - p)^n \tag{4.6}
\end{align*}$$

を得る。この積率母関数を微分することにより平均、2乗の平均、分散

$$E(X) = np, \quad E(X^2) = npq + (np)^2, \quad Var(X) = npq \tag{4.7}$$

を得る。2項分布の確率は $p=0.5$ のとき対称、$p \neq 0.5$ のときは歪んでいるが、n が大きくなると対称に近くなる。エクセルでは =binomdist(k, n, p, false(true)) と入力する。false とすれば確率 $P(X=k)$、true のときは分布関数 $P(X \leq k)$ が出力される。

2項分布は実は後述のポアソン分布や正規分布で近似できる。

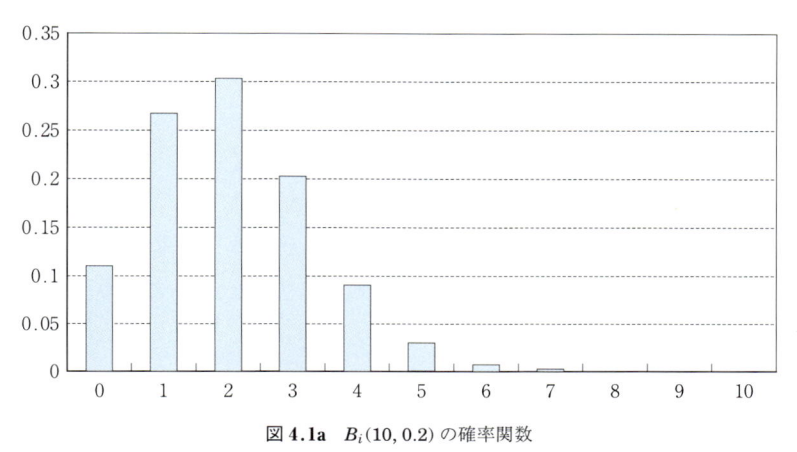

図 **4.1a** $B_i(10, 0.2)$ の確率関数

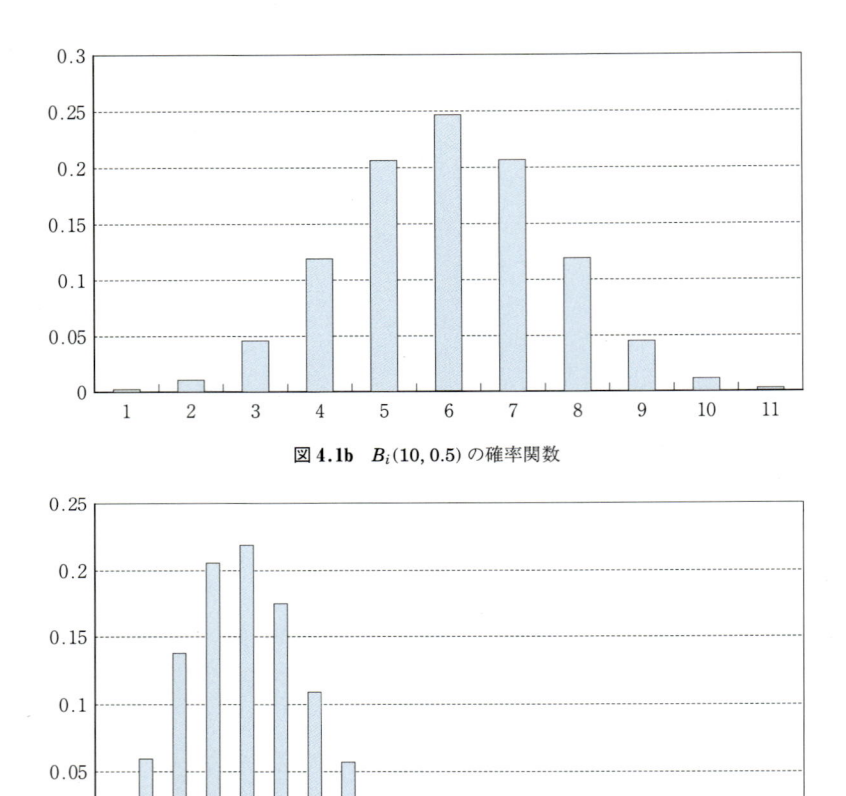

図 4.1b $B_i(10, 0.5)$ の確率関数

図 4.1c $B_i(20, 0.2)$ の確率関数

例 4.1　ある格付けの企業群の 5 年後の倒産率が 30 ％であるとする。この格付けの企業 10 社のうち倒産する企業数が 3 社以上である確率を求めよう。

倒産する企業数を X とすると X は 2 項分布 $B(10, 0.3)$ に従う。したがって求めるのは

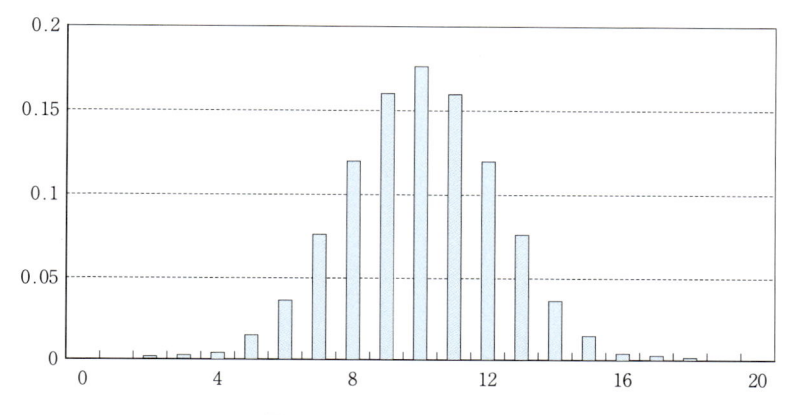

図 4.1d $B_i(20, 0.5)$ の確率関数

$$
\begin{aligned}
P(X \geq 3) &= 1 - P(X=0) - P(X=1) - P(X=2) \\
&= 1 - \frac{10!}{0!10!}0.3^0 0.7^{10} - \frac{10!}{1!9!}0.3^1 0.7^9 - \frac{10!}{2!8!}0.3^2 0.7^8 \\
&= 1 - 0.028 - 0.121 - 0.163 \\
&= 0.687
\end{aligned}
$$

となる。約 70 %である。なお、四捨五入の関係で見た目で少し誤差がある。

4.1.3 ポアソン分布

2 項分布 $Bi(n,p)$ は応用上きわめて重要であるが、n が大きくなるとその確率計算を厳密に行うことは困難になる。$Bi(n,p)$ の確率を単純に計算しようとすると、例えば $70! > 10^{100}$ であり、コンピュータもすぐにオーバーフローしてしまう。したがって近似計算が必要となる。

確率 p は小さく n は大きく、かつ平均は適当な大きさに固定しよう。実際には

$$n \to \infty, \quad p \to 0, \quad np = \lambda(\text{一定}) > 0$$

とした極限を考える。このとき $Bi(n,p)$ における確率は、$p = \lambda/n$ なので

$$\frac{n!}{k!(n-k)!}p^k q^{n-k}$$
$$= \frac{n(n-1)\cdots(n-k+1)}{k!} \times \left(\frac{\lambda}{n}\right)^k \times \left(1-\frac{\lambda}{n}\right)^{-\frac{n}{\lambda}(-\lambda)} \times \left(1-\frac{\lambda}{n}\right)^{-k}$$
$$\to e^{-\lambda}\frac{\lambda^k}{k!}, \quad n \to \infty$$

となる。

$$p_k = e^{-\lambda}\frac{\lambda^k}{k!}, \quad k = 0, 1, \ldots \tag{4.8}$$

とおくと指数関数の定義から

$$e^\lambda = 1 + \lambda + \frac{\lambda^2}{2!} + \frac{\lambda^3}{3!} + \cdots$$

なので確かに式 (4.8) は確率関数となる。式 (4.8) を確率関数とする分布をパラメータ λ の<u>ポアソン分布</u>といい、$Po(\lambda)$ と表す。

ポアソン分布は定義からも分かるように、p が小さく（<u>稀現象</u>）、n が大きい（<u>大量観察</u>）場合に適用できる。例えば、格付け最上位企業群の倒産件数、単位時間当たりの原子核の崩壊回数、単位時間当たりの死亡事故件数、稀な病気に関する疫学調査、など経済現象、自然現象、社会現象に多くの適用例がある。ポアソン分布は歪んだ分布であるが平均 λ が大きくなると対称に近くなる。エクセルでは =poisson(k, λ, false(true)) と入力する。false とすれば確率 $P(X = k)$、true のときは分布関数 $P(X \leq k)$ が出力される。

ポアソン分布の平均、分散、確率母関数は例 3.10 ですでに求められていて

$$E(X) = Var(X) = \lambda, \quad P(z) = e^{\lambda(z-1)} \tag{4.9}$$

であり、積率母関数は $z = e^t$ として

$$M(t) = \exp(\lambda(e^t - 1)) \tag{4.10}$$

となる。

図 4.2a $P_o(1)$ の確率関数

図 4.2b $P_o(2)$ の確率関数

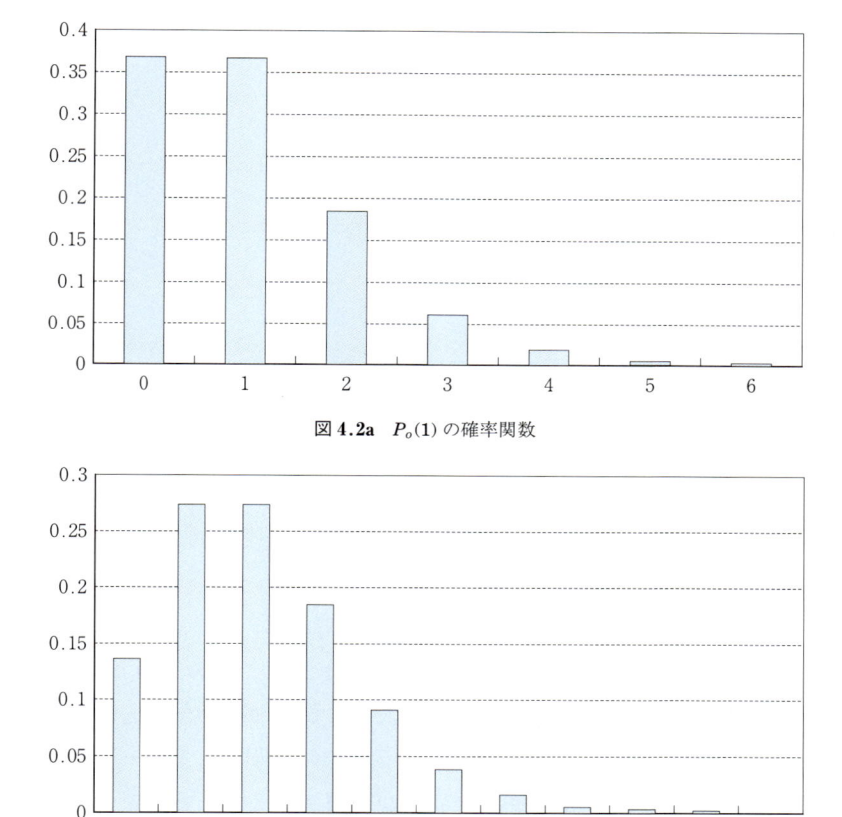

例 4.2 あるタクシー会社はタクシー 100 台を保有している。タクシー 1 台が月に 1 回、何らかの事故に遭う確率を 0.01、月に 2 回以上遭う確率は無視できるとし、事故に遭うかどうかは各車で独立とする。この会社のタクシーが遭う月当たり事故回数 X の分布を求めよう。

月当たりの事故回数は 2 項分布の定義から、2 項分布 $Bi(100, \frac{1}{100})$ に従う。試行回数は比較的大きく 100 であり、確率は小さい。したがって、平均回数は 1 なのでポアソン分布 $Po(1)$ で近似すればよい。月に事故が高々 1 回であ

図 **4.2c** $P_o(4)$ の確率関数

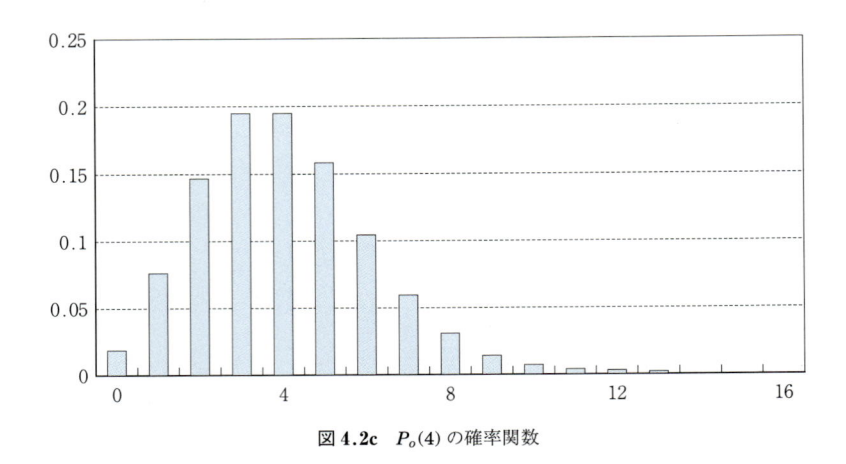

る確率は 0 と 1 の確率の和 $2e^{-1} = 0.735759$ である。なお、真値は 0.735762 なのでこの近似はきわめて正確である。

4.1.4 負の 2 項分布

ベルヌーイ試行を 0 が r 回出るまで続けるとしよう。その間の 1 の回数 X の分布を負の 2 項分布といい、$NB(r,p)$ と表す。負の 2 項分布は r 回失敗すまでの成功の回数、何らかの事件が r 回起きるまでの期間、あるメーカーの車が r 台通るまでの他社の車の通過台数、r 人が支持すると答えるまでの不支持人数、など多くの例を持つ。

$X = k$ のとき試行の回数は $r+k$ 回であり、最後は 0 である。試行は独立なのでどのような 0, 1 の並べ方であっても 1 の個数が k 個であればその出現確率は $p^k q^r$ である。また、そのような並べ方の総数は、最後は 0 と決まっているので $k+r-1$ 個から r 個を取り出す取り出し方であり、${}_{k+r-1}C_r$ となる。したがって

$$P(X=k) = {}_{k+r-1}C_k p^k q^r, \quad k = 0, 1, 2, \ldots \tag{4.11}$$

で与えられる。

負の 2 項分布の名前の由来は組み合わせ関数を拡張して分かる。

$$_nC_k = \frac{n!}{k!(n-k)!} = \frac{n(n-1)\cdots(n-k+1)}{k!}$$

なので n を実数全体に拡張して

$$\binom{x}{k} = \frac{x(x-1)\cdots(x-k+1)}{k!}$$

とおこう。すると式 (4.11) は

$$\begin{aligned}\frac{(k+r-1)(k+r-2)\cdots r}{k!}p^k q^r &= \frac{(-r)(-r-1)\cdots(-r-k+1)}{k!}(-p)^k q^r \\ &= \binom{-r}{k}(-p)^k q^r\end{aligned}$$

となる。この形と 2 項分布の確率関数の類似性から負の 2 項分布の名が付いた。

式 (4.11) が確かに確率関数になることは明らかではない。2 項展開

$$(1+x)^n = \sum_{k=0}^{n} {}_nC_k x^k$$

はよく知られているが、初等解析学より組み合わせ関数の一般化を用いて一般の 2 項展開

$$(1+x)^{-a} = \sum_{k=0}^{\infty} \binom{-a}{k} x^k, \quad |x| < 1$$

が与えられる。このことより

$$\sum_{k=0}^{\infty} \binom{-r}{k}(-p)^k q^r = q^r(1-p)^{-r} = 1$$

となり確かに (4.11) は確率関数となる。この組み合わせ関数の一般化は理論的に重要であるが確率を計算する場合は普通の組み合わせ関数を用いた方がよい。エクセルで計算する場合は =negbinomdist(k, r, 1-p) と入力する。確率の入力が逆になっているが、本書の定義の方が一般的なので逆にした。

負の 2 項分布の積率母関数は

$$
\begin{align*}
E(e^{tX}) &= q^r \sum_{k=0}^{\infty} e^{tk} \binom{-r}{k} (-p)^k \\
&= q^r \sum_{k=0}^{\infty} \binom{-r}{k} (-pe^t)^k \\
&= q^r (1 - pe^t)^{-r}, \quad 0 < pe^t < 1 \tag{4.12}
\end{align*}
$$

となる。平均と 2 乗の平均は式 (4.12) を微分して

$$
E(X) = \frac{rp}{q}, \quad E(X^2) = \frac{rp}{q^2} + \frac{r(r+1)p^2}{q^2}, \quad VarX = \frac{rp}{q^2} \tag{4.13}
$$

で与えられる。

特に $r = 1$ のとき、すなわち確率関数が

$$
P(X = k) = qp^k, \quad k = 0, 1, 2 \ldots \tag{4.14}
$$

の分布は初めて失敗するまでの成功回数の分布である。これを幾何分布という。幾何分布の分布関数は

$$
P(X \leq k) = F(k) = 1 - p^k \tag{4.15}
$$

となる。負の 2 項分布 $NB(r, p)$ は定理 3.9 を用いれば幾何分布 $NB(1, p)$ に従う r 個の互いに独立な確率変数を加えた確率変数の分布と一致することが容易に分かる。

例 4.3　企業にとって年間に何らかの大きな事件が起こる確率は 0.3、3 回起きると本格的な危機である、とする。ただし大事件が年間に 2 回以上起こる確率は無視できる、とする。10 年以内に本格的な危機をむかえる確率を求めよう。

　負の 2 項分布の定義は成功率でされているので $p = 0.7, r = 3$ の場合であるが、事件が起こった年も加算されるので $k \leq 7$ の確率を求めればよい。エクセルで =negbinomdist(k, 3, 0.3) とし $k = 0, \ldots, 7$ を入力して和をとると確率は 0.617 になる。

図 **4.3a** $NB(1, 0.5)$ の確率関数

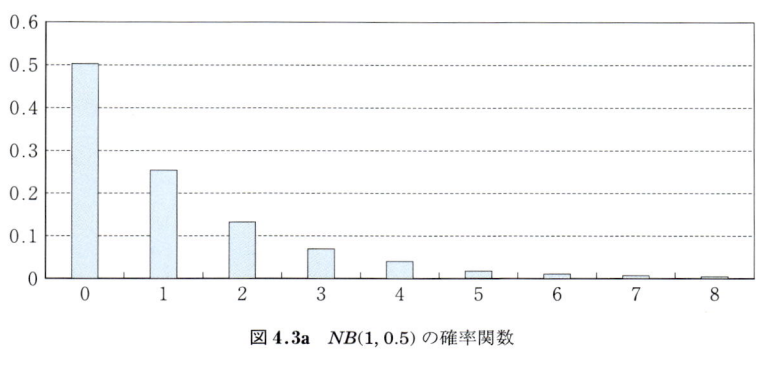

図 **4.3b** $NB(1, 0.8)$ の確率関数

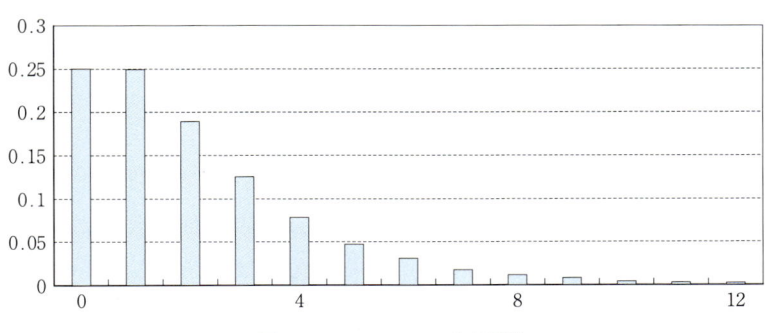

図 **4.3c** $NB(2, 0.5)$ の確率関数

4.1.5 超幾何分布

ベルヌーイ試行は互いに独立な試行、つまり無限母集団から標本を抽出することと同じことであったが、調査データなどでは、調べる対象が有限母集団であ

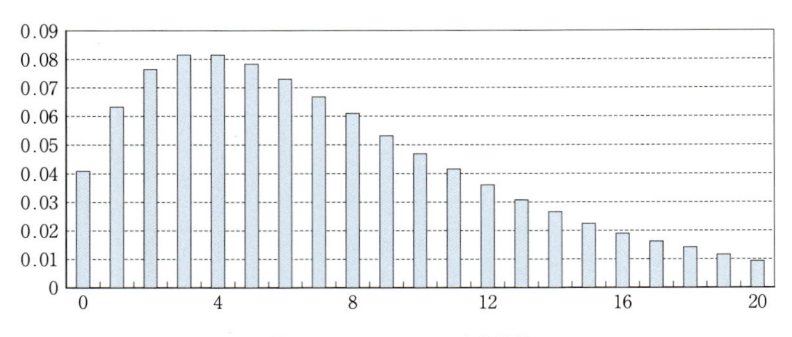

図 4.3d $NB(2, 0.8)$ の確率関数

ることが多い。したがって有限母集団からのデータに関する分布も重要である。

M 個の要素から成り、そのうち N 個は 1、$M - N$ 個は 0 である集合を考える。ベルヌーイ試行の場合と同様 0 と 1 は成功と失敗、倒産と非倒産、等の 2 つの場合に対応する。この集合からでたらめに、つまりどの要素も抽出される確率が同じになるように n 個抽出し、その中の 1 の個数を X とおく。X の分布をパラメータ M, N, n の超幾何分布といい、$HG(M, N, n)$ と表す。

M 個から n 個を抽出する場合の数は ${}_M C_n$ である。$X = k$ となる場合の数は N 個の要素から k 個、$M - N$ 個の要素から $n - k$ を取り出す場合の数なので ${}_N C_k \, {}_{M-N} C_{n-k}$ である。したがって $HG(M, N, n)$ の確率関数は

$$P(X = k) = \frac{{}_N C_k \times {}_{M-N} C_{n-k}}{{}_M C_n}, \quad 0, n - M + N \leq k \leq N, n \quad (4.16)$$

で与えられる。

超幾何分布の積率母関数は複雑なので省略するが、超幾何級数とよばれる関数で表され、そこからこの名前がついた。平均と分散は定義から忠実に計算して

$$E(X) = n \times \frac{N}{M}, \quad Var(X) = n \times \frac{N}{M} \times \frac{M-N}{M} \times \frac{M-n}{M-1} \quad (4.17)$$

となる。$N/M = p$ としたまま $M, N \to \infty$ とすると X の分布は 2 項分布 $Bi(n, p)$ に近づく。$M \to \infty$ は要素を無限に大きくする（無限母集団）ことであり、$N/M = p$ ということは 1 の比率が p であることなのでこの性質は自然

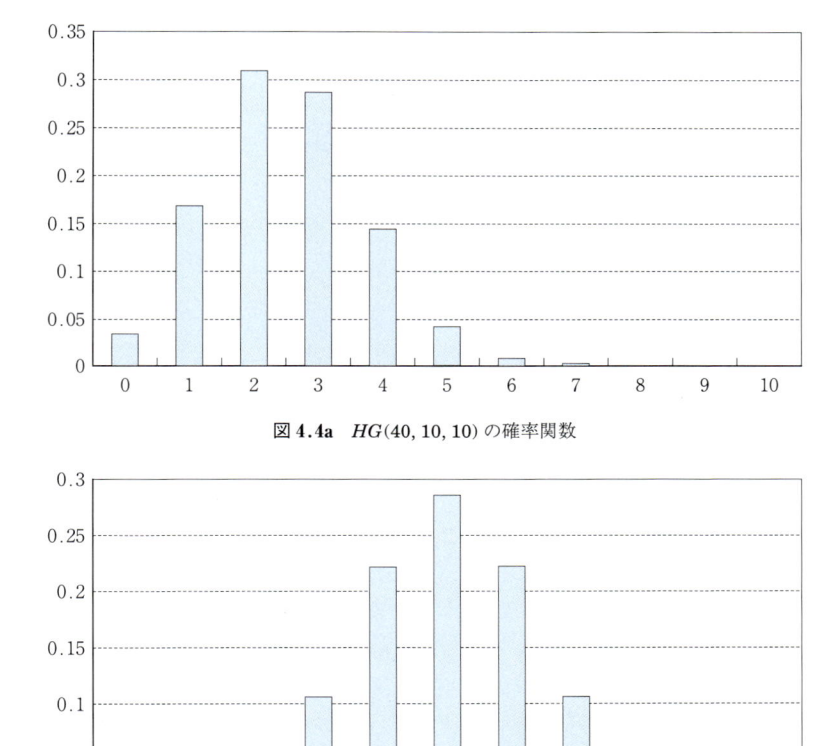

図 4.4a $HG(40, 10, 10)$ の確率関数

図 4.4b $HG(40, 10, 20)$ の確率関数

であろう．式 (4.17) の項 $(M-n)/(M-1)$ は要素数が有限であるための調整項（有限修正項）である．

例 4.4　ある年のある分野の企業 20 社中 12 社は赤字であった．この 20 社からでたらめに 5 社取り出したとき，赤字企業が 2 社以下である確率を求めよう．

$M=20, N=12, n=5$ なので超幾何分布 $HG(20, 12, 5)$ に従う確率変数 X

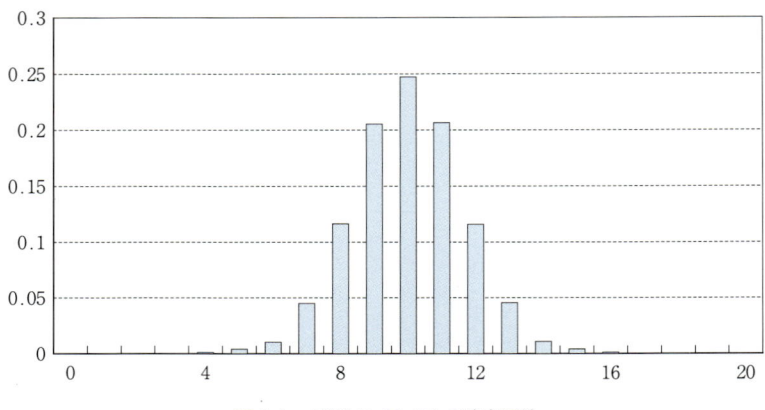

図 4.4c $HG(40, 20, 20)$ の確率関数

に関して

$$P(X=0) + P(X=1) + P(X=2)$$

を計算すればよい。各組み合わせを計算して、$P(X=0) = 0.0036$, $P(X=1) = 0.0542$, $P(X=2) = 0.2384$ となり 0.2962 である。

注意 4.1 現実問題では M を知りたいことが多い。例えば、ある地域に動物が何匹棲息しているか知りたいとき、ランダムに N 匹を捕らえ（またはその特徴を把握し）、放した後に n 匹をもう一度捕らえたときに、一度捕らえられたのが何匹かを調べて M を推定することになる（捕獲－再捕獲法）。

4.1.6 多項分布

K 個の排反な事象 $A_1, A_2, \ldots, A_K$ があり、1 回の試行で A_i が実現する確率を p_i とおく。必ずどれかの A_i が実現すると仮定する。このとき $p_1 + p_2 + \cdots + p_K = 1$ である。このような試行を独立に n 回行ったとき、A_i が実現した回数を X_i とおく。このとき 2 項分布の場合と同様に

$$P(X_1 = k_1, X_2 = k_2, \ldots, X_K = k_K) = \frac{n!}{k_1! \cdots k_K!} p_1^{k_1} p_2^{k_2} \cdots p_K^{k_K} \quad (4.18)$$

となる。ただし各 k_i は非負整数であり $k_1+k_2+\cdots+k_K = n$ でなければならず、その他の場合の確率は 0 である。この分布を多項分布といい、$M(n; p_1, p_2, \ldots, p_K)$ と表す。$K = 3$ のときは 3 項分布ともいう。

この確率関数が確かに確率関数であることは多項展開

$$(p_1 + p_2 + \cdots + p_K)^n = \sum \frac{n!}{k_1! \cdots k_K!} p_1^{k_1} p_2^{k_2} \cdots p_K^{k_K}$$

に基づく。ここで和は $k_1 + k_2 + \cdots + k_K = n$ である非負整数値すべてを渡る。

定理 4.1 多項分布には以下の性質がある。

(1) X_i の周辺分布は 2 項分布 $Bi(n, p_i)$ に従う。
(2) $E(X_i) = np_i, \quad Var(X_i) = np_i(1 - p_i)$
(3) $X_i + X_j, (i \neq j)$ は 2 項分布 $Bi(n, p_i + p_j)$ に従う。3 つ以上の和でも同様である。
(4) $Cov(X_i, X_j) = -np_i p_j, \ i \neq j$

証明 (1), (3) は定義から直感的に明らかであろう。(2) は (1) から導かれる。(4) のみを示す。

$$\begin{aligned} Var(X_i + X_j) &= Var(X_i) + Var(X_j) + 2Cov(X_i, X_j) \\ &= np_i(1 - p_i) + np_j(1 - p_j) + 2Cov(X_i, X_j) \end{aligned}$$

であるが、(3) から

$$Var(X_i + X_j) = n(p_i + p_j)(1 - p_i - p_j)$$

なので (4) が示される。

例 4.5 選挙での 3 人の候補者 A,B,C の支持率はそれぞれ $0.5, 0.3, 0.2$ である。このとき 10 人を調べて候補者 A が単独で最多である確率を求めよう。A,B,C を支持する、と答えた人数を X_1, X_2, X_3 とすると (X_1, X_2, X_3) は多項分布 $M(10, 0.5, 0.3, 0.2)$ に従う。候補者 A が単独で最多であるのは

$X_1 \geq 5$ であって $(X_1, X_2, X_3) = (5, 5, 0), (5, 0, 5)$ でない場合、および $(X_1, X_2, X_3) = (4, 3, 3)$ の場合である。X_1 は2項分布 $Bi(10, 0.5)$ に従うので $P(X_1 \geq 5) = 1 - P(X_1 \leq 4) = 0.6230$ である。ここで巻末エクセルの関数 =binomdist(4, 10, 0.5, true) を用いた。また残る3つの事象の確率は (4.18) を計算してそれぞれ $0.0191, 0.0025, 0.0567$ となり、結局解は 0.6581 である。

4.2 連続分布

この節では代表的な連続分布の例をあげる。なおこれらの分布の確率計算はエクセルでも可能なので、巻末のエクセル統計関数を参照されたい。

4.2.1 一様分布

区間 $(a, b), a < b$ 内からでたらめに1点 X を選ぶとする。でたらめ、とはこの区間内のどの点の選ばれやすさもすべて同じ、と解釈する。このとき密度関数は区間 (a, b) 内のすべての点で同じ、としなければならない。したがって密度関数は

$$f(x) = \begin{cases} \frac{1}{b-a}, & a < x < b \\ 0, & \text{その他} \end{cases} \tag{4.19}$$

となる。これを区間 (a, b) 上の一様分布といい $U(a, b)$ と表す。分布関数は

$$F(X) = \begin{cases} 1, & x \geq b \\ \frac{x-a}{b-a}, & a < x < b \\ 0, & x \leq a \end{cases} \tag{4.20}$$

となる。$x = a, x = b$ で微分できない。

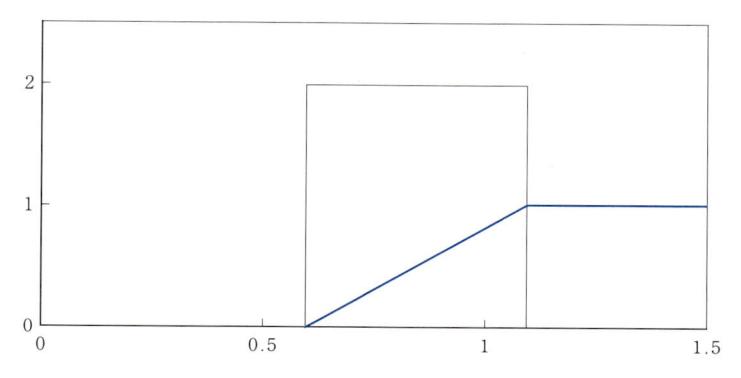

図 4.5　一様分布の密度関数と分布関数

一様分布 $U(a,b)$ の平均と分散は

$$\begin{aligned} E(X) &= \frac{a+b}{2}, \\ Var(X) &= \frac{1}{b-a}\int_a^b x^2 dx - E^2(X) \\ &= \frac{(b-a)^2}{12} \end{aligned}$$

である。

　一様分布はコンピュータ・シミュレーションで大きな役割を果たしている。確率的な現象（経済学、医学、工学その他で膨大な例がある）を解析するために、ある連続な分布関数 $G(x)$ に従う確率変数を考える必要があるとする。解析的に簡単に解の求まる現象では問題ないが、多くの事象は複雑に絡み合い、厳密に解を求めることはほとんど不可能である。そのような場合コンピュータで G に従う確率変数を発生させ、繰り返し計測することにより解析する。Z を G に従う確率変数とすると $X = G(Z)$ は一様分布 $U(0,1)$ に従う。逆に言えば $U(0,1)$ に従う確率変数 X があれば G の逆関数を用いて $Z = G^{-1}(X)$ とすれば目的の確率変数が得られる。現在 $U(0,1)$ に従うと擬似的に見なせる乱数（疑似乱数）を短時間に大量に発生させるアルゴリズムがいろいろ開発されている。すべての計算機言語、システムソフト、表計算ソフトは何らかのアルゴリズムで一様分布に従うとみなせる乱数発生法を組み込んでいる。エクセル

では =rand() と入力する。また、X が一様分布 $U(0,1)$ に従うとみなせる（一様乱数）とき $X \leq p$ なら 1、それ以外では 0 とすればベルヌーイ試行をシミュレートできる。

上の逆関数による方法は逆関数が高速に計算できる分布には大変有効な方法である。これらのことは次の定理および系による。

定理 4.2 確率変数 Z が密度関数 $g(z)$、分布関数 $G(z)$ を持つとする。関数 $h(z)$ を厳密に単調に増加する関数（つまり $z_1 < z_2$ のとき $h(z_1) < h(z_2)$）とし、確率変数 $X = h(Z)$ とすると X の密度関数は

$$f(x) = g(h^{-1}(x))\frac{d}{dx}h^{-1}(x) \qquad (4.21)$$

で与えられる。もし $h(z)$ が厳密に単調減少する関数なら

$$f(x) = -g(h^{-1}(x))\frac{d}{dx}h^{-1}(x) \qquad (4.22)$$

で与えられる。

証明 $h(z)$ が単調に増加する場合のみを示す。

$$\begin{aligned} P(X \leq x) &= P(h(Z) \leq x) \\ &= P(Z \leq h^{-1}(x)) \\ &= G(h^{-1}(x)) \end{aligned}$$

なのでこれを微分すればよい。

定理では $h(z)$ を厳密に増加、としたが単調でも成立する。ただし h^{-1} をもっと厳密に定義する必要がある。

系 4.1 定理 4.2 で $h(z) = G(z)$ とすると X は一様分布 $U(0,1)$ に従う。

例 4.6 一様分布乱数を用いて円周率 π をシミュレーションにより推定して見よう。図 4.6 のように原点を中心にした半径 1 の円、および一辺の長さ 2 の

正方形を考える。円の面積は π、正方形の面積は 4 である。このとき一様分布 $U(-1,1)$ に従う乱数の組をこの図にプロットする。円の中に現れた場合○印、円の外に現れた場合×印でプロットしている。n 個のプロットのうちで円内の個数を x 個とすると x/n は面積比 $\pi/4$ に近い筈である。

$n=1000$ とした実際のシミュレーションでは $x=798$ となった。したがって円周率のシミュレーションによる推定値は $780 \times 4/1000 = 3.12$ であり、真の値 $\pi = 3.1416$ と多少の誤差がある。n を大きくしていけば真値に近づいていく筈である。

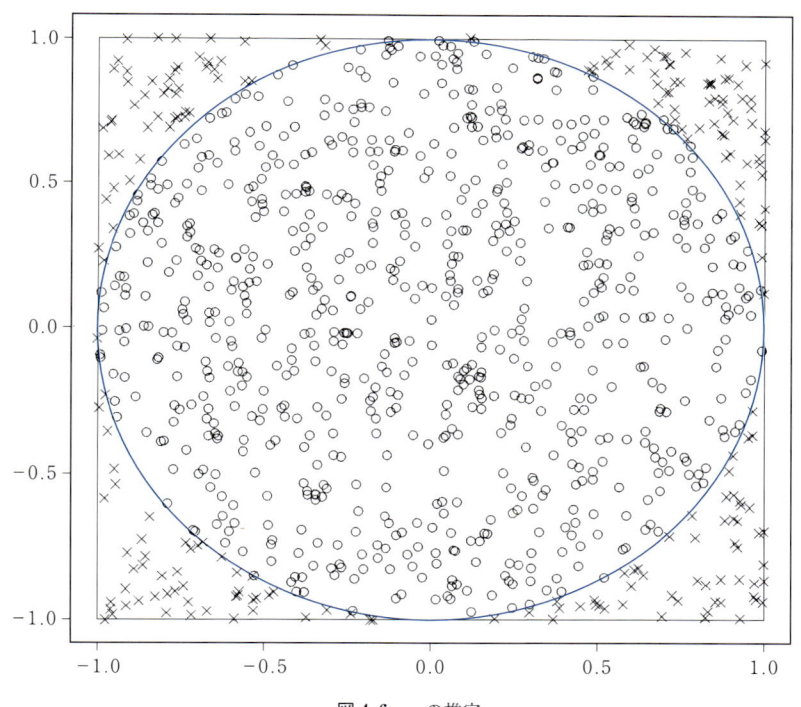

図 4.6　π の推定

4.2.2 ベータ分布

有限区間 (a, b) における代表的な分布が次のベータ分布である。任意の有限区間でよいが区間 (a, b) で考えたとき $(X - a)/(b - a)$ と変換すれば区間 $(0, 1)$ の分布に変わるので区間 $(0, 1)$ でのみ考える。

$\alpha, \beta > 0$ に対し

$$f(x) = \begin{cases} \frac{1}{B(\alpha, \beta)} x^{\alpha - 1}(1 - x)^{\beta - 1}, & 0 < x < 1 \\ 0, & その他 \end{cases} \quad (4.23)$$

を密度関数として持つ分布をパラメータ α, β のベータ分布といい、$Be(\alpha, \beta)$ と表す。$\alpha = \beta = 1$ のときは一様分布 $U(0, 1)$ である。ここで $B(\alpha, \beta)$ は積分が 1 になるように定義されている、つまり

$$B(\alpha, \beta) = \int_0^1 x^{\alpha - 1}(1 - x)^{\beta - 1} dx \quad (4.24)$$

であり、ベータ関数という。

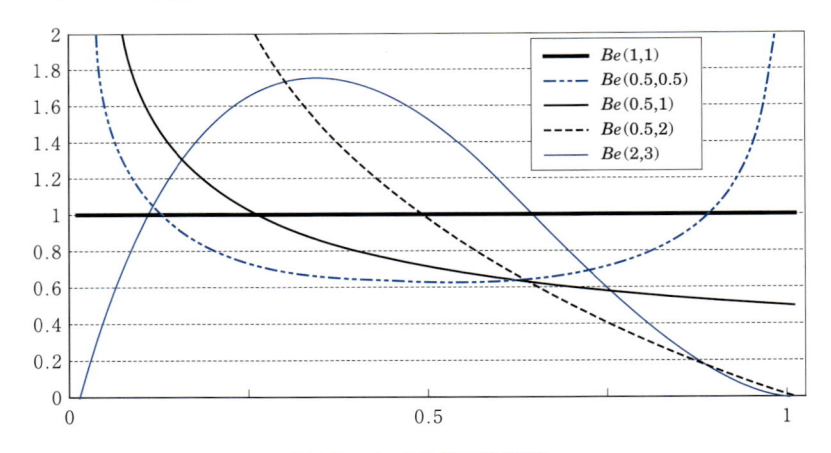

図 4.7 ベータ分布の密度関数

ベータ関数の計算のためには次のガンマ関数

$$\Gamma(\alpha) = \int_0^\infty x^{\alpha - 1} e^{-x} dx, \quad \alpha > 0 \quad (4.25)$$

および初等解析学でよく知られたベータ関数とガンマ関数の関係

性質 4.1

$$B(\alpha, \beta) = \frac{\Gamma(\alpha)\Gamma(\beta)}{\Gamma(\alpha + \beta)}, \tag{4.26}$$

$$\Gamma(\alpha + 1) = \alpha\Gamma(\alpha), \tag{4.27}$$

$$\Gamma(1) = 1, \ \Gamma(\frac{1}{2}) = \sqrt{\pi} \tag{4.28}$$

$$\Gamma(n + 1) = n!, \quad n \text{ が非負整数} \tag{4.29}$$

$$B(m, n) = \frac{(m-1)!(n-1)!}{(m+n-1)!}, \quad m, n \text{ が非負整数} \tag{4.30}$$

を用いる。特に正整数なら簡単に計算できる。ガンマ関数は階乗を正の実数に拡張していることが分かる。

ベータ分布の積率母関数の計算は困難であるが、平均、分散の計算はやさしい。

$$E(X) = \frac{1}{B(\alpha, \beta)} \int_0^1 x^\alpha (1-x)^{\beta-1} dx \tag{4.31}$$

$$= \frac{B(\alpha+1, \beta)}{B(\alpha, \beta)} = \frac{\alpha}{\alpha + \beta}, \tag{4.32}$$

$$E(X^2) = \frac{1}{B(\alpha, \beta)} \int_0^1 x^{\alpha+1}(1-x)^{\beta-1} dx \tag{4.33}$$

$$= \frac{B(\alpha+2, \beta)}{B(\alpha, \beta)} = \frac{\alpha(\alpha+1)}{(\alpha+\beta)(\alpha+\beta+1)}, \tag{4.34}$$

$$Var(X) = \frac{\alpha\beta}{(\alpha+\beta)^2(\alpha+\beta+1)} \tag{4.35}$$

で与えられる。ベータ分布は有限区間でいろいろの形状を持ちうるので多くのデータの当てはめに用いられる。

例 4.7 試験の得点を、満点で割って、かつ連続なものと見なして、ベータ分布を仮定する。このとき平均 0.5、標準偏差 0.1 となるときのパラメータを

求めてみよう。次の連立方程式を解けばよい。

$$\frac{\alpha}{\alpha+\beta} = 0.5,$$

$$\frac{\alpha\beta}{(\alpha+\beta)^2(\alpha+\beta+1)} = (0.1)^2$$

$\alpha = \beta$ はすぐ分かり、β を消去すると $\alpha = 12$ となる。

4.2.3 指数分布

半無限区間 $(0,\infty)$ の分布として代表的な分布がパラメータ $\lambda > 0$ の指数分布であり、密度関数は

$$f(x) = \begin{cases} \lambda e^{-\lambda x} & x > 0 \\ 0 & x \leq 0 \end{cases} \quad (4.36)$$

で与えられる。$Ex(\lambda)$ と表す。分布関数は

$$F(x) = \begin{cases} 1 - e^{-\lambda x} & x > 0 \\ 0 & x \leq 0 \end{cases} \quad (4.37)$$

となる。積率母関数、平均、分散は例 3.11 ですでに与えられており

$$M(t) = \frac{\lambda}{\lambda - t}, \quad t < \lambda \quad (4.38)$$

$$E(X) = \frac{1}{\lambda}, \quad Var(X) = \frac{1}{\lambda^2} \quad (4.39)$$

であった。すなわち平均はパラメータの逆数である。

確率変数 X は寿命を表すとする。したがって $X > 0$ である。密度関数と分布関数を $f(x), F(x)$ とする。$F(0) = 0$ でなければならない。このとき条件付き確率 $P(X < t+h | X > t)$ は t まで死亡（故障、倒産などでもよい）しなかったものが次の h までに死亡する確率である。このとき

$$\frac{P(X < t+h | X > t)}{h} = \frac{P(t < X < t+h)}{hP(X > t)} = \frac{1}{h}\int_t^{t+h} \frac{f(x)}{1 - F(t)}dx$$

$$\to \frac{f(t)}{1 - F(t)} \equiv \lambda(t), \quad h \to +0$$

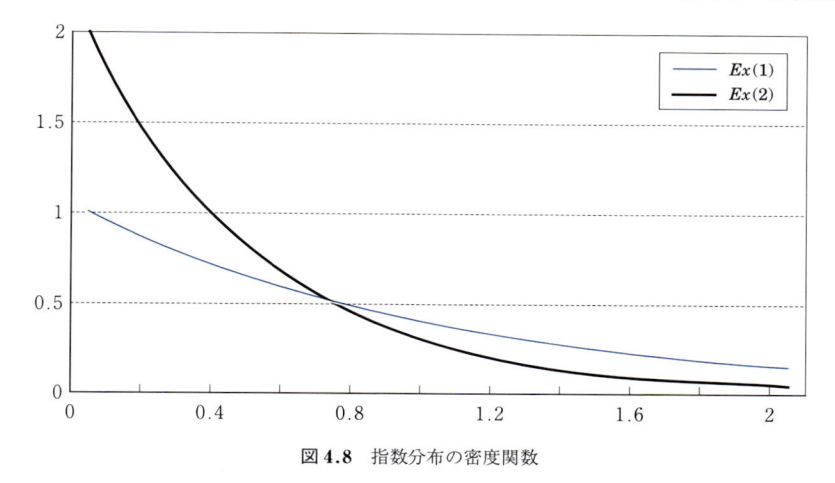

図 4.8 指数分布の密度関数

となる。この t の関数 $\lambda(t)$ はハザード関数とよばれ、t まで生きていたものが次の瞬間に死亡する瞬間死亡率と解釈される。ハザード関数が分かっていれば分布関数 $F(x)$ は

$$F(x) = 1 - \exp\left\{-\int_0^x \lambda(t)dt\right\} \tag{4.40}$$

で求められる。指数分布の場合ハザード関数は $f(x), F(x)$ を代入すると

$$\lambda(t) \equiv \lambda \tag{4.41}$$

となり時刻によらない。別の言い方をすれば、単位時間当たりの条件付き死亡確率が一定、つまり事件の起こり方は定常である、ということである。したがって、この分布を寿命分布として仮定すれば、何か事件が起こるのはハプニングのみによる、を仮定していることになる。企業の寿命では、創業初期の倒産、末期的停滞による倒産、ではなく、通常期に対応する。生物の寿命なら、生まれて間もない頃や老齢時の死亡率ではなく、青壮年期の死亡を扱うことに対応する。物理的には、何かあるショックが与えられたとき事件が起き、そのショックの起こりかたは時間に関係なく定常であり、起こりやすさのパラメータが λ である、と解釈される。この性質から、指数分布は寿命、つまり何かある事件（事故、故障、倒産、死亡など）が起こるまでの時間の分布として代表的なもの

とされる。

さらに指数分布は以下の性質を持つ。

性質 4.2 パラメータ λ の指数分布に対し

$$P(X < t+h | X > t) = P(X < h), \quad h, t > 0 \tag{4.42}$$

が成立する。

証明は簡単であり、式 (4.42) の左辺を具体的に書くと

$$\frac{P(t < X < t+h)}{P(X > t)} = \frac{F(t+h) - F(t)}{1 - F(t)} = 1 - e^{-\lambda h}$$

となることで示される。この性質は**無記憶性**と言われ、時刻 t まで何も起こらなければ次の h 以内に事件が起こる確率は最初から h までに事件が起こる確率に等しい、つまり t までに事件が起きていないことが記憶にない、という意味である。

4.2.4 ガンマ分布

確率変数 X の密度関数が

$$f(x) = \begin{cases} \frac{1}{\Gamma(\alpha)\beta^\alpha} x^{\alpha-1} e^{-\frac{x}{\beta}}, & x > 0 \\ 0, & x \leq 0 \end{cases} \tag{4.43}$$

となる分布をパラメータ (α, β) の**ガンマ分布**といい、$Ga(\alpha, \beta)$ と表す。パラメータ α, β は正である。

ガンマ分布の積率母関数は

$$M(t) = (1 - \beta t)^{-\alpha}, \quad \beta t < 1 \tag{4.44}$$

となる。これを微分して

$$E(X) = \alpha\beta, \quad Var(X) = \alpha\beta^2 \tag{4.45}$$

を得る。

ガンマ分布の積率母関数は式 (4.38) の指数分布の積率母関数の（$\lambda = \frac{1}{\beta}$ として）α 乗である。したがって α が正の整数なら定理 3.9 を用いれば平均 β の独立な指数分布を α 個加えたものであり、すなわち、α 回のショックが与えられたときに事件が起こる、と解釈される。ここではさらに α を正数に一般化している。ガンマ分布も寿命の分布として、生物学、医学・薬学、数理ファイナンスなどで広く応用されている。

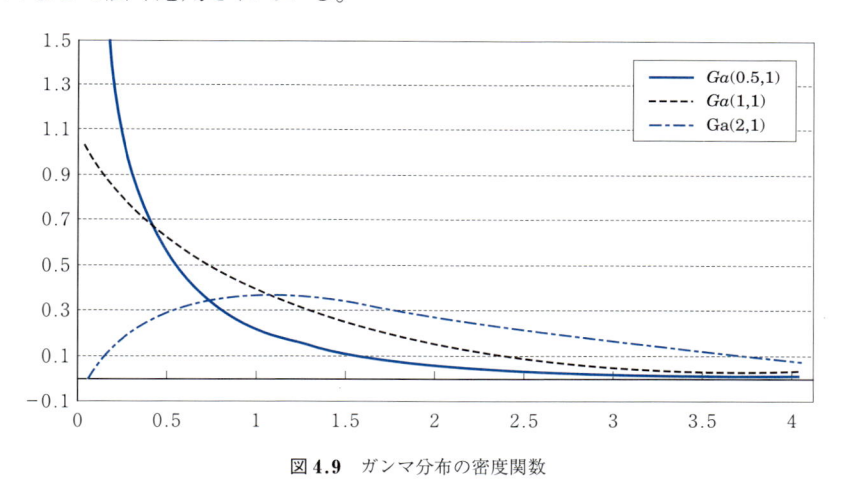

図 4.9 ガンマ分布の密度関数

4.2.5 ワイブル分布

指数分布はハザード関数が定数であった。しかしながら、生物でも機械でも、また企業でも、誕生間もない頃や老化した頃の死亡率は増大する。そのような場合によく用いられるハザード関数が

$$\lambda(t) = \frac{\alpha}{\beta}\left(\frac{t}{\beta}\right)^{\alpha-1}, \quad \alpha, \beta > 0 \quad (4.46)$$

である。密度関数と分布関数は $x > 0$ に対して

$$f(x) = \frac{\alpha}{\beta}\left(\frac{x}{\beta}\right)^{\alpha-1}\exp\left\{-\left(\frac{x}{\beta}\right)^{\alpha}\right\}, \quad F(x) = 1 - \exp\left\{-\left(\frac{x}{\beta}\right)^{\alpha}\right\} \quad (4.47)$$

で与えられる。$\alpha < 1$ の場合が誕生間もない頃、$\alpha > 1$ が老化期に対応する。特に $\alpha = 1$ の場合は指数分布である。この分布をパラメータ (α, β) の**ワイブル分布**といい $We(\alpha, \beta)$ と表す。ワイブル分布は破壊試験で、どこまでの荷重に耐えられるか、など工学でも盛んに用いられている。

ワイブル分布の平均と分散はガンマ関数を用いて

$$E(X) = \beta\Gamma(1 + \frac{1}{\alpha}), \quad Var(X) = \beta^2 \left(\Gamma(1 + \frac{2}{\alpha}) - \Gamma^2(1 + \frac{1}{\alpha}) \right) \quad (4.48)$$

で与えられる。

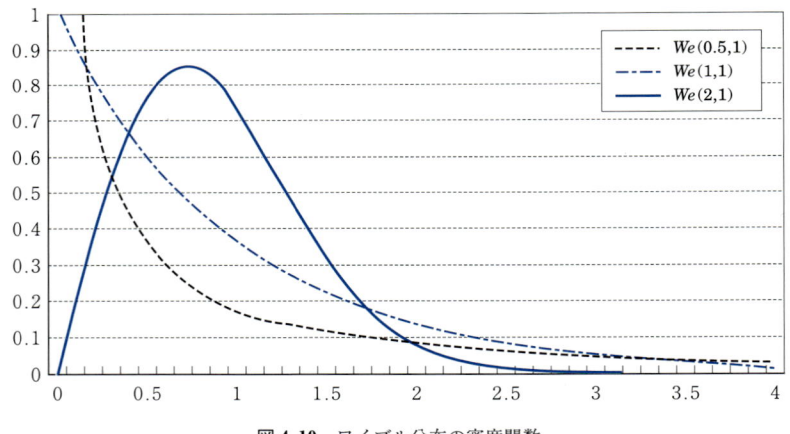

図 4.10 ワイブル分布の密度関数

4.2.6 正規分布

確率変数 X の密度関数が

$$f(x) = \frac{1}{\sqrt{2\pi\sigma^2}} \exp\left\{ -\frac{(x-\mu)^2}{2\sigma^2} \right\}, \quad -\infty < x < \infty \quad (4.49)$$

で与えられるとき、X は平均 μ、分散 σ^2 の**正規分布**または**ガウス分布**、分野によっては**誤差分布**という。$N(\mu, \sigma^2)$ と表す。ここで μ は任意の実数を取り得るが $\sigma > 0$ とする。

正規分布は、後述する中心極限定理によれば、分散の違いの小さい確率変数を多数加えたものと考えられる。実験、観測などに含まれる誤差は多くの要因による同程度の大きさのばらつきを持つ誤差が加わったものと解釈すれば、その誤差は正規分布に従うか、もしくは正規分布で十分に近似できると考えられる。さらに、2項分布 $Bi(n,p)$ をはじめ、多くの実用的な分布は独立確率変数を加えたものになっている。したがって、正規分布は誤差の分布や近似分布として用いられており、近代統計理論の主流は正規分布を仮定して発展してきた。

関数 (4.49) が確かに確率分布になることを示すことは簡単ではない。ここでは初等解析学でよく知られている

$$\int_{-\infty}^{\infty} e^{-x^2} dx = \sqrt{\pi} \tag{4.50}$$

のみを挙げる。変数変換 $y = (x - \mu)/\sqrt{2\sigma^2}$ を考えると式 (4.49) の積分は式 (4.50) を用いて 1 となることが分かる。$N(\mu, \sigma^2)$ の積率母関数は

$$\begin{aligned}
M(t) &= \frac{1}{\sqrt{2\pi\sigma^2}} \int_{-\infty}^{\infty} \exp\left\{tx - \frac{(x-\mu)^2}{2\sigma^2}\right\} dx \\
&= \frac{1}{\sqrt{2\pi\sigma^2}} \int_{-\infty}^{\infty} \exp\left\{-\frac{(x-\mu-\sigma^2 t)^2}{2\sigma^2}\right\} dx \times \exp\left(\mu t + \frac{1}{2}\sigma^2 t^2\right) \\
&= \exp\left(\mu t + \frac{1}{2}\sigma^2 t^2\right)
\end{aligned} \tag{4.51}$$

これを微分して

$$E(X) = \mu, \quad Var(X) = \sigma^2 \tag{4.52}$$

を得る。したがって正規分布 $N(\mu, \sigma^2)$ の密度関数は μ に関して対称で、平均は μ、分散は σ^2、標準偏差は σ であることが示された。

特に $\mu = 0, \sigma = 1$ の場合 $N(0,1)$ を標準正規分布という。そのときの密度関数、分布関数を $\varphi(x), \Phi(x)$ と表す。

$$\varphi(x) = \frac{1}{\sqrt{2\pi}} \exp\left(-\frac{x^2}{2}\right), \quad \Phi(x) = \int_{-\infty}^{x} \varphi(y) dy \tag{4.53}$$

また標準正規分布の積率母関数は $\exp(t^2/2)$ である。

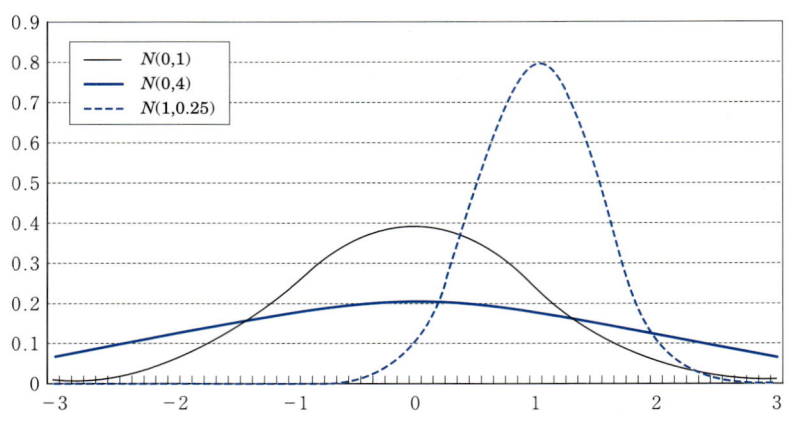

図 4.11 正規分布の密度関数

定理 4.3 確率変数 X が正規分布 $N(\mu, \sigma^2)$ に従うとき

$$X^* = \frac{X - \mu}{\sigma} \tag{4.54}$$

は標準正規分布 $N(0,1)$ に従う。逆に確率変数 X^* が標準正規分布に従うとき

$$X = \sigma X^* + \mu \tag{4.55}$$

は正規分布 $N(\mu, \sigma^2)$ に従う。

証明 X^* の積率母関数は

$$M_{X^*} = E(e^{tX^*}) = \exp\left(-\frac{\mu t}{\sigma}\right) M_X\left(\frac{t}{\sigma}\right)$$

である。M_X の積率母関数は式 (4.51) で与えられるが、その t に t/σ を代入すれば $N(0,1)$ の積率母関数 $\exp(t^2/2)$ を得る。逆も同様に示される。

この定理は定理 4.2 を用いても示される。一般に確率変数 X に対して

$$X^* = \frac{X - \mu}{\sigma} \tag{4.56}$$

というように平均を引き、標準偏差で割る操作を規準化、基準化もしくは標準化という。これはデータでの規準化と同様である。定理 4.3 はどのような正規分布も基準化すれば標準正規分布となり、また標準正規分布からどんな正規分布も作れることを意味する。正規分布 $N(\mu, \sigma^2)$ に対し

$$P(X \leq x) = P(X^* \leq \frac{x-\mu}{\sigma}) = \Phi(\frac{x-\mu}{\sigma}) \tag{4.57}$$

なので正規分布に関しては標準正規分布で確率が計算できればよい。したがって $N(\mu, \sigma^2)$ に対して区間 (a, b) に入る確率は

$$\begin{align} P(a < X < b) &= \Phi(\frac{b-\mu}{\sigma}) - \Phi(\frac{a-\mu}{\sigma}) \tag{4.58} \\ &= \Phi(\beta) - \Phi(\beta) \tag{4.59} \end{align}$$

$$\beta = \frac{b-\mu}{\sigma}, \quad \alpha = \frac{a-\mu}{\sigma}$$

となる。また、

$$\Phi(-x) = 1 - \Phi(x), \quad \Phi(0) = \frac{1}{2}, \quad \lim_{x \to \infty} \Phi(x) = 1$$

であり、$\Phi(x)$ は $x > 0$ で計算できればよい。分布関数 $\Phi(x)$ の値は多くのシステムソフト、表計算ソフトで計算可能であり、本書では省略し、一部のみ表 4.1 に載せる。エクセルでは =normsdist(x) と入力すれば $\Phi(x)$ を得る。

表 4.1 正規分布表

x	$\Phi(x)$	α	$k(\alpha)$
0	0.5000	0.001	3.290
0.5	0.6915	0.010	2.576
1.0	0.8413	0.025	2.241
1.5	0.9332	0.050	1.960
2.0	0.9772	0.100	1.645
2.5	0.9938	0.200	1.282
3.0	0.9987	0.300	1.036
3.5	0.9998	0.400	0.842
∞	1.0000	0.500	0.674

また、多くの応用例で標準正規分布 X に対し以下の量も重要である。

定義 4.1

$$P(|X| > c) = \alpha \text{ となる } c \text{ を } k(\alpha) \text{ と記す} \tag{4.60}$$

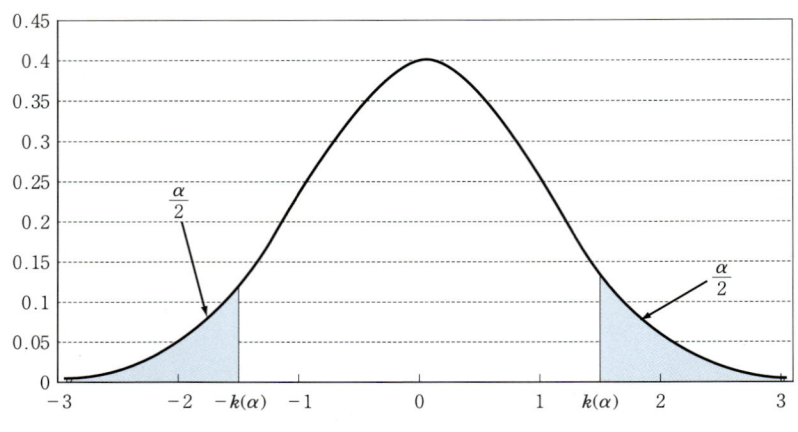

図 4.12 標準正規分布のパーセント点

$k(\alpha)$ もやはり多くのソフトウエアや表計算ソフトに組み込まれているが

$$2(1 - \Phi(k(\alpha))) = \alpha \tag{4.61}$$

の関係を用いて $\Phi(x)$ からも求められる。エクセルでは =normsinv(a) と入力すれば標準正規分布 $N(0,1)$ に従う確率変数 X に対し $P(X \leq x) = a$ となる x を出力する。したがって $k(\alpha)$ は =-normsinv($\alpha/2$) と入力することになる。

例 4.8　確率変数 X は正規分布 $N(\mu, \sigma^2)$ に従うとし、$\gamma = P(a < X < b)$ とする。このとき $\mu, \sigma^2, a, b, \gamma$ のうち 4 つが分かれば残りも計算できる。

(1)　X が正規分布 $N(10, 16)$ に従うとき $P(7 < X < 11)$ を求めよ。

(2)　X が正規分布 $N(10, 16)$ に従い $P(7 < X < b) = 0.75$ のとき b を求めよ。

(3)　X が正規分布 $N(\mu, 4)$ に従い $P(8 < X < \infty) = 0.3$ のとき μ を求めよ。

(4)　X が正規分布 $N(10, \sigma^2)$ に従い $P(8 < \infty) = 0.7$ のとき σ^2 を求めよ。

例 4.8 の解　式 (4.58) を用いて標準正規分布から計算すればよいが、ここでは

エクセルの関数を利用して計算しよう。問題の正規分布を基準化したものを X^* とおく。

(1) 標準偏差は 4 なので基準化すると $(7-10)/4 = -0.75 < X^* < (11-10)/4 = 0.25$ なので巻末のエクセル関数から =normsdist(0.25)-normsdist(-0.75) として 0.3721 を得る。=normdist(0.25, 10, 4, true)-normdist(-0.75, 10, 4, true) としてもよい。

(2) これを計算する関数はないので、(1) と同様に基準化して =normsdist((b-10)/4)-normsdist(-0.75) と入力し、b に数値を代入して 0.75 に最も近い値を求める。17.95 を得る。

(3) 基準化して、$P((8-\mu)/2 < X^* < \infty) = 0.3$ となる μ を求める。したがって、$\Phi((8-\mu)/2) = 0.7$ となる μ を求めるので =8-2*normsinv(0.7) と入力して 6.9512 となる。

(4) やはり基準化して $P((8-10)/\sigma < X^* < \infty) = 0.7$、つまり $\Phi(-2/\sigma) = 0.3$ となる σ を求めればよい。したがって =-2/normsinv(0.3) と入力すると 3.8139 となり 2 乗して 14.5457 を得る。なおここでは適当に四捨五入してあるが、計算途中では四捨五入はせず、最終結果のみを四捨五入しなければならない。

4.2.7 対数正規分布

正の値をとるが歪んだデータが対数をとると対称に近づくことが多いことは経験的によく知られている。そこで、対数をとると正規分布になる分布を導入しよう。確率変数 X が対数正規分布に従う、とは $Y = \log X$ が正規分布 $N(\mu, \sigma^2)$ に従うことと定義する。$LN(\mu, \sigma^2)$ と表す。理論的根拠は薄いが実用的で応用上重要であり、株価収益率や何かのある物質の濃度の分布などに用いられる。応用上はデータを対数変換した後に正規分布を当てはめればよい。

4.2.8 ロディスティック分布

ほぼ対称に分布するデータに対しては正規分布が標準的な分布である。正規分布では基準化すれば絶対値が 3 以上の値はほとんど出ない筈であるが、対象

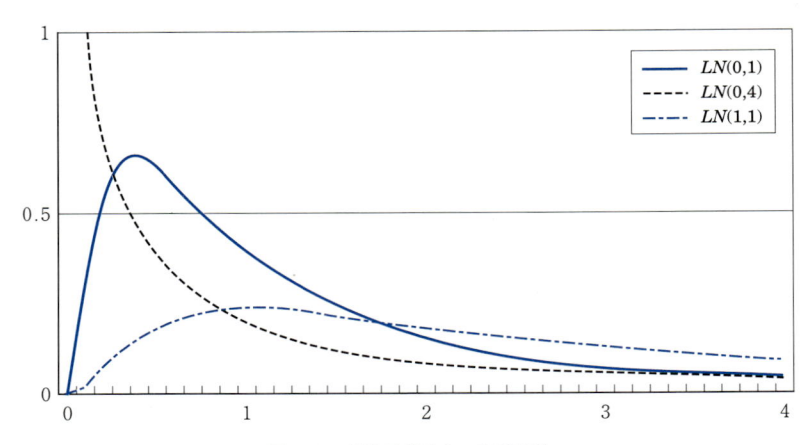

図 4.13 対数正規分布の密度関数

の個体差が大きいデータでは正規分布で想定される以上の誤差が見られることがある。そのような場合にしばしば用いられるのがパラメータ μ, σ の**ロディスティック分布**であり、$-\infty < \mu < \infty, \sigma > 0$ に対して密度関数

$$f(x) = \frac{\exp\left(-\frac{x-\mu}{\sigma}\right)}{\sigma\left\{1 + \exp\left(-\frac{x-\mu}{\sigma}\right)\right\}^2}, \quad -\infty < x < \infty \tag{4.62}$$

を持つ。$LG(\mu, \sigma^2)$ と表す。$f(x)$ は μ に関して対称であり、分布関数は

$$F(x) = \frac{1}{1 + \exp\left(-\frac{x-\mu}{\sigma}\right)} \tag{4.63}$$

となる。積率母関数はベータ関数を用いて

$$M(t) = e^{\mu t} B(1 + \sigma t, 1 - \sigma t), \quad |t| < \sigma^{-1}$$

で与えられ、平均と分散は

$$E(X) = \mu, \quad Var(X) = \frac{\pi^2 \sigma^2}{3}$$

である。図 4.14 でロディスティック分布の密度関数、および比較のために正規分布 $N(0, \pi^2/3)$ を図示する。正規分布の方が大きい値が出にくいことが見える。

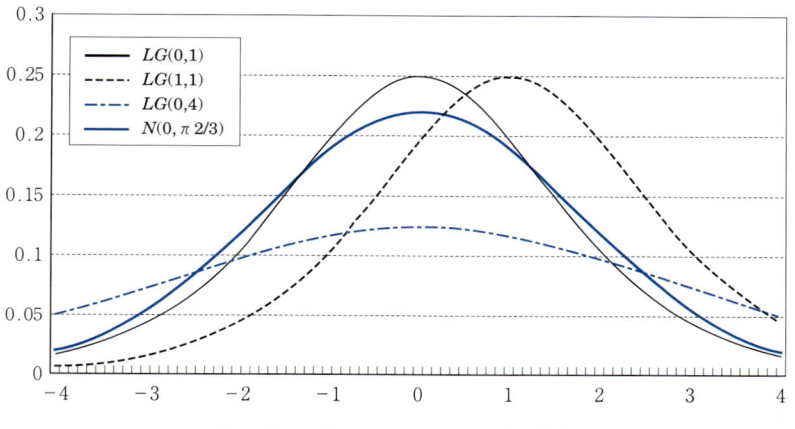

図 4.14 ロディスティック分布の密度関数

4.2.9 多変量正規分布

これまでは 1 変量の分布を定義してきたが、多次元の分布の代表である多変量正規分布を定義しよう。簡単のため、2 変量の場合を中心に考える。2 つの確率変数 (X, Y) の同時密度関数が

$$f(x, y) = \frac{1}{2\pi\sigma_x\sigma_y\sqrt{1-\rho^2}} \exp\left\{-\frac{1}{2(1-\rho^2)}A(x, y)\right\} \quad -\infty < x, y < \infty \tag{4.64}$$

ただし

$$A(x, y) = \frac{(x-\mu_x)^2}{\sigma_x^2} - 2\rho\frac{(x-\mu_x)(y-\mu_y)}{\sigma_x\sigma_y} + \frac{(y-\mu_y)^2}{\sigma_y^2} \tag{4.65}$$

となるとき (X, Y) は **2 変量正規分布**に従う、といい $N(\mu_x, \mu_y; \sigma_x^2, \sigma_y^2, \rho\sigma_x\sigma_y)$ と表す。ここでパラメータは

$$-\infty < \mu_x, \mu_y < \infty, \quad \sigma_x, \sigma_y > 0, \quad -1 < \rho < 1$$

である。

等高線 $f(x, y) = c > 0$ は (μ_x, μ_y) を中心とした楕円となり、中心で最大、c

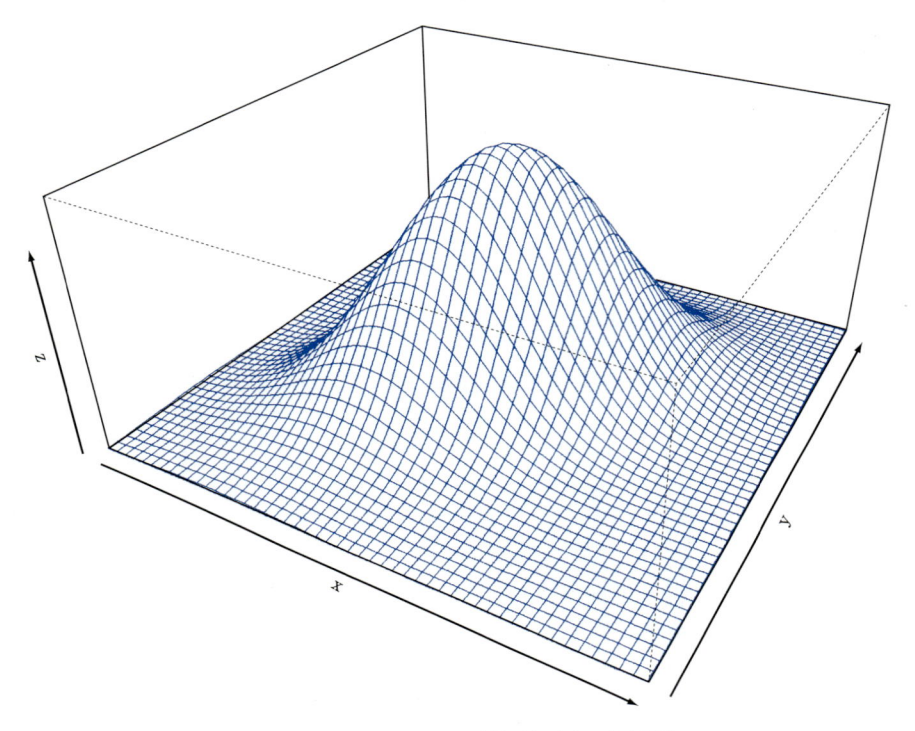

図 4.15 2 変量正規分布の密度関数

が小さくなれば大きな楕円となる。X, Y の平均、分散、共分散、相関係数は

$$E(X) = \mu_x, \; E(Y) = \mu_y, \; Var(X) = \sigma_x^2, \; Var(Y) = \sigma_y^2 \qquad (4.66)$$

$$Cov(X, Y) = \rho \sigma_x \sigma_y, \quad Cor(X, Y) = \rho \qquad (4.67)$$

である。もし $\rho = 0$ なら式 (4.64) は x の関数と y の関数の積になり、したがってこのとき X と Y は互いに独立となる。したがって正規分布の場合は独立であることと相関係数が 0 であることは同値になる。

X, Y それぞれを基準化した

$$X^* = \frac{X - \mu_x}{\sigma_x}, \quad Y^* = \frac{Y - \mu_y}{\sigma_y}$$

第 4 章　確率変数

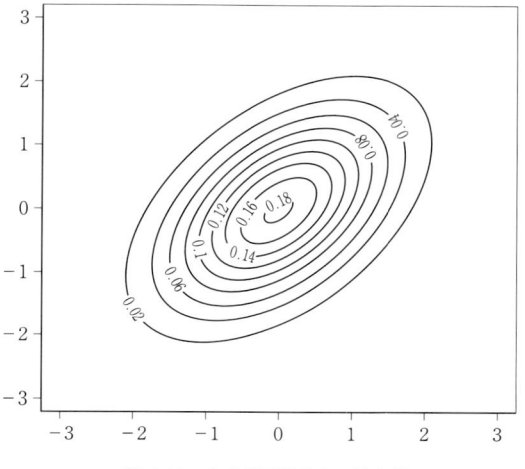

図 4.16 2 変量正規分布の等高線

を考えると X^* と Y^* はそれぞれ標準正規分布に従い、同時密度関数は

$$
\begin{aligned}
f^*(x, y) &= \frac{1}{2\pi\sqrt{1-\rho^2}} \exp\left\{-\frac{x^2 - 2\rho xy + y^2}{2(1-\rho^2)}\right\} \\
&= \frac{1}{\sqrt{2\pi}} \exp(-\frac{x^2}{2}) \frac{1}{\sqrt{2\pi(1-\rho^2)}} \exp\left\{-\frac{(y-\rho x)^2}{2(1-\rho^2)}\right\} \\
&\equiv \varphi(x) g(y|x) \quad (4.68)
\end{aligned}
$$

である。ここで $\varphi(x)$ は X^* の周辺密度関数（標準正規分布）であり、$g(y|x)$ は x を定数と見なせば、つまり $X^* = x$ が与えられたときの Y^* の条件付き密度関数は正規分布 $N(\rho x, 1-\rho^2)$ の密度関数である。

$$E(X^*) = E(Y^*) = 0, Var(X^*) = Var(Y^*) = 1,$$

$$Cov(X^*, Y^*) = Cor(X^*, Y^*) = \rho$$

となる。

　2 変量正規分布の特徴として、どのような一次式 $a + bX + cY$ もまた正規分布である、ということが挙げられる。データの一次式を考えることはきわめて多い。したがって正規分布は非常に扱いやすい分布である。

一般の多変量正規分布の密度関数は (4.60) を多次元に拡張して与えられる。$\boldsymbol{X} = (X_1, X_2, \ldots, X_k)'$ が多変量正規分布に従う、とはその密度関数が

$$f(\boldsymbol{x}) = \frac{1}{(2\pi)^{k/2}\sqrt{|\Sigma|}} \exp\left\{-\frac{1}{2}(\boldsymbol{x}-\boldsymbol{\mu})'\Sigma^{-1}(\boldsymbol{x}-\boldsymbol{\mu})\right\} \qquad (4.69)$$

で与えられる。ここで、$\boldsymbol{\mu}$ は平均ベクトル、Σ は k 次元正値対称行列であり、i 番目の対角成分は $Var(X_i)$、(i,j) 成分は $Cov(X_i, X_j)$ で与えられる。多変量正規分布では任意の定数 $a_1, a_2, \ldots, a_k$ に対して $Y = \mu + a_1 X_1 + a_2 X_2 + \cdots + a_k X_k$ は正規分布 $N(E(Y), Var(Y))$ に従う。

注意 4.2 通常統計学のテキストでは確率変数は大文字で表記され (例えば X, Y 等)、それを観測・測定した値は小文字 (例えば x, y 等) で標記される。本書も基本的には断り無しにそれに従うことにする。例えば s_x^2 は $x_1, \ldots, x_n$ の標本分散であるが、S_X^2 と記せば確率変数 $X_1, \ldots, X_n$ の標本分散である。ただし紛れが生じると考えられるときは必ずしもデータの場合に小文字にしないこともある。

Tea Break　指　数　その 2

日経平均株価における「みなし額面」は、額面制度は 2001 年の商法改正で廃止されましたが、当時の額面を基に「みなし額面」を決めています。例えば額面 5 万円で株価が 60 万円なら 1000 分の 1 にして指数に入れる株価は 600 円になります。例えばみなし額面 50 円の A，B2 つの株の値が 500 円と 1000 円なら

$$\frac{500 + 1000}{2} = 750$$

となり平均は 750 円です。この分母の 2 を除数といいます。しかし株式分割、があると、例えば株 B が 1 株を 2 株に分割すると理論的には平均は 500 円になってしまいます。ただし分割のどさくさでの値上がりは考えません。このような場合は除数またはみなし株価を変更して調整し、指数の連続性を保ちます。分割前後で株価の合計は 1500 円から 1000 円に変わりました。そこで 2 で割るのをやめ、

$$2 \times \frac{\text{分割後の合計}}{\text{分割前の合計}} = \frac{4}{3}$$

で割ることにすれば分割前後で平均は変わりません。ただしこの場合は指数に組み入れる株価は半分になってしまいますし、除数に端数が出ます。一方、みなし額面を 50 円から 25 円に変更すれば指数に組み入れる株価は変わらず、除数も変更がありません。除数に端数が出たり大規模な合併があるとみなし額面を調整します。このように市場の値動き以外の原因で株価に変化があった場合の連続性を保つには 2 つの方法があり、どちらにするかで指数連動型の運用では運用の仕方が変わる可能性があります。銘柄の入れ替えなどの場合など通常は除数を変更しているようですが、私はみなし額面を変える方が連続性のためには良いと思いますが皆さんはどうでしょうか。

練習問題

4.1 株式 100 銘柄中ある週に値上がりした銘柄数は 60、値下がりした銘柄は 40 であった。週の初めにこの 100 銘柄からでたらめに 10 銘柄を購入していたとし、その中で値上がりした銘柄数を X とする。

 (1) X の分布を求めよ。
 (2) X の期待値を求めよ。
 (3) $X \geq 7$ の確率を求めよ。

4.2 密度関数を $f(x)$ を持つ確率変数 X に対し、定数 a, b で $Y = (X - a)/b$ と変換したときの Y の密度関数を求めよ。

4.3 確率変数 X が正規分布 $N(\mu, \sigma^2)$ に従うとする。$\gamma = P(a < X < b)$ とおく。

 (1) $\mu = 0, \sigma^2 = 4, a = 2, b = 4$ のとき γ を求めよ。
 (2) $\mu = 1, \sigma^2 = 1, a = -\infty, \gamma = 0.2$ のとき b を求めよ。
 (3) $\mu = 2, a = 0, b = 5, \gamma = 0.5$ のとき σ を求めよ。
 (4) $\sigma^2 = 4, a = 0, b = 1, \gamma = 0.15$ のとき μ を求めよ。

4.4 ある市場に年間に新規上場される企業数 X は平均 λ のポアソン分布に従うとする。また、上場した企業が 10 年後もその市場に上場し続けている確率を p とする。X 社の中で 10 年後も上場を続けている企業数を Y とするとき Y の分布を求めよ。

4.5 2つの企業A，Bのある製品の来期の売上高は2変量正規分布 $N(3, 1; 1, 1, -0.25)$ と予測されている。

(1) 総売上高 $X + Y$ の分布を求めよ。

(2) $X = 3.1$ のときの Y の分布を求めよ。

第5章　標本分布

　データは一般に複数個あり、データを解析して母集団について調べるためには適当な統計量（データの関数）を構成し、それに基づいて推測することになる。したがって統計量の分布を知る必要がある。そこで本章では確率変数の関数の分布を求める方法、和の分布および正規分布に従う確率変数から作られる代表的な統計量の分布について述べる。

5.1　確率変数の関数の分布

　簡単のために確率変数が2つの場合について述べる。2変量確率変数 (X,Y) は標本空間 A、密度関数 $f(x,y)$ を持ち、(U,V) は (X,Y) の関数とする。つまり関数 $u(x,y), v(x,y)$ に対して

$$U = u(X,Y), \quad V = v(X,Y) \tag{5.1}$$

と表される。このように (U,V) は $(u(X,Y),v(X,Y))$ を意味することもある。(U,V) の標本空間を B とし、(X,Y) と (U,V) は1:1に対応している場合を考える。つまり $(u(x_1,y_1),v(x_1,y_1)) = (u(x_2,y_2),v(x_2,y_2))$ なら $x_1 = x_2$, $y_1 = y_2$ となる。したがって式 (5.1) は逆に解けて、適当な関数 $x(u,v), y(u,v)$ によって

$$X = x(U,V), \quad Y = y(U,V) \tag{5.2}$$

とも書ける。(U,V) の場合と同様 (X,Y) は $(x(U,V),y(U,V))$ をも意味する。さらに $x(u,v), y(u,v)$ は u,v で微分できると仮定する。このとき次の定理が成立する。

定理 5.1　2 変量確率変数 (X, Y) を式 (5.1) で変換する。このとき確率変数 (U, V) の同時密度関数は

$$h(u, v) = f(x(u, v), y(u, v))|J|, \quad (u, v) \in B \tag{5.3}$$

で与えられる。ここで $|J|$ は 2×2 行列

$$\begin{pmatrix} \frac{\partial}{\partial u} x(u, v) & \frac{\partial}{\partial u} y(u, v) \\ \frac{\partial}{\partial v} x(u, v) & \frac{\partial}{\partial v} y(u, v) \end{pmatrix} \tag{5.4}$$

の行列式 J の絶対値であり、ヤコビアンという。2×2 行列なので

$$J = \frac{\partial}{\partial u} x(u, v) \frac{\partial}{\partial v} y(u, v) - \frac{\partial}{\partial v} x(u, v) \frac{\partial}{\partial u} y(u, v)$$

である。

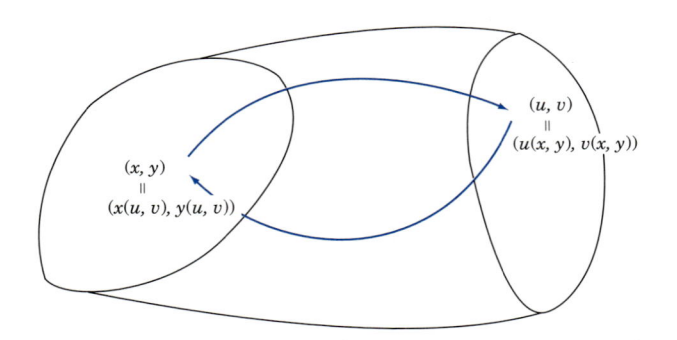

図 5.1　(X, Y) と (U, V) の対応

　この定理は初等解析学における積分の変数変換の変形であり、確率変数が 3 個以上でもこの式を拡張した形で与えられる。

　式 (5.3) は (U, V) の同時密度関数なので U と V の周辺密度関数は積分して得られる。U, V の周辺密度関数を $h_1(u), h_2(v)$ とすると

$$h_1(u) = \int_{-\infty}^{\infty} h(u, v) dv, \quad h_2(v) = \int_{-\infty}^{\infty} h(u, v) du \tag{5.5}$$

となる。一般に分布を求めたいのは U と V のどちらかであろう。それを U とすると V はできるだけ単純なものにする。

例 5.1　確率変数 (X,Y) の同時密度関数が $f(x,y)$ のとき $U = X + Y$ の密度関数を求めよ。

例 5.1 の解　計算が簡単になる V を作る。$V = X$ とすると $X = V, Y = U - V$ なので J は

$$J = \begin{vmatrix} 0 & 1 \\ 1 & -1 \end{vmatrix} = -1$$

したがって $h(u,v) = f(v, u-v)$ となり U の密度関数は

$$h_1(u) = \int_{-\infty}^{\infty} f(v, u-v) dv \tag{5.6}$$

となる。もし $V = Y$ とすれば

$$h_1(u) = \int_{-\infty}^{\infty} f(u-v, v) dv \tag{5.7}$$

でありこの 2 つは一致する。

X と Y が互いに独立でそれぞれの密度関数が $f(x)$ と $g(y)$ のときは U の密度関数は

$$h_1(u) = \int_{-\infty}^{\infty} f(u)g(u-v) dv = \int_{-\infty}^{\infty} f(u-v)g(v) dv \tag{5.8}$$

であり、さらに X, Y がともに正の値しかとらない場合は

$$h_1(u) = \int_{0}^{u} f(u)g(u-v) dv = \int_{0}^{u} f(u-v)g(v) dv \tag{5.9}$$

となる。

確率変数 X, Y がともに離散分布の場合は連続の場合の積分を和にして、かつヤコビアンは不要である。$p_{ij} = P(X = i, Y = j)$ とすると $U = X + Y$ の分布は

$$P(U = k) = \sum_{i+j=k} p_{ij} \tag{5.10}$$

であり X と Y が独立で $P(X=i, Y=j) = p_i q_j$ なら

$$P(U=k) = \sum_{i=0}^{k} p_i q_{k-i} \tag{5.11}$$

と表される。

5.2 確率変数の和の分布

第1章からも分かるように、統計量には標本平均、加重平均、標本分散をはじめ、データまたはその関数の和を用いたものが多い。この節ではいろいろな確率変数の和の分布の性質について考える。

確率変数 X と Y は互いに独立とする。$U = X + Y$ の和の分布は公式 (5.6)～(5.11) を用いて求めることができる。ただしそれには複雑な積分や和を実行しなければならず、簡単な関数以外ではあまり実用的ではない。一方、実用的な一部の分布の場合は定理 3.9 から求めることができる。以下にそれをまとめる。

定理 5.2 確率変数 X, Y は互いに独立で、正規分布 $N(\mu_x, \sigma_x^2), N(\mu_y, \sigma_y^2)$ に従うとする。このとき、任意の定数 a, b, c に対して

$$U = a + bX + cY \text{ は正規分布 } N(a + b\mu_x + c\mu_y, b^2\sigma_x^2 + c^2\sigma_y^2) \text{ に従う。} \tag{5.12}$$

証明 X と Y の積率母関数はそれぞれ $\exp\left(\mu_x t + \frac{1}{2}\sigma_x^2 t^2\right)$, $\exp\left(\mu_y t + \frac{1}{2}\sigma_y^2 t^2\right)$ なので U の積率母関数は

$$\begin{aligned}
E(e^{tU}) &= E(e^{at}e^{btX}e^{ctY}) \\
&= e^{at}E(e^{btX}e^{ctY}) = e^{at}M_X(bt)M_Y(ct) \\
&= \exp\left\{(a + b\mu_x + c\mu_y)t + \frac{1}{2}(b^2\sigma_x^2 + c^2\sigma_y^2)t^2\right\}
\end{aligned}$$

これは目的の正規分布の積率母関数である。

このように同じ型の分布を持つ2つの確率変数の和がまた同じ型の分布を持つことを再生性という。数学的帰納法を用いれば再生性の和の個数はいくらでもよいことが分かる。正規分布以外にも再生性が成立する分布は多い。次の定理はその代表的な例であり、積率母関数を用いれば容易に証明される。

定理 5.3 確率変数 X と Y は独立とし、$U = X + Y$ とおくと以下のことが成り立つ。

(1) X, Y がそれぞれ2項分布 $Bi(m, p), Bi(n, p)$ に従うとき、U は2項分布 $Bi(m + n, p)$ に従う。

(2) X, Y がそれぞれポアソン分布 $Po(\lambda_1), Po(\lambda_2)$ に従うとき、U はポアソン分布 $Po(\lambda_1 + \lambda_2)$ に従う。

(3) X, Y がそれぞれ負の2項分布 $NB(r_1, p), NB(r_2, p)$ に従うとき、U は負の2項分布 $NB(r_1 + r_2, p)$ に従う。

(4) X, Y がそれぞれガンマ分布 $Ga(\alpha_1, \beta), Ga(\alpha_2, \beta)$ に従うとき、U はガンマ分布 $Ga(\alpha_1 + \alpha_2, p)$ に従う。

上の定理は同じ型の確率変数の和の厳密な分布に関するものであった。次に加える個数を増やせばどうなるかを考えよう。その準備として次の定理がある。

定理 5.4（チェビシェフの不等式） 確率変数 X の平均と分散を μ と σ^2 とする。このとき

$$P\left(\frac{|X - \mu|}{\sigma} \geq c\right) \leq \frac{1}{c^2}, \quad c > 0 \tag{5.13}$$

が成立する。

証明 連続確率変数の場合のみ証明する。離散確率変数の場合は下の積分を和にすればよい。また、データでも確率を比率に変えて成立する。X の密度関数を $f(x)$ とすると

$$\begin{aligned}
\sigma^2 &= \int_{-\infty}^{\infty} (x - \mu)^2 f(x) dx \geq \left\{\int_{-\infty}^{\mu - c\sigma} + \int_{\mu + c\sigma}^{\infty}\right\} (x - \mu)^2 f(x) dx \\
&\geq c^2 \sigma^2 \left\{\int_{-\infty}^{\mu - c\sigma} + \int_{\mu + c\sigma}^{\infty}\right\} f(x) dx = c^2 \sigma^2 P(|X - \mu| \geq c\sigma)
\end{aligned}$$

これは (5.13) と同じ式である。

不等式 (5.13) を<ins>チェビシェフの不等式</ins>という。この不等式はどんな分布でも成り立つ一般な結果であり、理論的価値は高い。ただし $1/c^2$ はかならずしも確率の良い近似ではない。

例 5.2　正規分布に対しては以下のようになる。c が大きくなるとチェビシェフの不等式で与える近似と真の確率との比は無限大になってしまう。

c	チェビシェフ	真の確率
1.0	1.000	0.1587
1.5	0.444	0.0668
2.0	0.250	0.0228
2.5	0.160	0.0062
3.0	0.111	0.0013

定理 5.5　確率変数 $X_1, X_2, \ldots, X_n$ を互いに独立、かつ同じ分布に従うとする。共通の平均を μ、分散を σ^2 とおくと標本平均 $\bar{X}$ は $n \to \infty$ のとき μ に収束する。数学的には、任意の $\epsilon > 0$ に対し

$$\lim_{n \to \infty} P(|\bar{X} - \mu| > \epsilon) = 0 \tag{5.14}$$

と表される。つまり、どんな小さな正の数を考えても、標本平均で μ を推定したときの誤差 $|\bar{X} - \mu|$ がそれを超える確率が 0 に近づく、の意味となる。

証明　標本平均の分散は $\mathrm{Var}(\bar{X}) = \sigma^2/n$ なのでチェビシェフの不等式から

$$\begin{aligned} P(|\bar{X} - \mu| > \epsilon) &= P\left(\frac{|\bar{X} - E(\bar{X})|}{\sqrt{\mathrm{Var}(\bar{X})}} > \frac{\sqrt{n}\epsilon}{\sigma} \right) \\ &\leq \frac{\sigma^2}{n\epsilon^2} \to 0, \quad n \to \infty \end{aligned}$$

この定理を<ins>大数の弱法則</ins>、または単に<ins>大数の法則</ins>という。大数の法則により標本平均はデータ数が多ければ（<ins>大標本</ins>）母平均に近づくことが分かる。実際には同じ分布でなくても、もっと緩い仮定の下で成立する。より精密な議論のためには次の<ins>中心極限定理</ins>が重要である。

定理 5.6 確率変数 $X_1, X_2, \ldots, X_n$ は互いに独立、かつ同じ分布に従うとする。共通の平均を μ、分散を σ^2 とおくと標本平均 $\bar{X}$ は基準化すれば $n \to \infty$ のとき標準正規分布に収束する。つまり

$$\lim_{n\to\infty} P\left(\frac{\sqrt{n}(\bar{X}-\mu)}{\sigma} \le x\right) = \Phi(x) \tag{5.15}$$

が成立する。関数 $\Phi(x)$ は標準正規分布の分布関数である。

中心極限定理は $X_1, X_2, \ldots, X_n$ の合計 T_n に対して

$$\lim_{n\to\infty} P\left(\frac{T_n - n\mu}{\sqrt{n}\sigma} \le x\right) = \Phi(x) \tag{5.16}$$

としてもよい。$\bar{X}$ が漸近的に正規分布 $N(\mu, \sigma^2/n)$ に従う、T_n が漸近的に正規分布 $N(n\mu, n\sigma^2)$ に従う、ともいう。このように平均や分散が 0 に収束したり無限大に発散する場合でも漸近的に正規分布に従う、という表現を用いるが、基準化すればどちらも同じ事を意味している。

中心極限定理によれば再生性が成立する分布では正規分布による近似が成立する。次の系（ラプラスの定理）はその代表である。

系 5.1 2 項分布 $Bi(n,p)$ に従う確率変数 X_n に対し

$$\lim_{n\to\infty} P\left(\frac{X_n - np}{\sqrt{np(1-p)}} \le x\right) = \Phi(x) \tag{5.17}$$

が成立する。

4.1.3 節によれば、2 項分布は p が小さく n が大きい場合はポアソン分布 $Po(np)$ で近似できた。系 5.1 は p は固定された値で、n が大きいときには 2 項分布は正規分布で近似できることを主張している。実際に用いる場合は $np < 5$ ではポアソン分布、$np \ge 5$ では正規分布によって近似することが多い。ただし 2 項分布は離散分布であり、正規分布は連続分布なので以下のように半数補正（有限修整）を行う方が近似が良い。確率変数 X が 2 項分布 $Bi(n,p)$ に従

い $a < b$ が整数とするとき

$$
\begin{aligned}
P(a \leq X \leq b) &= P(a - \frac{1}{2} < X < b + \frac{1}{2}) \\
&= P\left(\frac{a - \frac{1}{2} - np}{\sqrt{np(1-p)}} < \frac{X - np}{\sqrt{np(1-p)}} < \frac{b + \frac{1}{2} - np}{\sqrt{np(1-p)}}\right) \\
&\approx \Phi\left(\frac{b + \frac{1}{2} - np}{\sqrt{np(1-p)}}\right) - \Phi\left(\frac{a - \frac{1}{2} - np}{\sqrt{np(1-p)}}\right)
\end{aligned}
$$

この近似式では考える範囲が $a \leq X \leq b$ だったので区間を広げる形で補正した。もし考える範囲が $a < X < b$、$a \leq X < b$、$a < X \leq b$ なら近似式はそれぞれ

$$
\begin{aligned}
P(a < X < b) &\approx \Phi\left(\frac{b - \frac{1}{2} - np}{\sqrt{np(1-p)}}\right) - \Phi\left(\frac{a + \frac{1}{2} - np}{\sqrt{np(1-p)}}\right) \\
P(a \leq X < b) &\approx \Phi\left(\frac{b - \frac{1}{2} - np}{\sqrt{np(1-p)}}\right) - \Phi\left(\frac{a - \frac{1}{2} - np}{\sqrt{np(1-p)}}\right) \\
P(a < X \leq b) &\approx \Phi\left(\frac{b + \frac{1}{2} - np}{\sqrt{np(1-p)}}\right) - \Phi\left(\frac{a + \frac{1}{2} - np}{\sqrt{np(1-p)}}\right)
\end{aligned}
$$

となる。

例 5.3 　企業 100 社を考えて、各社がこの 1 年間に倒産する確率が 0.01 で、倒産するかどうかは互いに独立とする。このとき倒産する企業数が 1 社以下である確率を求めよ。また、確率が 0.1 のとき倒産企業数が 10 社以下である確率を求めよ。

例 5.3 の解 　倒産確率が共通で、かつ倒産するかどうかは互いに独立なので倒産企業数は 2 項分布に従う。確率が 0.01 のときは平均が 1 なのでポアソン分布で近似する。したがって倒産企業数が 0 または 1 の確率は $e^{-1} \times 2 = 0.7358$ である。なお実際の値も有効数値 4 桁までで 0.7358 で一致する。

確率が 0.1 のときは平均が 10 なので正規分布 $N(10, 9)$ で近似する。半数

補正を用いると、求める値は、倒産企業数を X、基準化した値を X^* とすると

$$P(X \leq 10) = P(X^* < \frac{10 + 0.5 - 10}{\sqrt{9}}) \approx \Phi(1/6) = 0.5662$$

である。真値は 0.5832 である。

5.3 カイ2乗分布

データが正規分布 $N(\mu, \sigma^2)$ に従う無作為標本のとき σ^2 について考えるときの基本的な分布がカイ2乗分布である。

定義 5.1 確率変数 $X_1, X_2, \ldots, X_n$ が互いに独立で、かつ標準正規分布に従うとき

$$X = X_1^2 + X_2^2 + \cdots + X_n^2 \tag{5.18}$$

の分布を自由度 n のカイ2乗分布という。χ_n^2 と表す。

カイ2乗分布の密度関数を求めてみよう。まず $n = 1$ の場合を考えてみると

$$\begin{aligned} P(X_1^2 \leq x) &= P(-\sqrt{x} \leq X_1 \leq \sqrt{x}) \\ &= \Phi(\sqrt{x}) - \Phi(-\sqrt{x}) \end{aligned}$$

なのでこれを微分すると

$$\frac{1}{2\sqrt{x}}\varphi(\sqrt{x}) + \frac{1}{2\sqrt{x}}\varphi(-\sqrt{x}) = \frac{1}{\sqrt{x}}\exp(-\frac{x}{2})$$

となる。これは 4.2.2 節で定義されたガンマ分布 $Ga(\frac{1}{2}, 2)$ の密度関数である。このことは積率母関数を用いても証明できる。さらに、再生性の定理 5.3 を用いるとカイ2乗分布はガンマ分布 $Ga(\frac{n}{2}, 2)$ に従うことが分かる。したがってカイ2乗分布 χ_n^2 の密度関数は

$$f_n(x) = \frac{1}{\Gamma(\frac{n}{2})2^{\frac{n}{2}}} x^{\frac{n}{2}-1} e^{-\frac{x}{2}}, \quad x > 0 \tag{5.19}$$

として得られる。積率母関数、平均、分散もガンマ分布の場合から得られて

$$M(t) = (1-2t)^{-\frac{n}{2}}, \quad t < \frac{1}{2} \tag{5.20}$$

$$E(X) = n, \quad \text{Var}(X) = 2n \tag{5.21}$$

で与えられる。つまりカイ２乗分布の平均は自由度に一致し、分散は自由度の２倍となる。

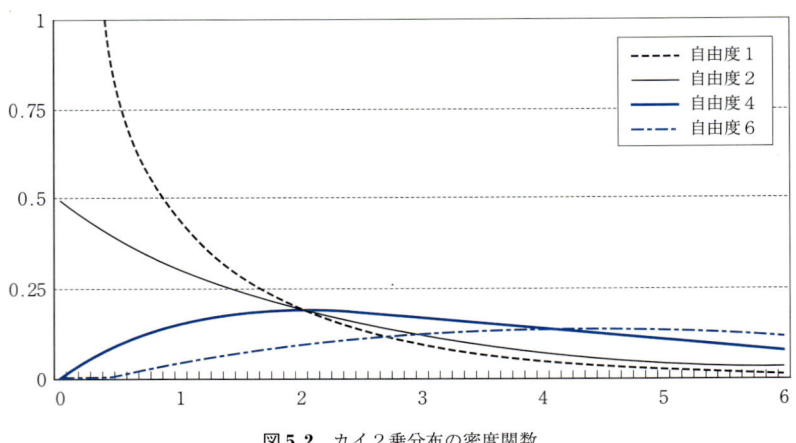

図 **5.2** カイ２乗分布の密度関数

定義 5.2 自由度 n のカイ２乗分布に従う確率変数 X と $0 < \alpha < 1$ に対し

$$P(X > c) = \alpha \ \text{となる} \ c \ \text{を} \ \chi_n^2(\alpha) \ \text{と表す} \tag{5.22}$$

カイ２乗分布の確率は机上では困難であるが、多くの成書に数表が掲載されており、またほとんどのシステムソフトや表計算ソフトで計算できる。エクセルでは $p = P(X > x)$ とすると、=chidist(x,n) で x に対応する p を、=chiinv(p,n) で p に対応する x を出力する。

カイ２乗分布と標本分散 S_x^2、不偏分散 U_x^2 の間には以下の関係がある。

定理 5.7 確率変数 $X_1, X_2, \ldots, X_n$ が互いに独立で正規分布 $N(\mu, \sigma^2)$ に従うとき

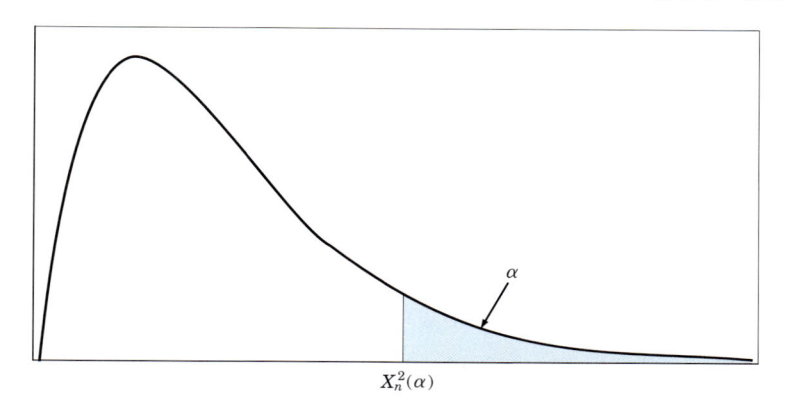

図 5.3 カイ 2 乗分布のパーセント点

(1) $\sum_{i=1}^{n}(X_i - \mu)^2/\sigma^2$ はカイ 2 乗分布 χ_n^2 に従う。
(2) 標本平均 $\bar{X}$ と偏差平方和 $\sum_{i=1}^{n}(X_i - \bar{X})^2$ は互いに独立である。
(3) $nS_x^2/\sigma^2 = (n-1)U_x^2/\sigma^2 = \sum_{i=1}^{n}(X_i - \bar{X})^2/\sigma^2$ はカイ 2 乗分布 χ_{n-1}^2 に従う。

証明 $(X_i - \mu)/\sigma$ は標準正規分布に従うので (1) はカイ 2 乗分布の定義から明らかであろう。(2) は $\bar{X}$ と $(X_1 - \bar{X}, \ldots, X_n - \bar{X})$ の独立性が示されればよい。そのためには $\bar{X}$ と各 $X_i - \bar{X}$ の共分散が 0 になればよい。

$$\mathrm{Cov}(\bar{X}, X_i - \bar{X}) = \mathrm{Cov}(\bar{X}, X_i) - \mathrm{Var}(\bar{X}) = \frac{\sigma^2}{n} - \frac{\sigma^2}{n} = 0$$

したがって (2) がいえる。

$$\begin{aligned}\sum_{i=1}^{n}(X_i - \mu)^2/\sigma^2 &= \sum_{i=1}^{n}(X_i - \bar{X} + \bar{X} - \mu)^2/\sigma^2 \\ &= \sum_{i=1}^{n}(X_i - \bar{X})^2/\sigma^2 + \left(\frac{\bar{X} - \mu}{\sigma/\sqrt{n}}\right)^2 \quad (5.23)\end{aligned}$$

であり、式 (5.23) の第 2 項は標準正規分布の 2 乗なので自由度 1 のカイ 2 乗分布に従い、第 1 項と第 2 項は独立である。したがって第 1 項の積率母関数

を $M(t)$ とおくと独立性と (1) から

$$(1-2t)^{-n/2} = M(t) \times (1-2t)^{-1/2}$$

つまり $M(t) = (1-2t)^{-(n-1)/2}$ となる。これはカイ 2 乗分布 χ^2_{n-1} の積率母関数である。

注意 定理の (1) では自由度は n、(3) では $n-1$ であった。これは、(1) では真の平均 μ を各 X_i から引いて 2 乗和を作ったが、(3) ではそれを推定した値 $\bar{X}$ を引いて 2 乗和を作ったために誤差が発生したためと解釈してよい。

例 5.4 標的を射撃したときの横方向の誤差を X、縦方向の誤差を Y とおく。X と Y は互いに独立で標準正規分布 $N(0,1)$ と仮定する。このときの着弾点の標的中心からの距離 $\sqrt{X^2+Y^2}$ を考える。距離の 2 乗は自由度 2 のカイ 2 乗分布 χ^2_2 に、つまり平均 2 の指数分布に従う。したがって標的中心からの距離の平均は

$$\int_0^\infty \sqrt{x}\frac{1}{2}e^{-x/2}dx = \int_0^\infty \sqrt{2y}e^{-y}dy = \sqrt{\frac{\pi}{2}} = 1.2533$$

である。距離が 1 以内の確率は

$$\int_0^1 \frac{1}{2}e^{-x/2}dx = 1 - e^{-1/2} = 0.3935$$

となる。

5.4 t 分布

データが正規分布 $N(\mu, \sigma^2)$ に従う無作為標本のとき μ について考えるときの基本的な分布が t 分布である。

定義 5.3 X が標準正規分布 $N(0,1)$、Y がカイ 2 乗分布 χ^2_n に従う確率変数であり、互いに独立なとき

$$T = \frac{X}{\sqrt{Y/n}} \tag{5.24}$$

の分布を自由度 n の **t 分布**といい、t_n と表す。**ステューデント分布**ということもある。

確率変数 T の密度関数は

$$T = U = \frac{X}{\sqrt{Y/n}}, \ V = Y$$

として定理 5.1 から求まって

$$f(x) = \frac{\Gamma(\frac{n+1}{2})}{\sqrt{n\pi}\Gamma(\frac{n}{2})} \left(1 + \frac{x^2}{n}\right)^{-\frac{n+1}{2}} \tag{5.25}$$

となる。関数 (5.25) の形から分かるように $f(x)$ のグラフは原点に関して対称であり、特に $n=1$ のときは

$$f(x) = \frac{1}{\pi(1+x^2)} \tag{5.26}$$

となる。これを特に**コーシー分布**という。コーシー分布は平均が存在しないことで有名な分布であり、その分布関数は

$$F(x) = \frac{1}{2} + \frac{1}{\pi}\tan^{-1} x, \quad -\infty < x < \infty \tag{5.27}$$

で与えられる。

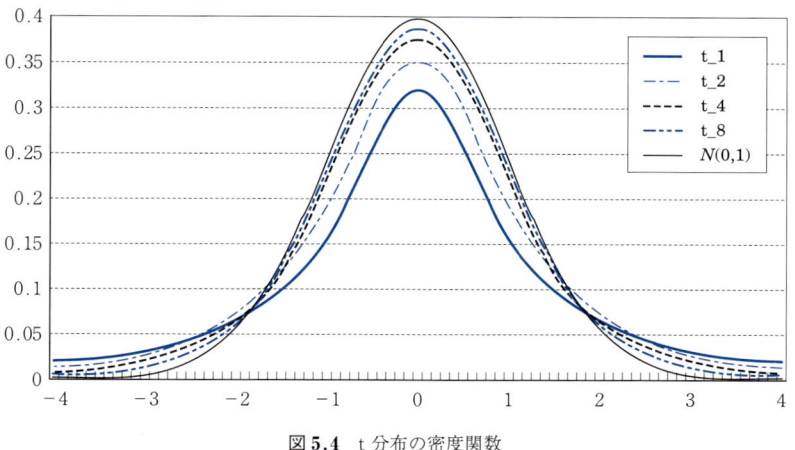

図 **5.4** t 分布の密度関数

定義 5.4　自由度 n の t 分布に従う確率変数 T と $0 < \alpha < 1$ に対して

$$P(|T| > t) = \alpha \text{ となる } t \text{ を } t_n(\alpha) \text{ と表す。} \tag{5.28}$$

　t 分布の確率に関しては多くの書籍に数表が掲載されている。表計算ソフトのエクセルでは、t_n に関して以下のように計算すればよい。

$$P(T > a), \quad P(|T| > b)$$

を計算するには =tdist(a, n, 1), =tdist(b, n, 2) と入力する。また $t_n(\alpha)$ を求めるには =tinv(α, n) とすればよい。

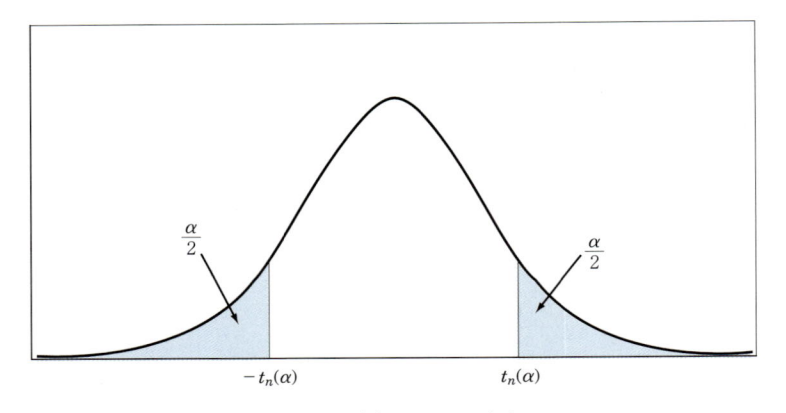

図 5.5　t 分布のパーセント点

　t 分布は後の推定、検定で重要な役割を果たす。次の定理はその根拠の一つである。

定理 5.8　$X_1, X_2, \ldots, X_n$ が互いに独立で正規分布 $N(\mu, \sigma^2)$ に従うとき

$$T = \frac{\bar{X} - \mu}{\sqrt{S^2/(n-1)}} = \frac{\bar{X} - \mu}{\sqrt{U^2/n}} \tag{5.29}$$

は自由度 $n-1$ の t 分布 t_{n-1} に従う。

証明 確率変数 T は

$$T = \frac{\bar{X} - \mu}{\sigma/\sqrt{n}} \bigg/ \sqrt{\sum_{i=1}^{n}(X_i - \bar{X})^2/\{(n-1)\sigma^2\}} \qquad (5.30)$$

と書き直せる。右辺の分子は標準正規分布 $N(0,1)$ に従う。分母のルートの中は定理 5.7 の (3) によりカイ 2 乗分布 χ_{n-1}^2 に従う確率変数をその自由度 $n-1$ で割ったものである。定理 5.7 の (2) より分母と分子は独立である。したがって、t 分布の定義から T は t 分布 t_{n-1} に従う。

注意 5.1 定理 5.8 の確率変数 T では μ 以外はデータから得られる量であり、分布も分かっている。したがって未知の μ に関する推測は T に基づくことになる。一方、定理 5.7 の (3) では未知なのは σ^2 であり、分布も分かっている。したがって σ^2 に関する推測は U^2 や S^2 に基づいて行われる。

例 5.5 自由度 3 の t 分布に従う確率変数に関して、$P(T > 1.5), P(|T| > 1.5)$ はエクセルで =tdist(1.5, 3, 1), =tdist(1.5, 3, 2) と入力すれば四捨五入して、それぞれ 0.1153, 0.2306 を得る。また、$P(|T| > t) = 0.5$ となる t は =tinv(0.5, 3) とすると 0.7649 であり、$P(T > t) = 0.25$ となる t は対称性より =tinv(0.25*2, 3) としてやはり 0.7649 である。

5.5 F 分布

カイ 2 乗分布は正規分布の分散、t 分布は正規分布の平均を考える場合に有益である。次の F 分布は分散やばらつきの比について考察するときに用いられる。なお、平均の差を考える場合は t 分布を用いる。

定義 5.5 X がカイ 2 乗分布 χ_m^2、Y がカイ 2 乗分布 χ_n^2 に従い、互いに独立なとき

$$F = \frac{X}{m} \bigg/ \frac{Y}{n} \qquad (5.31)$$

の分布を自由度対 (m, n) の **F 分布**といい、$F_{m,n}$ または F_n^m と表す。

F 分布の密度関数は t 分布の場合と同様定理 5.1 を用いて

$$f(x) = \frac{\Gamma(\frac{m+n}{2})(\frac{m}{n})^{\frac{m}{2}}}{\Gamma(\frac{m}{2})\Gamma(\frac{n}{2})} x^{\frac{m}{2}-1}(1+\frac{m}{n}x)^{-\frac{m+n}{2}}, \quad x > 0 \tag{5.32}$$

となる。

$$f(x) = \frac{(\frac{m}{n})^{\frac{m}{2}}}{B(\frac{m}{2}, \frac{n}{2})} x^{\frac{m}{2}-1}(1+\frac{m}{n}x)^{-\frac{m+n}{2}}, \quad x > 0 \tag{5.33}$$

としてもよい。

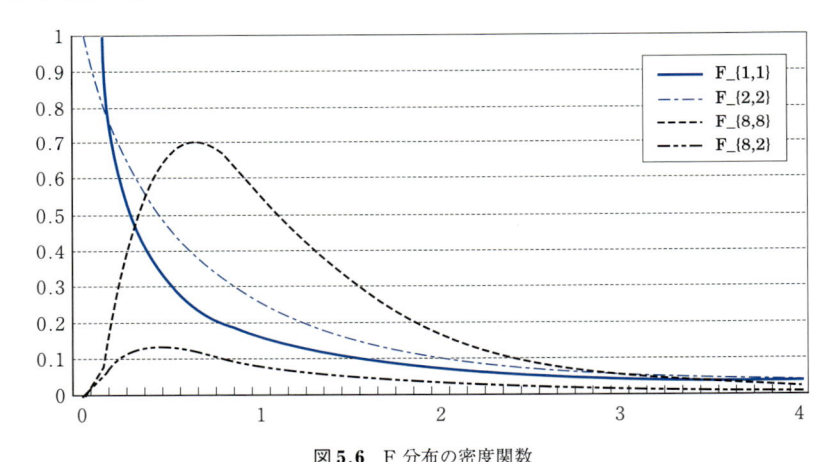

図 5.6 F 分布の密度関数

定理 5.9 確率変数 $X_1, \ldots, X_m$ を正規分布 $N(\mu_1, \sigma_1^2)$ からの無作為標本、確率変数 $Y_1, \ldots, Y_n$ を正規分布 $N(\mu_2, \sigma_2^2)$ からの無作為標本とする。このとき

$$F = \frac{U_1^2}{\sigma_1^2} \bigg/ \frac{U_2^2}{\sigma_2^2} = \frac{mS_1^2}{(m-1)\sigma_1^2} \bigg/ \frac{nS_2^2}{(n-1)\sigma_2^2} \tag{5.34}$$

は自由度対 $(m-1, n-1)$ の F 分布 F_{n-1}^{m-1} に従う。ここで、U_1^2, S_1^2 は X の不偏分散と標本分散、U_2^2, S_2^2 は Y の不偏分散と標本分散である。

証明 定理 5.7 から mS_1^2/σ_1^2, nS_2^2/σ_2^2 はそれぞれカイ 2 乗分布 χ_{m-1}^2, χ_{n-1}^2 に従う。したがって F 分布の定義からほぼ明らかである。

第 5 章　標本分布

定義 5.6　自由度対 (m,n) の F 分布に従う確率変数 F と $0<\alpha<1$ に対し

$$P(F>c)=\alpha \text{ となる } c \text{ を } f_{m,n}(\alpha) \text{ または } f_n^m(\alpha) \text{ と表す} \tag{5.35}$$

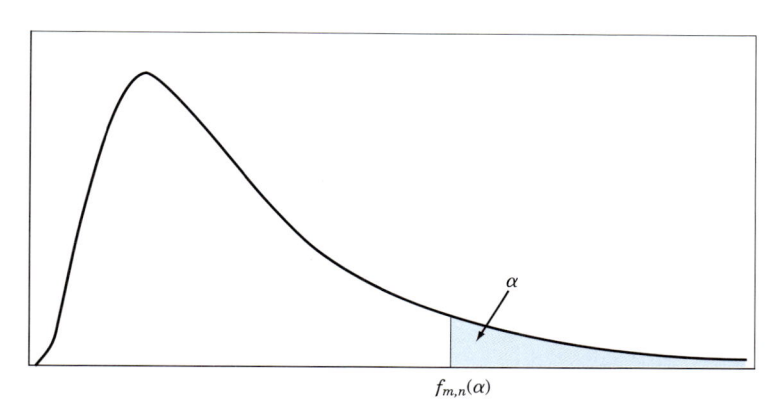

図 5.7　F 分布のパーセント点

なお F 分布の％点に関して次の性質が成り立つ。証明は F 分布の定義からほとんど明らかであろう。

性質 5.1　任意の $0<\alpha<1$ に対して

$$f_n^m(\alpha)f_m^n(1-\alpha)=1 \tag{5.36}$$

性質 5.2　t 分布 t_n に従う確率変数 X の 2 乗 X^2 は F 分布 F_n^1 に従う。したがって

$$f_n^1(\alpha)=t_n^2(\alpha) \tag{5.37}$$

の関係がある。

正規分布、カイ 2 乗分布、t 分布と同様、F 分布の確率は多くの書籍に数表が掲載されている。表計算ソフトのエクセルで $0<\alpha<1$ を与えられた定数とし

$$P(F>a),\quad \alpha=P(F>b)$$

とするとこの確率および b を計算するには

$$= \text{fdist}(a, m, n), \quad = \text{finv}(\alpha, m, n)$$

とすればよい。

例 5.6　自由度対 $(1, 4)$ の F 分布に従う確率変数を X とする。このとき $P(X < 5)$ を計算するにはエクセルで =1-fdist(5,1,4) と入力して 0.911 を得る。上の t 分布と F 分布の関係から =1-tdist(sqrt(5),4,2) としても 0.911 を得る。$P(X > a) = 0.1$ となる a は =finv(0.1,1,4) として 0.45448 を得、=sqrt(tinv(0.1,4)) としても 0.45448 を得る。

―― Tea Break　指　数　その 3 ――

　前回の紅茶ブレークでは日経平均株価と東証株価指数を考えました。一般には日経平均株価の方が知られていますが、専門家の間では TOPIX の方が重要視されているようです。日経平均株価の採用銘柄は、225 銘柄だけであり、一部の株価が大きく変動するとそれに引きずられます。ある値がさ株の大きな動きのために、ただ 1 社で日経平均株価の変動の 10 ％程度が説明されたこともあります。

　一方、東証株価指数は特定企業の異常な値上がり、値下がりにはあまり影響を受けず、株価全体の動きを反映します。ただし、株式の持ち合いがあると二重に加算されてしまいます。このため、東京証券取引所は、時価総額加重平均型株価指数から浮動株基準株価指数への変更を示唆しています。指数変更があれば激震が走るかもしれません。

　市場全体の株を対象にしているので、取引の成立しない株もあります。その場合は理論値を採用するなどいろいろの工夫がなされています。

　株価の他に社会に大きな影響を与えるのものとして消費者物価指数があります。消費者物価指数は以下のように計算されます。

　家庭で購入する財やサービスのうち割合の大きいものから順に指数に採用する品目を選び、割合に基づいて各品目の重みを求めます。家計消費支出割合は家計調査の結果から得られます。家計調査は全国の家庭から無作為に選ばれます。選ばれた家庭は、真面目に家計簿をつける必要がありますが、公務員は真面目につけ、かつ生活が奢侈に流れない傾向があるため、低く出ているのではないか、と

一時議論になりました。各品目の価格は、毎月の小売物価統計調査で得られます。指数は、調査市町村別の平均価格を用いて各品目の指数 (基準年=100) を計算し、これらを重み（家計支出に占める割合）により加重平均して計算します。現在の消費者物価指数の基準年は平成 17 年で、基準は 5 年ごとに改定し、採用する品目とその重みはこの基準改定にあわせて見直します。なお、今後急速に普及し一定の重みとなった新たな財・サービスについては、基準改定以外の年においても品目の見直しを行うことにしています。

練習問題

5.1 確率変数 X は 2 項分布 $Bi(10, 0.5)$ に従うとする。

　　(1)　$P(X=2)$ を正確に求めよ。
　　(2)　$P(X=2)$ を正規分布で近似して求めよ。
　　(3)　$P(X=2)$ をポアソン近似で求めよ。

5.2 あるエレベータは制限荷重 750 kg、定員 12 名であり、総重量が 750 kg を越えるとブザーが鳴り動かなくなる。エレベータに乗る人の体重は（荷物等も含めて）正規分布 $N(65, 100)$ に従い、重さは互いに独立と仮定して

　　(1)　12 名の重さの合計が 750 kg を越える確率を求めよ。
　　(2)　11 名が乗って制限荷重を越える確率を求めよ。
　　(3)　13 名が乗っても制限荷重を越えない確率を求めよ。

5.3 正規分布、カイ 2 乗分布、t 分布、F 分布のパーセント点に関する以下の関係を示せ。

　　(1)　$\chi_1^2(\alpha) = k^2(\alpha)$
　　(2)　$t_n^2(\alpha) = f_{1,n}(\alpha)$
　　(3)　$f_{m,n}(\alpha) f_{n,m}(1-\alpha) = 1$

第6章　推定と検定

　4章ではいろいろの確率分布を導入した。母集団から標本を1個取り出したとき、それが2項分布に従えば2項母集団、ポアソン分布に従えばポアソン母集団、指数分布に従えば指数母集団、正規分布に従えば正規母集団のように呼ぶ。経験的、もしくは理論的にデータの従う分布が正規分布、指数分布など特定の分布を想定できることは多い。

　これらの分布にはパラメータがある。パラメータは通常未知であり、そのとき未知パラメータという。例えば2項分布 $B(n,p)$ なら一般に p が未知パラメータであり、時には n も未知のことがある。正規分布 $N(\mu, \sigma^2)$ では平均と分散 μ, σ^2 の一方、もしくは両方が未知パラメータになる。また、実際のデータに構造を仮定することも多い。例えば温度 x で実験したときのデータが平均 $a + bx$、分散 σ^2 の正規分布に従うとすると a, b, σ^2 が未知パラメータである。これらのパラメータの値が分かれば母集団の性質が分かる。また、未知パラメータの値そのものは分からなくてもいいが、例えば、二つの母集団で一方の方が大きい傾向があるか、のようにある範囲に入るかどうかを知りたいこともある。さらに、分布の型についての情報は分からなくても平均を知りたい、ということも多い。この章では未知パラメータの値そのものを推定したり未知パラメータがある値になるかどうかを検定する方法について述べる。

6.1　点推定

　データを表す確率変数 $X_1, X_2, \ldots, X_n$ に基づいて未知パラメータ θ を推定したいとしよう。θ を推定するための統計量を

$$\hat{\theta} = \hat{\theta}(X_1, \ldots, X_n) \tag{6.1}$$

とする。このようにパラメータを一つの値で推定しようとするのが点推定であり、そのための統計量を点推定量、または単に推定量とよぶ。例えば標本平均 $\bar{X}$ は母平均の推定量として非常によく使われており、標本分散 S^2 や不偏分散 U^2 は母分散を推定する推定量である。

しかしながら、点推定量だけでは θ の推定には不十分である。例えば、2組の5個のデータ 6, 9, 10, 12, 13 と -30, 0, 10, 30, 40 はどちらも同じ標本平均の値 10 となるが、その信頼度は全く異なるであろう。そこで、与えられた $0 < \alpha < 1$ に対して

$$P(L(X_1,\ldots,X_n) < \theta < U(X_1,\ldots,X_n)) = 1 - \alpha \qquad (6.2)$$

となるように2つの統計量 $L(X_1,\ldots,X_n)$ と $U(X_1,\ldots,X_n)$ を構成することを考える。このようにして構成された組 (L, U) を区間推定量とよび、区間で推定することを区間推定という。区間推定量における L, U は $U - L$ が小さいことが望ましいが実際には

$$P(L(X_1,\ldots,X_n) > \theta) = \frac{\alpha}{2}, \quad P(\theta > U(X_1,\ldots,X_n)) = \frac{\alpha}{2}$$

となるように、つまり上に外れる確率と下に外れる確率を等しく構成することが多い。区間推定量は、実際には良い点推定量を構成し、その分布を調べ、点推定量の周りに適当な区間を作ることでなされる。したがって区間推定のためにも良い点推定量を構成しなければならない。以下では主に点推定量について考え、区間推定量については後の章を参照されたい。

点推定量 $\hat{\theta}$ には満たして欲しいいくつかの性質がある。以下でそれを列挙する。

定義 6.1 　推定量 $\hat{\theta}$ の平均が推定したいパラメータに一致する、すなわち

$$E\{\hat{\theta}(X_1,\ldots,X_n)\} = \theta \qquad (6.3)$$

を満たすとき $\hat{\theta}$ は θ の不偏推定量であるといい、この性質を不偏性という。これは、推定を独立に多数回繰り返せばその得られた推定値の標本平均が目的のパラメータに近いことを意味する。

例 6.1　$X_1, \ldots, X_n$ を平均 μ、分散 σ^2 を持つ母集団からの無作為標本とするとき

(1)　標本平均 $\bar{X}$ は μ の不偏推定量である。
(2)　不偏分散 U^2 は分散 σ^2 の不偏推定量である。
(3)　標本分散 S^2 は分散 σ^2 の不偏推定量ではない。

証明　(1) はすでに式 (3.41) で示されている。(2) と (3) は

$$E(X_i^2) = \text{Var}(X_i) + \{E(X_i)\}^2 = \sigma^2 + \mu^2$$
$$E(\bar{X}^2) = \text{Var}(\bar{X}) + \{E(\bar{X})\}^2 = \frac{\sigma^2}{n} + \mu^2$$

なので

$$E(S^2) = E(\frac{1}{n}\sum_{i=1}^n X_i^2 - \bar{X}^2) = \frac{n-1}{n}\sigma^2$$
$$E(U^2) = \frac{n}{n-1}E(S^2) = \sigma^2$$

となり、確かに U^2 は不偏であるが、S^2 の平均は σ^2 より小さい。

例 6.2　$(X_1, Y_1), (X_2, Y_2), \ldots, (X_n, Y_n)$ が共分散 σ_{XY} を持つ母集団からの無作為標本とするとき、不偏共分散

$$U_{XY} = \frac{1}{n-1}\sum_{i=1}^n (X_i - \bar{X})(Y_i - \bar{Y})$$

は σ_{XY} の不偏推定量であるが、標本共分散

$$S_{XY} = \frac{1}{n}\sum_{i=1}^n (X_i - \bar{X})(Y_i - \bar{Y})$$

は不偏ではない。

定義 6.2　データを表す確率変数 $X_1, \ldots, X_n$ に対し、ある種の変換 $g(x)$ を施したものを $g(X_1), \ldots, g(X_n)$ とする。さらにそのとき $g(X)$ のパラメータが

$h(\theta)$ となったとする。このとき

$$\hat{\theta}(g(X_1),\ldots,g(X_n)) = h(\hat{\theta}(X_1,\ldots,X_n)) \tag{6.4}$$

となる推定量を不変推定量といい、このような性質を不変性という。

例 6.3　$X_1,\ldots,X_n$ が平均 μ、分散 σ^2 を持つ母集団からの無作為標本とし、変換 $g(x) = (x-a)/b$ を考える。これは測定単位を変えることを意味するが、測定単位の違いで結論が変わるのは都合が悪い。このとき平均は $h(\mu) = (\mu-a)/b$ と変わるが、標本平均や中央値はこの変換に関して不変である。一方、変換後に分散は $h(\sigma^2) = \sigma^2/b^2$ となるが、標本分散と不偏分散はやはり不変推定量である。多くの自然な推定量は不変性を持っている。

定義 6.3　データを表す確率変数を $X_1,\ldots,X_n$ とする。パラメータ θ の推定量 $\hat{\theta}$ に対し絶対誤差 $|\hat{\theta} - \theta|$ が n が大きくなる（データの個数が多くなる）とともに 0 に収束するとき $\hat{\theta}$ は θ の一致推定量であるといい、このような性質を一致性という。数学的に正確な表現は、任意の正の数 ϵ に対して

$$\lim_{n\to\infty} P(|\hat{\theta} - \theta| > \epsilon) = 0 \tag{6.5}$$

を満たすことをいう。

定理 6.1　もし $\hat{\theta}$ が θ の一致推定量で、関数 $g(\theta)$ が連続なら、$g(\hat{\theta})$ は $g(\theta)$ の一致推定量である。

定理 6.2　パラメータ θ_1, θ_2 の一致推定量 $\hat{\theta}_1, \hat{\theta}_2$ があるとき、連続な関数を用いて $\theta = g(\theta_1, \theta_2)$ とすると $\hat{\theta} = g(\hat{\theta}_1, \hat{\theta}_2)$ は θ の一致推定量である。このことはパラメータが3個以上でもよい。

定理のように一致性はデータを変換しても成立するが、不偏性、不変性は一般には成立しない。一致推定量ならデータを多く集めればより正確に推定できる。中心極限定理（定理 5.6）から、その良さは $\sqrt{n}$ に比例すると考えてよい。

例 6.4　分散が有限な母集団からの無作為標本 $X_1,\ldots,X_n$ に基づく標本平均は母平均 μ の一致推定量である。実際、これは大数の法則 (定理5.5) と同じことをいっている。また、標本平均の2乗 $(\bar{X})^2$ は母平均の2乗 μ^2 の一致推定量である。さらに、データに何らかの変換を施して $g(X_1),\ldots,g(X_n)$ となったとすると、大数の法則から、その標本平均 $\sum_{i=1}^{n}g(X_i)/n$ は母集団における値 $E(g(X))$ に収束する。例えば、$X_1^2,\ldots,X_n^2$ に対して $\sum_{i=1}^{n}X_i^2/n$ は母集団における値 $E(X^2)$ の一致推定量である。したがって標本分散 $\sum_{i=1}^{n}X_i^2/n-(\bar{X})^2$ は母分散の一致推定量である。

上の3つの性質の中で、一致性は、推定量が必ず持たねばならない性質である。不変性は、もし満たしていなければデータの解釈が困難になる。実際、もし温度を摂氏で測った場合と華氏で測った場合で、対処法が異なるのでは具合が悪いであろう。一方、不偏性は満たしていれば理論的に非常に扱いやすくなるが、満たしていない場合でも良い推定量は多い。例えば、不偏分散 U^2 は母分散 σ^2 の不偏推定量であるが、U は標準偏差 σ の不偏推定量ではない。

6.2　平均2乗誤差と有効推定量

パラメータ θ の推定量は無限にある。したがって、その中から良い推定量を選ぶ、つまり推定量を比較する必要がある。比較するには誤差 $\hat{\theta}-\theta$ を考えることが自然であろう。ただしこの量は正にも負にもなりえて、平均的には打ち消し合って、比較の基準としては不都合である。さらに、$\hat{\theta}$ はデータが異なれば異なった値をとり、θ は未知なのでこのままでは比較できない。

比較の尺度として最も一般に用いられるのが平均2乗誤差

$$E\{(\hat{\theta}-\theta)^2\} \qquad (6.6)$$

である。平均2乗誤差が小さい推定量が良い推定量である、と考える。平均2

乗誤差は

$$E\{(\hat{\theta}-\theta)^2\} = E\{(\hat{\theta}-E(\hat{\theta}))^2\} + (E(\hat{\theta})-\theta)^2$$
$$= \mathrm{Var}(\hat{\theta}) + Bias^2$$

となる。ここで $Bias = E(\hat{\theta}) - \theta$ を**バイアス、偏り**という。不偏とは $Bias = 0$ となることをいう。

　もし不偏推定量なら平均2乗誤差は分散に等しい。したがって不偏推定量同士なら比較は分散で行えばよい。ではどのような推定量が不偏推定量の中で最良の推定量であろうか。実は不偏推定量の分散には下限があり、それは次の定理で与えられる。不偏推定量の分散はこの下限より小さくはなれない。

定理 6.3（クラメル-ラオ） $\boldsymbol{X} = (X_1, \ldots, X_n)^T$ の同時密度関数（離散確率変数の場合は同時確率関数）を $f(\boldsymbol{x}; \theta)$ とする。θ の不偏推定量を $\hat{\theta}$ とすると、適当な条件の下で

$$\mathrm{Var}(\hat{\theta}(\boldsymbol{X})) \geq \frac{1}{E\{(\frac{\partial}{\partial \theta} \log f(\boldsymbol{X}; \theta))^2\}} \equiv \sigma_0^2 \qquad (6.7)$$

が成立する。σ_0^2 を**クラメル-ラオの下限**という。

定義 6.4 θ の不偏推定量 $\hat{\theta}$ の分散が

$$\mathrm{Var}(\hat{\theta}) = \sigma_0^2 \qquad (6.8)$$

となるとき $\hat{\theta}$ を θ の**有効推定量**という。

系 6.1 $X_1, X_2, \ldots, X_n$ が密度関数（離散の場合は確率関数）$f(x; \theta)$ を持つ母集団からの無作為標本なら

$$\mathrm{Var}(\hat{\theta}(X_1, \ldots, X_n)) \geq \frac{1}{nE\{(\frac{\partial}{\partial \theta} \log f(X; \theta))^2\}} \qquad (6.9)$$

が成立する。

定理の証明は省略するが、証明を検討すれば、$X_1, X_2, \ldots, X_n$ が密度関数（離散の場合は確率関数）$f(x; \theta)$ を持つ母集団からの無作為標本のとき、

$$\hat{\theta} = \theta + K \sum_{i=1}^{n} \frac{\partial}{\partial \theta} \log f(X_i; \theta) \tag{6.10}$$

と書けるなら $\hat{\theta}$ は有効推定量であり、$K = \sigma_0^2$ となる。ここで K は θ には関係してよいがデータには無関係でなければならない。式 (6.10) の右辺は θ を含んでいて、このままでは推定量ではない。つまり、式 (6.10) の右辺が θ を含まないように K を適当に選ぶことができれば、かつそのときに限り有効推定量になる。

例 6.5　$X_1, \ldots, X_n$ が平均 θ の指数分布からの無作為標本のとき、$f(x; \theta) = \frac{1}{\theta} e^{-x/\theta}$ なので、式 (6.10) は

$$\theta + K \sum_{i=1}^{n} \left(-\frac{1}{\theta} + \frac{X_i}{\theta^2} \right)$$

となる。したがって $K = \theta^2/n$ とすれば θ に無関係にでき、標本平均 $\bar{X}$ を得て、その分散は $K = \theta^2/n$ である。一方、パラメータ λ の指数分布に対しては $f(x; \lambda) = \lambda e^{-\lambda x}, x > 0$ なので式 (6.10) は

$$\lambda + K \sum_{i=1}^{n} \left(\frac{1}{\lambda} - X_i \right)$$

となるが、この式が λ を含まないようにはできない。つまりパラメータ λ の有効推定量は存在しない。

例 6.6　$X_1, \ldots, X_n$ が平均 λ のポアソン分布からの無作為標本のとき、$p(x; \theta) = e^{-\lambda} \lambda^x / x!$ なので、式 (6.10) は

$$\lambda + K \sum_{i=1}^{n} \left(-1 + \frac{X_i}{\lambda} \right)$$

となる。したがって、$K = \lambda/n$ とすれば、有効推定量として標本平均を得る。

例 6.7　$X_1,\ldots,X_n$ が平均 μ が未知、分散 σ^2 が既知の正規分布 $N(\mu,\sigma^2)$ からの無作為標本のとき、式 (6.10) は

$$\mu + K \sum_{i=1}^{n} \frac{X_i - \mu}{\sigma^2}$$

となる。したがって、$K = \sigma^2/n$ として、有効推定量 $\bar{X}$ を得る。

上の3つの例のように平均を推定する自然な推定量である標本平均は多くの場合に有効推定量である。

定義 6.5　$\hat{\theta}_1,\hat{\theta}_2$ を θ の2つの不偏推定量とする。このとき $\sigma_0^2/\mathrm{Var}(\hat{\theta}_1)$ を $\hat{\theta}_1$ の効率といい、$\mathrm{Var}(\hat{\theta}_2)/\mathrm{Var}(\hat{\theta}_1)$ を $\hat{\theta}_2$ に対する $\hat{\theta}_1$ の相対効率という。

例 6.8　2つの物体A，Bの重さを a,b とし、その値を推定する。2回の測定が許されているとする。方式1：単純にA，Bを1回ずつ測定する。その測定値を $\hat{a}_1,\hat{b}_1$ とおく。これは a,b の自然な推定量である。方式2：A，Bの重さの和および差を測定する。天秤なら同じ受け皿にA，Bを一度に載せる、左右に載せる、に対応する。測定値を x,y とし、a,b の推定量を $\hat{a}_2 = (x+y)/2$, $\hat{b}_2 = (x-y)/2$ とする。測定誤差は平均0、分散 σ^2 で互いに独立とすると

$$Var(\hat{a}_1) = Var(\hat{b}_1) = \sigma^2,\ Var(\hat{a}_2) = Var(\hat{b}_2) = \frac{1}{2}\sigma^2$$

である。したがって方式2による推定量は方式1による推定量に対し相対効率は2であり、2倍の性能を持つ。

注意 6.1　実際に用いられる推定量のほとんどは漸近的に（つまりデータ数が多ければ）正規分布で近似でき、その平均は目的のパラメータに一致する（漸近的に不偏である）。したがって推定量の分散を良さを測る尺度として採用してよい。その推定量の分散を、推定量の標準誤差という。

6.3 推定量の構成法

推定量の構成法はたくさんある。最小2乗法や 6.2 節の有効推定量の求め方もその一つである。この節では最小2乗法と有効推定量以外の代表的な方法である最尤法とモーメント法について述べる。

6.3.1 最尤法

まず離散分布の場合を考える。データを表す確率変数 $\boldsymbol{X} = (X_1, \ldots, X_n)^T$ の同時確率関数がパラメータ θ を持ち、$p(x_1, \ldots, x_n; \theta)$ であるとする。同時確率関数はパラメータ θ のときの確率

$$P(X_1 = x_1, \ldots, X_n = x_n)$$

である。ただし、実際には $(x_1, \ldots, x_n)$ はすでにデータとして得られており、θ が未知である。そこで、逆に $(x_1, \ldots, x_n)$ を定数と考え θ を変数と見て、あらためて

$$L(\theta) = L(\theta; x_1, \ldots, x_n) = p(\boldsymbol{x}; \theta) \tag{6.11}$$

とおこう。関数 $L(\theta)$ を尤度関数という。このとき $L(\theta)$ を最大にする $\hat{\theta}(\boldsymbol{x})$ を推定量として採用する。この $\hat{\theta}$ は $\boldsymbol{x}$ が実現する確率を最大にしており、最も尤もらしいと考えられ、最尤推定量といい、この方法を最尤法とよぶ。

データを表す $\boldsymbol{X}$ が連続確率変数のときも、同時密度関数 $f(\boldsymbol{x}; \theta)$ は確率そのものではないが、パラメータ θ が与えられたときの $\boldsymbol{x}$ の出現しやすさ、を表現している。そこで、やはり

$$L(\theta) = L(\theta; x_1, \ldots, x_n) = f(\boldsymbol{x}; \theta) \tag{6.12}$$

を尤度関数といい、$L(\theta)$ を最大にする $\hat{\theta}$ を最尤推定量とよぶ。

この考え方はパラメータが複数のときでも全く同様に展開される。特に X_i, $i = 1, \ldots, n$ が密度関数 $f_i(x; \theta)$ を持ち互いに独立なら

$$L(\theta) = \prod_{i=1}^{n} f_i(x_i; \theta) \tag{6.13}$$

である。$L(\theta)$ を最大にすることは対数尤度 $\log L(\theta)$ を最大にすることと同じことであり、実用的な場合のほとんどでは最大にすることは微分して 0 とおくことで達成されるので $\hat{\theta}$ は

$$\frac{\partial}{\partial \theta} \log L(\theta) = \sum_{i=1}^{n} \frac{\partial}{\partial \theta} \log f(x_i; \theta) = 0 \tag{6.14}$$

を解いて得られる。パラメータが複数個ある場合は、それを $\theta_1, \ldots, \theta_k$ とおくと連立方程式

$$\frac{\partial}{\partial \theta_j} \log L(\theta) = \sum_{i=1}^{n} \frac{\partial}{\partial \theta_j} \log f(x_i; \theta_1, \ldots, \theta_k) = 0, \quad j = 1, \ldots, k \tag{6.15}$$

を解くことになる。

定理 6.4 $\hat{\theta}$ が θ の最尤推定量なら、関数 $\eta = g(\theta)$ の最尤推定量は $\hat{\eta} = g(\hat{\theta})$ である。このことは θ がベクトルでもよい。

例 6.9 確率変数 $X_1, \ldots, X_n$ が平均 λ のポアソン分布 $Po(\lambda)$ からの無作為標本のとき

$$\log L(\theta) = \sum_{i=1}^{n} (-\lambda + X_i \log \theta - \log X_i!)$$

なので

$$\frac{\partial}{\partial \theta} \log L(\theta) = -n + \frac{1}{\lambda} \sum_{i=1}^{n} X_i$$

である。したがって λ の最尤推定量は標本平均である。例 6.6 から標本平均は有効推定量でもある。

例 6.10 確率変数 $X_1, \ldots, X_n$ が平均 θ の指数分布 $Ex(1/\theta)$ からの無作為標本のとき

$$\log L(\theta) = \sum_{i=1}^{n} (-\log \theta - \frac{X_i}{\theta})$$

なので

$$\frac{\partial}{\partial \theta} \log L(\theta) = -\frac{n}{\theta} + \frac{1}{\theta^2} \sum_{i=1}^{n} X_i$$

であり、標本平均が最尤推定量である。例 6.5 より有効推定量でもある。

一方、パラメータ λ の指数分布 $Ex(\lambda)$ からの無作為標本のときは

$$\log L(\lambda) = \sum_{i=1}^{n} (\log \lambda - \lambda X_i)$$

なので

$$\frac{\partial}{\partial \lambda} \log L(\lambda) = \frac{n}{\lambda} - \sum_{i=1}^{n} X_i$$

となり、 $1/\bar{X}$、つまり標本平均の逆数が最尤推定量である。例 6.5 よりパラメータ λ の有効推定量は存在しなかった。

例 6.11 確率変数 $X_1, \ldots, X_n$ が正規分布 $N(\mu, \sigma^2)$ からの無作為標本のとき

$$\log L(\theta) = \sum_{i=1}^{n} \left(\log \frac{1}{\sqrt{2\pi}} - \frac{1}{2} \log \sigma^2 - \frac{(X_i - \mu)^2}{2\sigma^2} \right)$$

である。したがって最尤推定量は連立方程式

$$\frac{\partial}{\partial \mu} \log L = \frac{1}{\sigma^2} \sum_{i=1}^{n} (X_i - \mu) = 0$$

$$\frac{\partial}{\partial \sigma^2} \log L = \sum_{i=1}^{n} \left(-\frac{1}{2\sigma^2} + \frac{(X_i - \mu)^2}{2\sigma^4} \right) = 0$$

の解として与えられる。これより $\hat{\mu} = \bar{X}$ が平均 μ の最尤推定量であり、標本分散 $S^2 = \sum_{i=1}^{n} (X_i - \bar{X})^2 / n$ が分散の最尤推定量である。標本分散は分散の不偏推定量ではない。したがって最尤推定量は必ずしも不偏推定量ではない。また、変動係数 σ/μ の最尤推定量は $S/\bar{X}$ である。

6.3.2 モーメント法

最尤推定量は精度の良い推定量の構成法であり、きわめて広範囲に応用されている。推定量が必要ならばまず最初に最尤推定量を構成しようとする。また、もし有効推定量が存在すればそれは最尤推定量である。しかしながら、分布に

よっては方程式 (6.14) や (6.15) を解くのが困難なことがある。そういう場合にしばしば用いられるのが**モーメント法**である。

モーメント法による推定量は以下のように構成される。$X_1, X_2, \ldots, X_n$ がパラメータ $\boldsymbol{\theta} = (\theta_1, \ldots, \theta_K)^T$ を持つ母集団からの無作為標本とし、密度関数を $f(x; \boldsymbol{\theta})$ とおく。離散確率変数の場合は確率関数で求める。この分布に従う確率変数 X のモーメントが

$$E(X^j) = a_j(\boldsymbol{\theta}), \quad j = 1, \ldots, K \tag{6.16}$$

と書けるとしよう。このとき連立方程式

$$\frac{1}{n}\sum_{i=1}^{n} X_i^j = a_j(\boldsymbol{\theta}), \quad j = 1, \ldots, K \tag{6.17}$$

の解 $(\hat{\theta}_1, \ldots, \hat{\theta}_K)^T$ が $(\theta_1, \ldots, \theta_K)^T$ の**モーメント推定量**である。つまり平均はつねに標本平均 $\bar{X}$ で推定される。また、分散は $a_2(\boldsymbol{\theta}) - \{a_1(\boldsymbol{\theta})\}^2$ なのでつねに標本分散で推定される。一見すると複雑な方程式を解かねばならないように見えるが、実際の分布では見た目より容易に解けて、一致性がほとんどの場合に保証される。最尤推定量を繰り返し法で解く場合の初期値としても用いられる。

例 6.12 ガンマ分布 $Ga(\alpha, \beta)$ に従う無作為標本の場合は、平均は $\alpha\beta$、分散は $\alpha\beta^2$ なので

$$\bar{X} = \alpha\beta, \quad S^2 = \alpha\beta^2$$

を解けばよく、

$$\hat{\alpha} = \frac{(\bar{X})^2}{S^2}, \quad \hat{\beta} = \frac{S^2}{\bar{X}}$$

を得る。一方、もし最尤推定量を求めたいときはガンマ関数の微分が必要となり、より高度な数値計算技法が必要になる。

6.4 仮説検定

前節ではパラメータの値そのものを知りたい場合を考えた。この節ではパラメータがある条件を満たすのか、それともそれに反するのか、を知りたい、と

いう状況を考える。例えば、資金を投入するのに単純に銀行預金にするか、それともある株式を購入するか、を決めたい場合を考える。もちろん銀行が倒産するリスクもあるが、それは一応無視すると、株式のリスクが問題となる。したがって株価収益率が預金利子を上回るか、それとも同等以下か、が問題となる。また、例えば、ある新薬を開発したが、従来の効果がよく分かっている薬より効果が上か、それとも同等以下か、は同型の問題である。

統計的仮説検定は以下のように定式化される。互いに排反な 2 つの集合を Θ_0, Θ_1 とする。このとき両方とも成立することはない 2 つの仮説

$$\text{仮説 } H_0 \; : \; \theta \in \Theta_0$$
$$\text{仮説 } H_1 \; : \; \theta \in \Theta_1$$

を考える。ここで、上の例では株価収益率を r とおくと Θ_0 は $r \leq r_0$ (ただし r_0 は銀行の預金利率)、Θ_0 は $r > r_0$ となる。薬の例では、例えば治癒率を考えればよい。我々はデータによってどちらが正しいかを判断しなければならない。これらの仮説に含まれるパラメータの値が一つだけの場合を単純仮説、複数ある場合を複合仮説という。

通常、H_0 は「従来と変わらない」、「今のままでよい」、「新しい行動をとるべきではない」、「比較しても差はない」という性格を持ち、仮説 H_1 は H_0 を否定するものである。つまり H_0, H_1 は同等の仮説ではなく、H_0 は保守的、H_1 はその逆となっている。数学的には帰無仮説は確率の計算が、少なくとも近似的に可能でなければならない。

仮説 H_1 を採用することを、仮説 H_1 は有意である、仮説 H_1 を採択する、仮説 H_0 が棄却される、といい、そうでない場合は、仮説 H_0 は棄却できない、仮説 H_1 は有意ではない、という。このような検定を有意性検定ともいう。

このとき起こりうる間違いは、仮説 H_0 が正しいのに仮説 H_1 が有意であるとすること(第一種の過誤)、および H_1 が正しいのに有意ではない(第二種の過誤)、とされることである。第一種の過誤の確率を $0 < \alpha < 1$、第二種の過誤の確率を β とおく。仮説検定とは、α を、例えば $0.01,\ 0.05,\ 0.1$ などの特定の値に固定し β の小さな手法を用いることである。第一種の過誤を生産者危

険、第二種の過誤を消費者危険ともいう。これは品質管理の分野では、企業の品質保証が H_0 に対応するからである。品質保証が正しいのにそれを否定される、つまり生産者のリスクが第一種の過誤に対応し、保証が正しくないのに正しいとされる、つまり消費者側のリスクが第二種の過誤に対応する。

表 6.1 仮説検定

検定結果	真の仮説	
	H_0	H_1
H_0	正しい	確率 β
H_1	確率 α	正しい

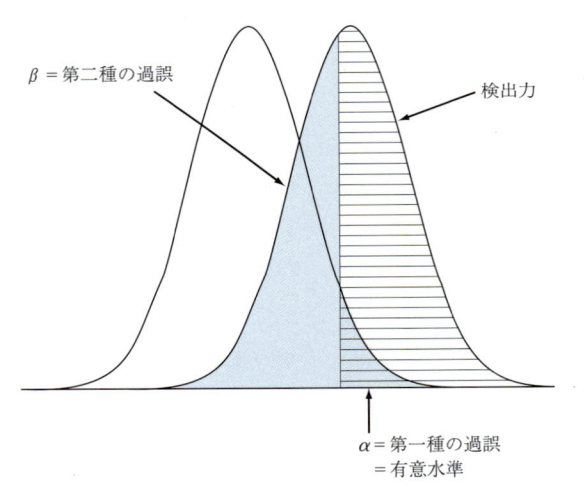

図 6.1 有意水準と検出力

　一般に新しいことを始めるにはリスクがある。そのリスクの限界を定めるのが α を決めることであり、リスクが小さい、つまり仮説 H_1 を採択する、と判断されたときに新しいことを始めることに対応する。確率 α を有意水準、または危険率といい、$1-\beta$ を検出力という。さらに、仮説 H_0 を帰無仮説、仮説 H_1 を対立仮説という。有意水準 α の大きさは、H_0 の信用度が高い、もしくは誤って棄却された場合の損害が大きいときは小さく設定される。

6.5 検定統計量の構成法

$\boldsymbol{X} = (X_1, \ldots, X_n)^T$ がデータを表す確率変数とする。R を $\boldsymbol{x} = (x_1, \ldots, x_n)^T$ のある集合で、帰無仮説 H_0 の下で $P(\boldsymbol{X} \in R) = \alpha$, つまり H_0 が正しいときにデータが R の中に入る確率が α となる集合とする。このとき $\boldsymbol{X}$ が R に入ったときに H_0 を棄却して H_1 を有意とし、入らなければ H_1 が有意ではない、とするとこの方法は有意水準 α となる。このような検定を棄却域検定といい、R を棄却域とよぶ。したがって良い検定とは H_1 の下で確率 $P(\boldsymbol{X} \in R)$ が大きい方法をいう。

棄却域 R に対し適当な統計量 $T(\boldsymbol{X})$ と定数 c があって

$$R = \{\boldsymbol{x}; T(\boldsymbol{x}) \geq c\} \tag{6.18}$$

と書けるとき $T(\boldsymbol{X})$ を検定統計量、c を棄却点という。したがって問題は H_0 の下では小さく、H_1 の下では大きい統計量を構成することである。ただし便宜上棄却域が $\{T(\boldsymbol{x}) \leq c\}$ や $\{T(|\boldsymbol{x}|) \geq c\}$ の形のものも考えることがある。

6.5.1 尤度比検定

データを表す確率変数 $\boldsymbol{X} = (X_1, \ldots, X_n)^T$ が H_0 の下では同時密度関数 $f(\boldsymbol{x})$、H_1 の下では $g(\boldsymbol{x})$ を持つとする。離散確率変数の場合は同時確率関数である。

定理 6.5(ネイマン―ピアソン)

$$R = \{\boldsymbol{x}; T(\boldsymbol{x}) = g(\boldsymbol{x})/f(\boldsymbol{x}) \geq c\} \tag{6.19}$$

とおく。ここで c は密度関数 $f(\boldsymbol{x})$ の下で $P(\boldsymbol{X} \in R) = \alpha$ となるように定める。このとき $\boldsymbol{X} \in R$ のとき H_1 は有意で H_0 は棄却される、$\boldsymbol{X} \notin R$ のときは H_1 は有意ではない、とする検定方式は有意水準 α の検定の中で第二種の過誤の確率 β を最小にする、つまり検出力 $1 - \beta$ を最大にする方式であり、最良の検定である。

定理で与えられた検定のようにすべての検定の中で最も検出力の高い方式を**最強力検定**という。

例 6.13 帰無仮説 H_0 を正規分布 $N(0,1)$、対立仮説 H_1 を $N(1,2)$ とするときの最強力検定を有意水準 5 ％で求めてみよう。簡単のためデータは 1 個とする。

$$f(x) = \frac{1}{\sqrt{2\pi}} \exp\left(-\frac{x^2}{2}\right), \quad g(x) = \frac{1}{\sqrt{4\pi}} \exp\left(-\frac{(x-1)^2}{4}\right)$$

なので

$$\frac{g(x)}{f(x)} = \frac{1}{\sqrt{2}} \exp\left(\frac{x^2 + 2x - 1}{4}\right)$$

となり、この式がある c より大きいことはある c' に対して

$$(x+1)^2 \geq c'$$

と同値である。帰無仮説の下では

$$\begin{aligned}
P((X+1)^2 > c') &= P(X > -1 + \sqrt{c'}) + P(X < -1 - \sqrt{c'}) \\
&= 1 - \Phi(-1 + \sqrt{c'}) + \Phi(-\sqrt{c'} - 1) = 0.05
\end{aligned}$$

を解くことになる。表計算ソフトエクセルを用いて解くと $c' = 7.002$ となる。

例 6.14 $X_1, \ldots, X_n$ を正規分布 $N(\mu, 1)$ からの無作為標本とし、帰無仮説 $H_0 : \mu = 0$ と対立仮説 $H_1 : \mu > 0$ を考える。μ を固定すると

$$f(\boldsymbol{x}) = \prod_{i=1}^{n} \frac{1}{\sqrt{2\pi}} \exp\left(-\frac{x_i^2}{2}\right), \; g(\boldsymbol{x}) = \prod_{i=1}^{n} \frac{1}{\sqrt{2\pi}} \exp\left(-\frac{(x_i - \mu)^2}{2}\right)$$

なので

$$\frac{g(\boldsymbol{x})}{f(\boldsymbol{x})} = \exp\left(\mu \sum_{i=1}^{n} x_i - \frac{n\mu^2}{2}\right)$$

である。$g(\boldsymbol{x})/f(\boldsymbol{x}) \geq c$ となることはある c' に対して $\mu \bar{x} \geq c'$ となることと同じことであり、$\mu > 0$ なのである c'' に対して $\bar{x} \geq c''$ と同値である。ここ

で必要な確率計算は H_0 の下でなので c'' は μ に無関係に取れる。したがって $R = \{\bar{X} \geq c''\}$ の形の棄却域検定はすべての $\mu > 0$ に対して最強力検定となる。

例 6.14 のように $\{\mu > 0\}$ の形の対立仮説を片側仮説、または $\mu > 0$ なので右片側仮説という。もし $\mu < 0$ を対立仮説とすれば左片側仮説という。対立仮説が $\mu \neq 0$ なら両側仮説という。また、例 6.13 のように棄却域がある統計量 $T(\boldsymbol{x})$ に対して $R = \{T(\boldsymbol{x}) \geq c\}$ の形のとき、片側検定、右片側検定、といい、$R = \{T(\boldsymbol{x}) \leq c\}$ のとき左片側検定、$R = \{|T(\boldsymbol{x})| \geq c\}$ の形のとき両側検定という。仮説の両側、片側と検定統計量の両側、片側は必ずしも一致しない。

ここまではパラメータは 1 個だけで、かつ単純な構造のみを考えたがパラメータが複数あれば事情は複雑になる。$f(\boldsymbol{x}; \boldsymbol{\theta})$ を密度関数（離散の場合は確率関数）とし、パラメータの互いに排反な 2 つの集合 Θ_0, Θ_1（つまり $\Theta_0 \cap \Theta_1 = \phi$）に対し帰無仮説が $\boldsymbol{\theta} \in \Theta_0$、対立仮説が $\boldsymbol{\theta} \in \Theta_1$ であるとする。このとき定理 6.5 の検定は棄却域が

$$R = \left\{\frac{\max_{\boldsymbol{\theta} \in \Theta_1} f(\boldsymbol{x}; \boldsymbol{\theta})}{\max_{\boldsymbol{\theta} \in \Theta_0} f(\boldsymbol{x}; \boldsymbol{\theta})} \geq c\right\} \tag{6.20}$$

の形に一般化される。これを尤度比検定という。尤度比検定は最もよく用いられる検定である。

6.5.2 推定量による検定

$X_1, \ldots, X_n$ がデータを表す確率変数であり密度関数 $f(\boldsymbol{x}; \theta)$ を持つとしよう。帰無仮説を、ある与えられた θ_0 に対して $\theta = \theta_0$、対立仮説は $\theta \neq \theta_0$ とする。このとき以下の方法も通常良い検定方式を導き、多くの場合に尤度比検定に一致する。

(1) パラメータ θ の「良い」推定量 $\hat{\theta}$ を求める。
(2) 推定量 $\hat{\theta}$ を用いて θ の信頼係数 $1 - \alpha$ の信頼区間を求める。θ がベクトルの場合は信頼区間ではなく信頼領域となる。

(3) 帰無仮説での値 θ_0 がこの区間に入れば対立仮説は有意ではなく、入らなければ有意とする。

例 6.15　ガンマ分布 $Be(a,1)$ からの無作為標本を考え、帰無仮説 $a=5$ とする。ガンマ分布の定義（4.2.4 節）から、これはショックの起こりやすさのパラメータが 1 のときに 5 回のショックで何か事件（倒産、死亡、事故等）が起こる、を帰無仮説としている。パラメータ a のモーメント推定量は $\bar{X}$ であり、データ数が大きければ $\bar{X}$ は中心極限定理から正規分布 $N(a, a/n)$ で近似できる。推定量 $\bar{X}$ の一致性から、与えられた $0 < \alpha < 1$ に対し

$$P\left(\left|\frac{\bar{X}-a}{\sqrt{\bar{X}/n}}\right| > k(\alpha)\right) \approx 1 - \alpha$$

が近似的に成り立つ。ここで $\approx$ は右辺と左辺が近似的に等しいことを意味する。したがって近似的に信頼係数 $100(1-\alpha)$ ％の a の信頼区間は

$$\bar{X} - k(\alpha)\sqrt{\bar{X}/n},\ \bar{X} + k(\alpha)\sqrt{\bar{X}/n}$$

で与えられる。この区間が 5 を含めば両側対立仮説 $a \neq 5$ は有意とならず、含まなければ有意となる。もし片側対立仮説 $a < 5$ なら片側信頼区間を用いる。区間

$$(\bar{X} - k(2\alpha)\sqrt{\bar{X}/n}, \infty)$$

を考えれば $\alpha < 0.5$ のとき真の a がこの区間に入る確率は $1-\alpha$ なので 5 がこの区間に入るとき対立仮説は有意ではなく、入らないとき有意となる。

6.5.3　標本 P 値

統計的仮説検定は、有意水準を定め、ついで棄却域を定める棄却域検定として実行されることが多いが、以下のように検定の標本 P 値を求める方式もある。検定統計量を T とおく。統計量 T が大きい方がより対立仮説の蓋然性が大きい、とする。実際のデータで求められた T の値を t とする。このとき帰無仮説の下で確率 $P(T > t)$ を求め、つまり t を単なる数値とみなしもう一度試行を

行ったと仮想した確率変数を改めて T として計算し、検定の 標本Ｐ値、もしくは単に Ｐ値 という。有意水準が α のときは、標本Ｐ値が α 未満になれば帰無仮説は棄却され、対立仮説が有意である。通常の棄却域検定では、データから計算された統計量が棄却域に入るかどうかで判定される。標本Ｐ値が求められれば、どの程度の有意水準なら対立仮説が有意になるかが明白になり、より精密な議論が可能となる。

Tea Break　確　率

確率論は学問としては、ギャンブルに関連してフランスで発生しました。起こりやすさの同等な基本事象が n 通りあり、つまりそれらの基本事象の確率は $\frac{1}{n}$ であり、あらゆる事象はその中に含まれる基本事象の数で決まる、というのがその最も素朴な考え方です。

３個のサイコロを投げてその目の合計に関するギャンブルがあります。出た目の合計が 10 と 9 ではどうでしょうか。合計が 10 になるのは３つのサイコロの目が（1，3，6）、（2，2，6）、（2，3，5）、（2，4，4）、（3，3，4）の５通り、合計が9になるのは（1，2，6）、（1，3，5）、（1，4，4）、（2，2，5）、（2，3，4）の５通り。どちらの場合も５通りと同じなので確率も同じ、と思われていました。もちろん、読者の皆さんもご承知と思いますが、３個のサイコロのうち２個が同じになる確率は３個の出る目が異なる場合と同じではありません。実際は前者は 72 分の 7、後者は 9 分の 1 で後者の確率の方が高いのです。確率の違いは小さいのですが、長い間プレーすれば差がはっきりしてきます。確率を知っているかどうかはギャンブルの勝敗に影響したのです。このような勘違いは誰でもやるかも知れません。株は上がるか下がるかのどちらかだから確率は２分の１だ、という間違いなどですね。悪質なセールスなどではこの論理を振り回しますので用心しなければなりませんし、うっかり信じることも多いのです。サイコロをＡ，Ｂ，Ｃとし、各サイコロの出る目に応じて合計 $6^3 = 216$ 通りの基本事象がある、ということをはっきり認識していれば間違えなかったのですが。確率論の発展の副産物として、フランスではパスカルの三角形として知られる組み合わせ論の発展など数学にも大きく影響しました。

練習問題

6.1 分布関数
$$P(X \leq x) = 1 - \left(\frac{k}{x}\right)^{\theta}, \ x \geq k, \ k, \theta > 0$$
を持つ分布からの無作為標本 $X_1, \ldots, X_n$ に基づいて θ を推定せよ。ただし $k > 0$ は既知の定数とする。この分布をパレート分布といい、所得の分布としてしばしば適用された。

6.2 ベータ分布 $Be(\alpha, \beta)$ からの無作為標本 $X_1, \ldots, X_n$ に基づいて α, β を推定せよ。

6.3 例 6.13 の帰無仮説、対立仮説において、ただしデータは 1 個として、$R = \{x > c\}$ の形の棄却域を考えるとき、有意水準を 5％とすると c はいくらか、また検出力を求めよ。

6.4 例 6.13 の検定での検出力を計算し前問の結果と比較せよ。

第7章　一標本問題における推測

データを表す確率変数 $X_1, \ldots, X_n$ を連続分布からの無作為標本とする。一つの母集団の未知パラメータについて考えることは統計的推測の基本である。この章では主に正規分布のときの平均と分散、指数分布のときの平均、および大標本（n が大きい）の場合の平均の推定・検定について考える。

7.1　正規分布の平均（分散既知の場合）

例 7.1　無作為に選んだ大卒新入社員 50 人の初任給を調べたところ、標本平均 21.3 万円であった。昨年の全国調査では、平均 21.1 万円、標準偏差 0.8 万円（分散 $(0.8)^2$）であった。標準偏差は変わっていない、と仮定するとき、今年の初任給を区間推定せよ。また、今年は景気は回復気味である。初任給が上がったと見なしてよいか？

この例は、分散 σ^2 が分かっている正規母集団 $N(\mu, \sigma^2)$ からのデータに基づいて、母平均 μ を区間推定し、かつ μ_0 を与えられた値とし、帰無仮説 $H_0 : \mu = \mu_0$ を右片側対立仮説 $H_1 : \mu > \mu_0$ に対し検定することであり、例では $\mu_0 = 21.1$, $\sigma^2 = 0.8^2 = 0.64$ である。

母平均に対しては標本平均 $\bar{X}$ が μ の有効推定量であり最尤推定量でもある。したがって $\bar{X}$ を点推定量として採用するのが自然である。

標本平均 $\bar{X}$ を基準化して

$$Z = \frac{\bar{X} - \mu}{\sqrt{\sigma^2/n}} \tag{7.1}$$

とおくと Z は標準正規分布 $N(0,1)$ に従う。したがって $0 < \alpha < 1$ に対して

$$P(|Z| < k(\alpha)) = 1 - \alpha \tag{7.2}$$

なので $|Z| < k(\alpha)$ を μ を中心に書き換えると

$$\bar{X} - k(\alpha)\sqrt{\frac{\sigma^2}{n}} < \mu < \bar{X} + k(\alpha)\sqrt{\frac{\sigma^2}{n}} \qquad (7.3)$$

となる。このとき μ は式 (7.3) の区間に入る確率が $1-\alpha$、または $100(1-\alpha)$ %となる。つまりこの区間に入らない確率が α となるようにしている。したがって式 (7.3) は μ の信頼係数 $1-\alpha$、または $100(1-\alpha)$ %の信頼区間となる。なお、式 (7.3) を

$$\mu \in \bar{X} \pm \sqrt{\frac{\sigma^2}{n}} k(\alpha) \qquad (7.4)$$

と表すことも多い。また、片側信頼区間は、$0 < \alpha < 0.5$ のときに式 (7.3) の片側のみを採用して

$$\text{上側信頼区間} \quad \bar{X} - \sqrt{\frac{\sigma^2}{n}} k(2\alpha) < \mu < \infty \qquad (7.5)$$

$$\text{下側信頼区間} \quad -\infty < \mu < \bar{X} + \sqrt{\frac{\sigma^2}{n}} k(2\alpha) \qquad (7.6)$$

とする。ここで上側信頼区間とは、その値以上になる確率が $1-\alpha$ になり、下側信頼区間はその値以下になる確率が $1-\alpha$ になることを意味する。

次に検定について考えよう。帰無仮説が $H_0 : \mu = \mu_0$ のときは、基準化した統計量

$$Z_0 = \frac{\bar{X} - \mu_0}{\sqrt{\sigma^2/n}} \qquad (7.7)$$

は標準正規分布 $N(0,1)$ に従う。$\mu \neq \mu_0$ のときは

$$Z_0 = \frac{\bar{X} - \mu}{\sqrt{\sigma^2/n}} + \frac{\mu - \mu_0}{\sqrt{\sigma^2/n}} \qquad (7.8)$$

である。第一項は標準正規分布 $N(0,1)$ に従い、第二項は定数である。右片側仮説 $H_1 : \mu > \mu_0$ の下ではこの定数項は正の値をとる。したがって H_1 の下では Z_0 は帰無仮説 H_0 の下でよりも大きな値を取る傾向がある。このとき、ある定数より Z_0 が大きくなったとき対立仮説が有意であるとする検定方式が合理的であろう。ここで H_0 の下で判断を誤る確率を与えられた値 α にしなけれ

ばならない。H_0 の下では Z_0 は標準正規分布に従うので $P(Z_0 > c) = \alpha$ となる c を選ぶことになる。このとき (4.60) から $c = k(2\alpha)$ である。これは尤度比検定であり、最強力検定でもある。

もし左片側仮説 $H_2 : \mu < \mu_0$ なら上記の定数項は負の値となり、両側仮説 $H_3 : \mu \neq \mu_0$ を考えるなら 0 でない値をとる。したがって右片側仮説と同様に考えて、有意水準 α、帰無仮説 H_0 のときをまとめると以下のようになる。

仮説			棄却域
右片側仮説	H_1	$\mu > \mu_0$	$R = \{Z_0 > k(2\alpha)\}$
左片側仮説	H_2	$\mu < \mu_0$	$R = \{Z_0 < -k(2\alpha)\}$
両側仮説	H_3	$\mu \neq \mu_0$	$R = \{|Z_0| > k(\alpha)\}$

例 7.1 の解 信頼係数 0.95 の信頼区間を求めよう。$\alpha = 0.05$, $n = 50$, $\bar{x} = 21.3$, $\sigma = 0.8$, $k(0.05) = 1.96$ なので、式 (7.3) に代入すると $21.08 < \mu < 21.52$ を得る。仮説検定では、$\mu_0 = 21.1$ であり帰無仮説は $H_0 : \mu = 21.1$、対立仮説は $H_1 : \mu > 21.1$ である。有意水準を 5％とすると $k(0.1) = 1.645$ であり、$z_0 = 1.768$ なので対立仮説は有意である。すなわち、初任給は昨年より上がったと見なしてよい。なお、もし両側対立仮説を考えれば $|z_0| < 1.96$ なので帰無仮説は棄却できない。つまり、昨年と初任給が変わった、という仮説は成立しない。このように片側仮説と両側仮説で結論が食い違うことは多い。どちらの対立仮説を考えるかは、データから決めるのではなく事前に決めておかなければならない。この例では、景気が回復基調である、という情報が与えられているので初任給が下がるはずがないと考え、片側仮説を対立仮説とした。もし、単に「違いがあるか」という問いであれば両側仮説にしなければならない。なお、片側仮説に対する P 値はエクセルで =1-normsdist(z_0)=0.03855 であり、これは 5％より小さく確かに対立仮説は有意である。一方両側仮説に対する P 値はその 2 倍、0.0771 であり対立仮説は有意にならない。

7.2 平均に関する推測（分散未知の場合）

前節の Z_0 は分散が既知の場合はデータから直ちに値が求めるが、実際のデータで分散が分かっていることは少ない。したがって、このままでは推定・検定を実行することはできない。そこで σ^2 に適当な推定量を代入する。推定量としては、不偏推定量

$$\hat{\sigma}^2 = U^2 = \frac{1}{n-1}\sum_{i=1}^{n}(X_i - \bar{X})^2 \tag{7.9}$$

を用いる。Z は

$$T = \frac{\bar{X} - \mu}{\sqrt{U^2/n}} = \frac{\bar{X} - \mu}{\sqrt{S^2/(n-1)}} \tag{7.10}$$

となり、定理 5.8 より T は自由度 $n-1$ の t 分布 t_{n-1} に従う。ここで S^2 は標本分散

$$S^2 = \frac{1}{n}\sum_{i=1}^{n}(X_i - \bar{X})^2$$

である。

$$P(|T| < t_{n-1}(\alpha)) = 1 - \alpha \tag{7.11}$$

なので式 (7.11) の確率の中を書き換えることにより平均 μ の信頼係数 $100(1-\alpha)$ %の信頼区間

$$\bar{X} - t_{n-1}(\alpha)\sqrt{\frac{U^2}{n}} < \mu < \bar{X} + t_{n-1}(\alpha)\sqrt{\frac{U^2}{n}} \tag{7.12}$$

を得る。

$$\bar{X} - t_{n-1}(\alpha)\sqrt{\frac{S^2}{n-1}} < \mu < \bar{X} + t_{n-1}(\alpha)\sqrt{\frac{S^2}{n-1}} \tag{7.13}$$

としてもよい。さらに、前に述べたように

$$\mu \in \bar{X} \pm t_{n-1}(\alpha)\sqrt{\frac{U^2}{n}} \tag{7.14}$$

もしくは

$$\mu \in \bar{X} \pm t_{n-1}(\alpha)\sqrt{\frac{S^2}{n-1}} \tag{7.15}$$

と表すこともある。

仮説検定も前節の統計量の σ^2 に上記の推定量を代入して得られる。帰無仮説を $H_0 : \mu = \mu_0$ とし、

$$T_0 = \frac{\bar{X} - \mu_0}{\sqrt{U^2/n}} = \frac{\bar{X} - \mu_0}{\sqrt{S^2/(n-1)}} \tag{7.16}$$

とおくと、推定のときと同じ理由により帰無仮説 H_0 の下では T_0 は t 分布 t_{n-1} に従う。$\mu \neq \mu_0$ のときは

$$T_0 = \frac{\bar{X} - \mu}{\sqrt{U^2/n}} + \frac{\mu - \mu_0}{\sqrt{U^2/n}} \tag{7.17}$$

となり、第一項は t 分布 t_{n-1} に従う。一方、第二項は右片側仮説 $H_1 : \mu > \mu_0$ の下では確率変数であるが常に正である。したがって H_1 の下では T_0 は帰無仮説 H_0 の下でより大きな値を取る傾向があり、ある定数より T_0 が大きくなったとき対立仮説が有意であるとする検定方式が合理的である。ここで H_0 の下で判断を誤る確率を与えられた値 α にする。H_0 の下では T_0 は自由度 $n-1$ の t 分布に従うので $P(T_0 > c) = \alpha$ となる c は $t_{n-1}(2\alpha)$ である。これは尤度比検定になる。

もし左片側仮説 $H_2 : \mu < \mu_0$ なら上記の第二項はやはり確率変数であるが負の値となり、両側仮説 $H_3 : \mu \neq \mu_0$ を考えるなら μ の符号によって、常に正または負の値をとる。したがって右片側仮説と同様に考えて、有意水準 α、帰無仮説 H_0 のときをまとめると以下のようになる。

仮 説			棄却域
右片側仮説	H_1	$\mu > \mu_0$	$R = \{T_0 > t_{n-1}(2\alpha)\}$
左片側仮説	H_2	$\mu < \mu_0$	$R = \{T_0 < -t_{n-1}(2\alpha)\}$
両側仮説	H_3	$\mu \neq \mu_0$	$R = \{|T_0| > t_{n-1}(\alpha)\}$

例 7.2 例 7.1 において、実は標本分散 $(1.4)^2$ を観測していたとする。つまり、例 7.1 では分散は既知で $(0.8)^2$ と仮定していたが、ここでは分散は未知で標本分散を計算している。このときの初任給の区間推定を行い、かつ今年は初任給が上がったと見なしていいかどうか検定しよう。信頼係数 95 % ($\alpha = 0.05$) と

してみる。標本分散を求めているので (7.12) ではなく自由度 49 で (7.13) を用いる。$t_{49}(0.05)$ はエクセルで =tinv(0.05, 49) と入力し 2.010 なので、信頼区間 (20.898, 21.702) を得る。一方、仮説検定では、帰無仮説は $H_0 : \mu = 21.1$、対立仮説は片側仮説であり $H_1 : \mu > 21.1$ である。有意水準を 5 %とすると、検定統計量は $t_0 = 1$、棄却域は $R = \{T_0 > t_{49}(0.1) = 1.677\}$ なので対立仮説は有意にならない。標本 P 値は =tdist(t_0,49,1) と入力して 0.161 であり、確かに対立仮説は有意にならない。

7.3 対応のある場合の平均の差

例 7.3　次のデータは 30 歳の 10 人のサラリーマンの昨年と一昨年の月給である。この一年間での所得の伸びを推定せよ。また、一般にこの年代では 5 千円昇給すると言われている。給与の伸びの平均が 5 千円と見なしてよいかどうか検定せよ。

番号	1	2	3	4	5	6	7	8	9	10
一昨年 (y)	29.8	31.4	28.8	32.5	28.5	28.7	28.4	30.3	30.1	30.5
昨年 (x)	29.9	31.8	29.3	32.8	29.7	29.4	29.4	30.9	30.7	30.9
昇給	0.1	0.4	0.5	0.3	1.2	0.7	1.0	0.6	0.6	0.4

これまでと異なり、2 変量のデータである。$(X_1, Y_1), \ldots, (X_n, Y_n)$ を 2 変量正規分布からの無作為標本とする。

$$\mu_1 = E(X), \quad \mu_2 = E(Y)$$

とおくと、問題は $\mu = \mu_2 - \mu_1$ を推定すること、および帰無仮説 $H_0 : \mu = 0.5$ を検定することである。より一般に μ_0 を与えられた定数とし、$H_0 : \mu = \mu_0$ を検定すること、と定式化できる。例では $\mu_0 = 0.5$ である。

まず信頼区間を考える。

$$Z_i = Y_i - X_i, \quad i = 1, \ldots, n$$

は平均 μ の正規分布からの無作為標本と考えられる。したがって、Z_i に対して 7.2 節の方法を適用すればよく、信頼係数 $1-\alpha$ での μ の信頼区間として

$$\bar{Z} - t_{n-1}(\alpha)\sqrt{\frac{U^2}{n}} < \mu < \bar{Z} + t_{n-1}(\alpha)\sqrt{\frac{U^2}{n}} \tag{7.18}$$

を得る。

$$\bar{Z} - t_{n-1}(\alpha)\sqrt{\frac{S^2}{n-1}} < \mu < \bar{Z} + t_{n-1}(\alpha)\sqrt{\frac{S^2}{n-1}}, \tag{7.19}$$

$$\mu \in \bar{Z} \pm t_{n-1}(\alpha)\sqrt{U^2/n}, \tag{7.20}$$

$$\mu \in \bar{Z} \pm t_{n-1}(\alpha)\sqrt{S^2/(n-1)} \tag{7.21}$$

としてもよい。ここで

$$\bar{Z} = \bar{Y} - \bar{X}, \quad U^2 = \frac{1}{n-1}\sum_{i=1}^{n}(Z_i - \bar{Z})^2, \quad S^2 = \frac{1}{n}\sum_{i=1}^{n}(Z_i - \bar{Z})^2$$

である。

検定では、まず片側仮説 $H_1 : \mu > \mu_0$ を考える。これまでと全く同様に、帰無仮説 H_0 の対立仮説 H_1 に対する有意水準 α の検定の棄却域は

$$\begin{aligned} R &= \{T_0 = \frac{\bar{Z} - \mu_0}{\sqrt{U^2/n}} > t_{n-1}(2\alpha)\} \\ &= \{T_0 = \frac{\bar{Z} - \mu_0}{\sqrt{S^2/(n-1)}} > t_{n-1}(2\alpha)\} \end{aligned}$$

で与えられる。対立仮説を変えたときの棄却域も 7.2 節とほぼ同様で以下のように与えられる。ただし T_0 の定義は 7.2 節とは異なる。

仮 説			棄却域
右片側仮説	H_1	$\mu > \mu_0$	$R = \{T_0 > t_{n-1}(2\alpha)\}$
左片側仮説	H_2	$\mu < \mu_0$	$R = \{T_0 < -t_{n-1}(2\alpha)\}$
両側仮説	H_3	$\mu \neq \mu_0$	$R = \{|T_0| > t_{n-1}(\alpha)\}$

例 7.3 の解 データ数は $n = 10$、標本平均 $\bar{z} = 0.58$、標本不偏分散 $u^2 = 0.1062$ である。式 (7.18) から $t_9(0.05) = 2.262$ を用いて信頼係数 95 % の信頼区

間 (0.346, 0.813) を得る。一方、検定では帰無仮説は $H_0 : \mu = 0.5$ であり、対立仮説は、問いが5千円と見なしてよいかどうか、のみを聞いているので $H_3 : \mu \neq 0.5$ である。検定統計量は $t_0 = 0.776$ であるが、有意水準を5%とすると棄却域は $R = \{|T_0| > t_9(0.05) = 2.262\}$ である。したがって対立仮説は有意にならず、昇給額の平均が5千円ではない、という証拠はない。また、このことは信頼区間が帰無仮説で指定された値5を含むことからも分かる。なお、標本P値はエクセルで tdist($|t_0|$,9,2) と入力し、0.458、つまり約46%であり、帰無仮説が棄却される値からはほど遠い。

7.4 大標本の場合の平均

確率変数 $X_1, \ldots, X_n$ が平均 μ、有限な分散 σ^2 を持つ母集団からの無作為標本とし、平均 μ に関する推定・検定を行いたいとしよう。ただし、分布が分かっていない場合を考える。平均 μ の点推定量としては標本平均 $\bar{X}$ が考えられ、実際多くの分布に対してこれは良い推定量である。しかしながら、$\bar{X}$ に基づく区間推定や検定は分布が分からなければ厳密には不可能である。ただし、n が大きい場合（大標本の場合）は中心極限定理（定理5.6）により

$$Z = \frac{\bar{X} - \mu}{\sqrt{\sigma^2/n}}$$

は標準正規分布 $N(0,1)$ により近似できる。さらに、不偏分散 U^2 は σ^2 の一致推定量である。したがって

$$T = \frac{\bar{X} - \mu}{\sqrt{U^2/n}}$$

はやはり標準正規分布により近似できて、

$$P(|T| < k(\alpha)) \approx 1 - \alpha \tag{7.22}$$

となる。したがってこれまでと同様にして近似的に信頼係数 $1 - \alpha$ の信頼区間として以下が得られる。

$$\bar{X} - k(\alpha)\sqrt{\frac{U^2}{n}} < \mu < \bar{X} + k(\alpha)\sqrt{\frac{U^2}{n}} \tag{7.23}$$

第 7 章 一標本問題における推測

$$\bar{X} - k(\alpha)\sqrt{\frac{S^2}{n-1}} < \mu < \bar{X} + k(\alpha)\sqrt{\frac{S^2}{n-1}} \tag{7.24}$$

$$\mu \in \bar{X} \pm k(\alpha)\sqrt{\frac{U^2}{n}} \tag{7.25}$$

$$\mu \in \bar{X} \pm k(\alpha)\sqrt{\frac{S^2}{n-1}} \tag{7.26}$$

ここで、近似の精度はデータの分布の形状に関係し、データの分布が μ を中心にほぼ対称で、かつ母集団尖度

$$\frac{E\{(X-\mu)^4\}}{(Var(X))^2} - 3$$

が 0 の近くならばかなり正確であるが、非対称な場合にはかなりのデータ数を必要とする。

検定の場合もこれまでとほぼ同様であり、帰無仮説が、ある与えられた μ_0 に対して $H_0 : \mu = \mu_0$ のときに、

$$T_0 = \frac{\bar{X} - \mu_0}{\sqrt{U^2/n}} = \frac{\bar{X} - \mu_0}{\sqrt{S^2/(n-1)}} \tag{7.27}$$

とすると近似的に有意水準 α の検定に関する以下の表を得る。

仮 説			棄却域
右片側仮説	H_1	$\mu > \mu_0$	$R = \{T_0 > k(2\alpha)\}$
左片側仮説	H_2	$\mu < \mu_0$	$R = \{T_0 < -k(2\alpha)\}$
両側仮説	H_3	$\mu \neq \mu_0$	$R = \{|T_0| > k(\alpha)\}$

例 7.4　表 1.2 の男子の身長を考えよう。データ数は 100 であり、かなり大きいと見なす。標本平均は 171.22、標本分散は 33.7716 である。したがって平均の区間推定量は (7.24) から、信頼係数 0.9 のとき (170.26, 172.18) を得る。次に、身長の平均が 170cm 以上かどうか考えてみよう。帰無仮説 $H_0 : \mu = 170$、対立仮説 $H_1 : \mu > 170$ と設定する。検定統計量は $t_0 = 2.089$ である。有意水準 0.05 のとき棄却域は $R = \{T_0 > k(0.1) = 1.645\}$ であり対立仮説は有意であり、平均身長は 170cm より高いといえる。

7.5 正規分布の分散に関する推測

正規分布 $N(\mu, \sigma^2)$ からの無作為標本に基づいて σ^2 の推定・検定を考えよう。

分散 σ^2 の点推定量としては通常は不偏推定量 U^2 を用いるのが普通である。このとき $(n-1)U^2/\sigma^2$ は自由度 $n-1$ のカイ2乗分布 χ^2_{n-1} に従う。したがって

$$P\left(\chi^2_{n-1}(1-\frac{\alpha}{2}) < \frac{(n-1)U^2}{\sigma^2} < \chi^2_{n-1}(\frac{\alpha}{2})\right) = 1-\alpha \tag{7.28}$$

となる。確率の中を σ^2 を中心に書き換えると

$$\frac{(n-1)U^2}{\chi_{n-1}(\frac{\alpha}{2})} < \sigma^2 < \frac{(n-1)U^2}{\chi_{n-1}(1-\frac{\alpha}{2})} \tag{7.29}$$

を得る。すなわち分散 σ^2 がこの区間に含まれる確率が $1-\alpha$ となり、信頼係数 $100(1-\alpha)$ %の信頼区間を得る。

なお、この信頼区間は必ずしも区間の長さ（またはその平均）を最小にしてはいないが、この区間から上に外れる確率と下に外れる確率を同じ値 $\alpha/2$ としている。標本分散で表せば

$$\frac{nS^2}{\chi_{n-1}(\frac{\alpha}{2})} < \sigma^2 < \frac{nS^2}{\chi_{n-1}(1-\frac{\alpha}{2})} \tag{7.30}$$

となる。

検定の場合は、通常考えられる帰無仮説は、ある与えられた値 σ_0^2 に対して $H_0 : \sigma^2 = \sigma_0^2$ とされる。帰無仮説 H_0 の下では

$$\chi_0^2 = \frac{(n-1)U^2}{\sigma_0^2} = \frac{nS^2}{\sigma_0^2} \tag{7.31}$$

はカイ2乗分布 χ^2_{n-1} に従い、母分散が $\sigma^2 \neq \sigma_0^2$ のときは

$$\chi_0^2 = \frac{\sigma^2}{\sigma_0^2} \times \frac{(n-1)U^2}{\sigma^2}$$

となる。これはカイ2乗分布に従う確率変数に定数 σ^2/σ_0^2 を乗じた形になっている。したがって、対立仮説 $\sigma^2 > \sigma_0^2$, $\sigma^2 < \sigma_0^2$, $\sigma^2 \neq \sigma_0^2$ に対応して、統計量

χ_0^2 はカイ2乗分布 χ_{n-1}^2 よりも大きい、小さい、どちらかに偏る、という傾向があることになる。これより検定の棄却域は下の表のようにまとめられる。

仮説			棄却域
右片側仮説	H_1	$\sigma^2 > \sigma_0^2$	$R = \{\chi_0^2 > \chi_{n-1}^2(\alpha)\}$
左片側仮説	H_2	$\sigma < \sigma_0^2$	$R = \{\chi_0^2 < \chi_{n-1}^2(1-\alpha)\}$
両側仮説	H_3	$\sigma \neq \sigma_0^2$	$R = \{\chi_0^2 > \chi_{n-1}^2(\alpha/2)$、または $\chi_0^2 < \chi_{n-1}^2(1-\alpha/2)\}$

例 7.5 例 7.1, 7.2 によれば一昨年の分散は $(0.8)^2$ であるが、昨年の標本分散は $(1.4)^2$ であった。昨年の分散を区間推定し、それが一昨年と変わっているかどうか調べたい、とする。昨年の標本不偏分散は $(1.4)^2 \times 10/9 = 2.178$ である。これが昨年の分散の点推定量である。信頼係数の 90% の区間推定を考えると、自由度は 49、$\chi_{49}(0.95) = 33.93$, $\chi_{49}(0.05) = 66.34$ であり、データは標本分散なので式 (7.30) を用いる。信頼区間 $1.478 < \sigma^2 < 2.889$ を得る。検定統計量は $\chi_0^2 = 153.125$ である。有意水準を 0.1 とすると $\chi_{49}(0.05) < \chi_0^2 = 153.125$ なので対立仮説は有意である。標本 P 値はほとんど 0 であり、実用的な有意水準で対立仮説は有意になるであろう。

7.6 指数分布における推定・検定

正規分布以外にも多くの分布で推定・検定方式が構成されている。ここでは、その代表として指数分布についての推定・検定方式を与えよう。

$X_1, \ldots, X_n$ を平均 μ、パラメータ $\lambda = 1/\mu$ の指数分布からの無作為標本とする。平均 μ の点推定量としては、標本平均 $\bar{X}$ が有効推定量であり、最尤推定量、一致推定量である。したがって μ の点推定量としては $\bar{X}$、λ の点推定量としては $1/\bar{X}$ を採用するのが自然であろう。なお、μ の点推定量を選ぶ規準として平均2乗誤差を考えれば

$$\frac{1}{n+1} \sum_{i=1}^{n} X_i$$

が選ばれるが、通常は標本平均 $\bar{X}$ を用いる。

各データ X_i に対し $2X_i/\mu$ は自由度 2 のカイ 2 乗分布 χ_2^2 に従う。カイ 2 乗分布の再生性により

$$\frac{2}{\mu}\sum_{i=1}^{n} X_i = \frac{2n\bar{X}}{\mu} = 2n\lambda\bar{X}$$

は自由度 $2n$ のカイ 2 乗分布に従う。したがって

$$P\left(\chi_{2n}^2(1-\frac{\alpha}{2}) < 2n\lambda\bar{X} < \chi_{2n}^2(\frac{\alpha}{2})\right) = 1-\alpha$$

である。確率の中を λ を中心に書き直すことによりパラメータ λ の信頼係数 $1-\alpha$ の信頼区間

$$\frac{\chi_{2n}^2(1-\frac{\alpha}{2})}{2n\bar{X}} < \lambda < \frac{\chi_{2n}^2(\frac{\alpha}{2})}{2n\bar{X}} \tag{7.32}$$

を得る。逆数を取れば平均 μ の信頼係数 $1-\alpha$ の信頼区間

$$\frac{2n\bar{X}}{\chi_{2n}^2(\frac{\alpha}{2})} < \mu < \frac{2n\bar{X}}{\chi_{2n}^2(1-\frac{\alpha}{2})} \tag{7.33}$$

を得る。

検定では帰無仮説を、ある与えられた値 μ_0 に対して $H_0 : \mu = \mu_0$ とされる。帰無仮説 H_0 の下では

$$\chi_0^2 = \frac{2n\bar{X}}{\mu_0}$$

はカイ 2 乗分布 χ_{2n}^2 に従い、母平均が $\mu \neq \mu_0$ のときは

$$\chi_0^2 = \frac{\mu}{\mu_0} \times \frac{2n\bar{X}}{\mu}$$

となる。これはカイ 2 乗分布に従う確率変数に定数 μ/μ_0 を乗じた形になっている。したがって、対立仮説 $\mu > \mu_0$, $\mu < \mu_0$, $\mu \neq \mu_0$ に対応して、統計量 χ_0^2 はカイ 2 乗分布 χ_{2n}^2 よりも大きい傾向がある、小さい傾向がある、どちらかに偏る、となる。これより検定の棄却域は下の表のようにまとめられる。

仮 説			棄却域
右片側仮説	H_1	$\mu > \mu_0$	$R = \{\chi_0^2 > \chi_{2n}^2(\alpha)\}$
左片側仮説	H_2	$\mu < \mu_0$	$R = \{\chi_0^2 < \chi_{2n}^2(1-\alpha)\}$
両側仮説	H_3	$\mu \neq \mu_0$	$R = \{\chi_0^2 > \chi_{2n}^2(\alpha/2),$ または $\chi_0^2 < \chi_{2n}^2(1-\alpha/2)\}$

例 7.6　ある投資家の購入株保有期間は以下のようであった。

| 2.6 | 8.3 | 4.7 | 5.9 | 7.4 | 1.5 | 3.3 | 2.7 | 6.4 | 4.3 |
| 2.3 | 7.6 | 3.9 | 6.1 | 1.8 | 4.2 | 12.9 | 10.3 | 5.4 | 7.6 |

指数分布を当てはめて保有期間の平均を推定してみよう。データ数は $n=20$、標本平均は 5.46 である。平均の推定なので式 (7.33) を用いる。信頼係数を 90 %とすると $\chi_{40}(0.05)=55.76$, $\chi_{40}(0.95)=26.51$ なので区間 $3.92<\mu<8.24$ である。次に仮説検定を考える。この投資家の保有期間が平均 4 であるか、それより大きいか、を考えると、帰無仮説は $H_0:\mu=4$、対立仮説は $H_1:\mu>4$ である。検定統計量は $\chi_0^2=40\times 5.46/4=54.6$ であり、棄却域を定める値は $\chi_{40}^2(\alpha)$ である。$\alpha=0.1$ とすると求める値はエクセルに =chiinv(0.1,40) と入力して 51.81 を得る。観測した値はこれより大きく、対立仮説は有意である。標本 P 値はエクセルで =chidist(χ_0^2,40) とすると 0.062 となり確かに対立仮説は有意であったが、有意水準を 5 %とすると有意にはならなかった。

Tea Break　確　率　その 2

　確率は同程度に確からしい基本事象から成る、という考え方以外にもいろいろの考え方があります。n 回の観測である事象が起きた回数を r 回とし、比率 $\frac{r}{n}$ を考えます。n を限りなく大きくしたときの極限がその事象の確率である、という考え方がその一つです。しかしながら、この考え方では確率が決まるのは遠い先であって、現在については何も言えなくなってしまい、実用的とは言えません。

　やがて社会の発展とともに、起こりやすさの同じ基本事象から確率を定義していたのではいろいろの現象を説明できなくなってきました。そこに登場したのがロシアのコルモゴロフによる公理的確率論です。公理的確率論の登場により確率論は数学の重要な構成要素となり、抽象的空間での確率論も大きく展開されてきました。例えば、数理ファイナンスで用いられる確率過程などでは実現するのは関数であり、ユークリッド空間での確率論では対処できず、関数の作る空間での確率論を必要とします。本書でも基本的にはこの定義を採用しています。ただし、本書での確率の定義は、数学的厳密さを実は欠いています。本書では触れていま

せんが、公理的確率論では、考える空間のどんな部分集合にも確率が定義されている、とはなっていません。しかし、きっちりと定義された曖昧さのない部分集合ならどんな部分集合にも確率は定義されねばならない、と私は考えます。その意味ではまだ確率の理論は確立していないのですね。

ところで、天気予報などで時に降雨確率 100 %とか 0 %と予報されることがあります。確率 0 %とは、絶対に雨がふらない、と言っているのですが、私は 0 %の時にずぶ濡れになったことがあります。1 %か 99 %にするのが無難だと思うのですが皆さんはどう考えますか。

練習問題

7.1 表 1.9 の女性の身長データを考える。ただしデータは正規分布 $N(\mu, \sigma^2)$ からの無作為標本とみなす。

(1) 平均 μ の信頼係数 90 %の信頼区間を求めよ。

(2) 分散 σ^2 の信頼係数 90 %の信頼区間を求めよ。

(3) 平均が 158 cm 以上であるかどうか有意水準 0.05 で検定せよ。また標本 P 値を求めよ。

7.2 転職した 20 代後半のサラリーマン 20 人について、転職した後の給料 x、前の給料 y を調べたところ、標本平均、標本分散、標本共分散について以下のデータを得た。

$$\bar{x} = 29, \bar{y} = 28, s_x^2 = 9, s_y^2 = 4, s_{xy} = 5$$

(1) 給料の差は正規分布からの無作為標本であると仮定して転職後に給料が上がったと見てよいか有意水準 10 %で検定せよ。

(2) 実は上では帰無仮説は棄却されるはずであるが、もし調査人数が何人なら、この標本平均等の値で有意になるか。

第8章　二標本問題における推測

前章では一つの母集団の未知パラメータに関する推定・検定について述べた。この章では、二つの母集団を比較する解析法について述べる。

$X_1, \ldots, X_m$ を第1群からのデータを表す確率変数で、正規分布 $N(\mu_1, \sigma_1^2)$ に従い互いに独立であり、$Y_1, \ldots, Y_n$ を第2群からのデータを表す確率変数で互いに独立に正規分布 $N(\mu_2, \sigma_2^2)$ に従うとする。この章では2群の違い、つまり $\mu_1 - \mu_2$ および σ_1^2/σ_2^2 の推定・検定について考える。さらに後半では分布が必ずしも正規分布に従わない場合についても述べる。

以下の記号を用いる。

$$\bar{X} = \frac{1}{m}\sum_{i=1}^{m} X_i, \quad \bar{Y} = \frac{1}{n}\sum_{i=1}^{n} Y_i,$$

$$S_1^2 = \frac{1}{m}\sum_{i=1}^{m}(X_i - \bar{X})^2, \quad S_2^2 = \frac{1}{n}\sum_{i=1}^{n}(Y_i - \bar{Y})^2,$$

$$U_1^2 = \frac{1}{m-1}\sum_{i=1}^{m}(X_i - \bar{X})^2, \quad U_2^2 = \frac{1}{n-1}\sum_{i=1}^{n}(Y_i - \bar{Y})^2$$

8.1　平均の差に関する推測（分散既知の場合）

例 8.1　男子 15 人の身長を測定したところその標本平均は 171 センチメートルであり、女子 10 人の身長を測定したところ標本平均は 162 センチメートルであった。男子の身長の標準偏差は 6 センチメートルであり、女子の身長の標準偏差は 5 センチメートルであることは分かっているとする。男子の身長の母平均と女子の身長の母平均の差を推定せよ。また、男子の身長の母平均は女子の身長のそれより 5 センチメートル高い、という説があるとする。

この説は受け入れ可能かどうか検定せよ。ただし男子・女子とも身長の分布は正規分布に従うと仮定する。

男子の身長の母集団が正規分布 $N(\mu_1, \sigma_1^2)$、女子の身長の母集団は正規分布 $N(\mu_2, \sigma_2^2)$ に従うとき、$\mu_1 - \mu_2$ を推定し、仮説 $\mu_1 - \mu_2 = 5$ が正しいかどうか検定する問題である。ここで $\sigma_1^2 = 6^2 = 36$, $\sigma_2^2 = 5^2 = 25$ であることが分かっていると仮定されている。また、$m = 15$, $n = 10$ である。実際の応用では平均や分散が既知であることは少ないが、平均に関する推測で分散が既知の場合は解析の基本となるので、まず σ_1^2, σ_2^2 が既知の場合を考える。

平均の差 $\mu_1 - \mu_2$ の自然な点推定量は $\bar{X} - \bar{Y}$ であろう。したがって通常点推定量としては $\bar{X} - \bar{Y}$ を採用する。また、統計量 $\bar{X} - \bar{Y}$ は正規分布 $N(\mu_1 - \mu_2, \sigma_1^2/m + \sigma_2^2/n)$ に従う。基準化すると

$$Z = \frac{\bar{X} - \bar{Y} - (\mu_1 - \mu_2)}{\sqrt{\sigma_1^2/m + \sigma_2^2/n}} \tag{8.1}$$

は標準正規分布 $N(0, 1)$ に従う。したがって

$$P(|Z| < k(\alpha)) = 1 - \alpha \tag{8.2}$$

である。確率の中を変形すると信頼係数 $100(1-\alpha)$ %の信頼区間が得られて

$$\bar{X} - \bar{Y} - k(\alpha)\sqrt{\frac{\sigma_1^2}{m} + \frac{\sigma_2^2}{n}} < \mu_1 - \mu_2 < \bar{X} - \bar{Y} + k(\alpha)\sqrt{\frac{\sigma_1^2}{m} + \frac{\sigma_2^2}{n}} \tag{8.3}$$

となる。

検定は以下の手順で行う。与えられた値 μ_0 に対して $H_0 : \mu_1 - \mu_2 = \mu_0$ が成立する、という仮説を帰無仮説とする。通常考えられる対立仮説は

$$H_1 : \mu_1 - \mu_2 > \mu_0,\ H_2 : \mu_1 - \mu_2 < \mu_0,\ H_3 : \mu_1 - \mu_2 \neq \mu_0$$

である。

$$Z_0 = \frac{\bar{X} - \bar{Y} - \mu_0}{\sqrt{\sigma_1^2/m + \sigma_2^2/n}} \tag{8.4}$$

とすると H_0 の下では Z_0 は標準正規分布 $N(0,1)$ に従う。一方、$\mu_1 - \mu_2 \neq \mu_0$ のときは

$$Z_0 = \frac{\bar{X} - \bar{Y} - (\mu_1 - \mu_2)}{\sqrt{\sigma_1^2/m + \sigma_2^2/n}} + \frac{\mu_1 - \mu_2 - \mu_0}{\sqrt{\sigma_1^2/m + \sigma_2^2/n}} \quad (8.5)$$

となって Z_0 は標準正規分布に 0 でない定数を加えたものであり、H_1 の下ではその定数は正であり、H_2 の下では負である。したがって検定の棄却域は以下の表のように与えられる。

仮説			棄却域
右片側仮説	H_1	$\mu > \mu_0$	$R = \{Z_0 > k(2\alpha)\}$
左片側仮説	H_2	$\mu < \mu_0$	$R = \{Z_0 < -k(2\alpha)\}$
両側仮説	H_3	$\mu \neq \mu_0$	$R = \{|Z_0| > k(\alpha)\}$

例 8.1 の解　区間推定は公式 (8.3) を用いればよい。信頼係数を $0.95(\alpha = 0.05)$ とすると $k(0.05) = 1.96$ なので信頼区間 $4.66 < \mu_1 - \mu_2 < 13.34$ を得る。仮説検定では、有意水準 0.05、帰無仮説 $H_0 : \mu_1 - \mu_2 = 5$、$H_3 : \mu_1 - \mu_2 \neq 5$ とする。検定統計量は $z_0 = 1.807$ であるが、この絶対値は $k(0.05) = 1.96$ を超えない。したがって対立仮説は有意とならない。ただし、標本 P 値はエクセルで (1-normsdist($|Z_0|$))*2 とすると 0.071 となり、有意水準を 10 % とすれば有意になっていた。

8.2　平均の差に関する推測（分散共通の場合）

前節では分散が分かっている場合を考えた。しかしながら、実際のデータで分散が分かっていることは少ない。そこで本節では分散が未知、ただし等しい場合について考える。この仮定は同じ機器を用いて 2 つの物を繰り返し測定するような場合は合理的な仮定であろう。一般にはこの仮定は成立するかどうか疑問であるが、分散に関しては後の節で分散が等しいかどうか検定し、等しくない、となった場合は次節の方法を用いればよい。

2つの母集団の共通の分散を σ^2 とおこう。このとき式 (8.1) は

$$Z = \frac{\bar{X} - \bar{Y} - (\mu_1 - \mu_2)}{\sqrt{(\frac{1}{m} + \frac{1}{n})\sigma^2}} \tag{8.6}$$

と書ける。分母の σ^2 は未知であるので推定しなければならない。共通分散 σ^2 の推定量には2群のデータの不偏分散 U_1^2 および U_2^2 がある。ここではこの2つを合併させた

$$U^2 \equiv \frac{(m-1)U_1^2 + (n-1)U_2^2}{m+n-2} = \frac{mS_1^2 + nS_2^2}{m+n-2} \tag{8.7}$$

を考えると、分子を σ^2 で割った確率変数は自由度 $m+n-2$ のカイ2乗分布に従うことが分かる。したがって U^2 は σ^2 の不偏推定量である。推定量 U^2 は U_1^2, U_2^2 の一次式で作った不偏推定量の中で分散を最小にすることが分かっている。この U^2 を式 (8.6) に代入して

$$T = \frac{\bar{X} - \bar{Y} - (\mu_1 - \mu_2)}{\sqrt{(\frac{1}{m} + \frac{1}{n})U^2}} \tag{8.8}$$

とすると T は自由度 $m+n-2$ の t 分布に従う。したがって

$$P(|T| < t_{m+n-2}(\alpha)) = 1 - \alpha \tag{8.9}$$

である。確率の中を変形することにより $\mu_1 - \mu_2$ の信頼係数 $100(1-\alpha)$ %の信頼区間

$$\mu_1 - \mu_2 \in \bar{X} - \bar{Y} \pm t_{m+n-2}(\alpha)\sqrt{(\frac{1}{m} + \frac{1}{n})U^2} \tag{8.10}$$

を得る。

検定は以下のように行う。前節と同じ帰無仮説 H_0 および対立仮説 H_1, H_2, H_3 を考えよう。式 (8.4) の Z_0 は上と同じ分散の推定量 U^2 を用いて

$$T_0 = \frac{\bar{X} - \bar{Y} - \mu_0}{\sqrt{(\frac{1}{m} + \frac{1}{n})U^2}} \tag{8.11}$$

第8章 二標本問題における推測

となる。統計量 T_0 は帰無仮説 H_0 の下では自由度 $m+n-2$ の t 分布 t_{m+n-2} に従い、

$$T_0 = \frac{\bar{X} - \bar{Y} - (\mu_1 - \mu_2)}{\sqrt{(\frac{1}{m} + \frac{1}{n})U^2}} + \frac{\mu_1 - \mu_2 - \mu_0}{\sqrt{(\frac{1}{m} + \frac{1}{n})U^2}} \tag{8.12}$$

なので H_1 の下では t_{m+n-2} に従う確率変数に正の値をとる確率変数を加えたものであり、H_2 の下では常に負の値をとる確率変数を加えたものとなり、H_3 の下では正負は不明であるが、常にそのどちらかとなる確率変数を加えたものとなる。したがって H_0 を H_1 に対して検定する場合の棄却域は、T_0 がある値以上、H_2 に対してはある値以下、H_3 に対しては T_0 の絶対値がある値以上になるときに対立仮説が有意であるとするのが合理的である。棄却域を表にすると以下のようになる。

	仮説		棄却域
右片側仮説	H_1	$\mu_1 - \mu_2 > \mu_0$	$R = \{T_0 > t_{m+n-2}(2\alpha)\}$
左片側仮説	H_2	$\mu_1 - \mu_2 < \mu_0$	$R = \{T_0 < -t_{m+n-2}(2\alpha)\}$
両側仮説	H_3	$\mu_1 - \mu_2 \neq \mu_0$	$R = \{|T_0| > t_{m+n-2}(\alpha)\}$

例 8.2 例 8.1 では分散は真の値としていたが、それを観測した標本不偏分散と変えて解析してみよう。すなわち $m=15$, $n=10$, $\bar{x}=171$, $\bar{y}=162$, $u_1^2=36$, $u_2^2=25$ である。ただし 2 つの母分散は等しいと仮定している。このとき母分散の点推定量は

$$\hat{u}^2 = \frac{14 \times 36 + 9 \times 25}{15 + 10 - 2} = 31.696$$

となる。信頼係数を 90 % とすると式 (8.10) に $t_{23}(0.1) = 1.714$ を代入すると信頼区間 $(5.061, 12.939)$ を得る。検定では、例 8.1 と同様で、帰無仮説は $H_0 : \mu_1 - \mu_2 = 5$、対立仮説は $H_3 : \mu_1 - \mu_2 \neq 5$ である。検定統計量 $t_0 = 1.740$ であるが、標本 P 値を求める。エクセルに =(1-normsdist(t_0))*2 と入力すると 0.082 を得る。したがって、もし有意水準を 10 % に設定していれば対立仮説は有意であるが、5 % なら有意にはならない。

8.3 平均の差に関する推測（分散未知の場合）

これまで 2 つの母集団で分散が既知の場合，および未知だが共通の場合を扱った。しかし一般にはこれらの仮定が成立するとは期待し難い。この節では σ_1^2, σ_2^2 がともに未知の場合を考える。

2 群のデータ解析の基本となる式 (8.1) に σ_1^2, σ_2^2 の推定量を代入した

$$W = \frac{\bar{X} - \bar{Y} - (\mu_1 - \mu_2)}{\sqrt{U_1^2/m + U_2^2/n}} \tag{8.13}$$

を考えよう。ところが，確率変数 W の分布は残念ながら未知の分散 σ_1^2, σ_2^2 に関係する。したがってこのままでは区間推定量や検定統計量を構成できない。しかしながら W の分布を詳細に調べると，実用的には自由度 c の t 分布 t_c で精度よく近似できることが分かっている。ただし

$$c = 1 / \left(\frac{d^2}{m-1} + \frac{(1-d)^2}{n-1} \right), \quad d = \frac{U_1^2}{m} / \left(\frac{U_1^2}{m} + \frac{U_2^2}{n} \right)$$

である。したがって

$$P(|W| < t_c(\alpha)) \approx 1 - \alpha \tag{8.14}$$

となり，確率の中を変形することにより信頼係数が近似的に $1 - \alpha$ である信頼区間

$$\bar{X} - \bar{Y} - t_c(\alpha) \sqrt{\frac{U_1^2}{m} + \frac{U_2^2}{n}} < \mu_1 - \mu_2 < \bar{X} - \bar{Y} + t_c(\alpha) \sqrt{\frac{U_1^2}{m} + \frac{U_2^2}{n}} \tag{8.15}$$

を得る。これをウエルチの信頼区間という。現実には c は小数点以下を四捨五入した整数値にして適用する。

次に検定を考える。前 2 つの節と同様にして統計量

$$W_0 = \frac{\bar{X} - \bar{Y} - (\mu_1 - \mu_2)}{\sqrt{U_1^2/m + U_2^2/n}} \tag{8.16}$$

を考えると W_0 は与えられた値 μ_0 に対して帰無仮説 $H_0 : \mu_1 - \mu_2 = \mu_0$ の下では t 分布 t_c でよく近似でき，対立仮説 $H_1 : \mu_1 - \mu_2 > \mu_0, H_2 : \mu_1 - \mu_2 <$

μ_0, $H_3 : \mu_1 - \mu_2 \neq \mu_0$ の下ではそれぞれ t_c より大きくなる、小さくなる、大きいか小さいかどちらかに偏る、という傾向がある。したがって検定の棄却域は

仮説			棄却域
右片側仮説	H_1	$\mu_1 - \mu_2 > \mu_0$	$R = \{W_0 > t_{m+n-2}(2\alpha)\}$
左片側仮説	H_2	$\mu_1 - \mu_2 < \mu_0$	$R = \{W_0 < -t_{m+n-2}(2\alpha)\}$
両側仮説	H_3	$mu_1 - \mu_2 \neq \mu_0$	$R = \{|W_0| > t_{m+n-2}(\alpha)\}$

で与えられる。これを**ウエルチ検定**という。なお、自由度の間には

$$\min(m-1, n-1) \leq c \leq m+n-2 \tag{8.17}$$

の関係がある。したがって、もし対立仮説 H_1 を考える場合には、仮に $n \leq m$ とすると $t_{m+n-2}(2\alpha) < t_c(2\alpha) < t_{n-1}(2\alpha)$ なので

$W_0 > t_{n-1}(2\alpha)$ の場合は H_0 を棄却する

$W_0 < t_{m+n-2}(2\alpha)$ の場合は H_0 を棄却しない

$t_{m+n-2}(2\alpha) < W_0 < t_{n-1}(2\alpha)$ の場合は $t_c(2\alpha)$ と比較する

というやり方が便利である。H_2, H_3 に対しても同様のことが言える。

例 8.3 例 8.2 では分散は共通として解析した。分散が共通と仮定していいかどうかは次の節で検討するが、ここでは分散は共通と仮定せずに例 8.2 と同じ状況でウエルチの方法を用いて解析してみよう。信頼係数 90% の信頼区間を考える。このとき $Var(\bar{X} - \bar{Y})$ の推定量 $U_1^2/m + U_2^2/n$ の観測値は $36/15 + 25/10 = 4.9$ である。さらに、d と c はそれぞれ $0.490, 21.7$ なので自由度として 22 を採用する。式 8.15 に $\bar{x} = 171$, $\bar{y} = 162$, $m = 15$, $n = 10$, $t_{22}(0.1) = 1.717$、そして分散の推定値 4.9 を代入すると信頼区間 $(5.199, 12.801)$ を得る。例 8.2 の区間よりやや小さい区間を得る。検定では、検定統計量 $(171 - 162 - 5)/\sqrt{4.9} = 1.807$ であるが、有意水準 0.1 では $t_{22}(0.1)$ と比較すると両側検定で対立仮説は有意である。なお、有意水準 0.05 では有意にならない。

8.4 分散の比に関する推測

例 8.4 2つの集団からのデータで標本不偏分散 36, 25 を得たとして、例 8.2 では分散は共通、例 8.3 では分散は異なるとして解析した。そこで分散は同じとしていいかどうか考えよう。具体的には 2つの母分散の比 σ_2^2/σ_1^2 を推定し、帰無仮説 $H_0 : \sigma_1^2 = \sigma_2^2$ を対立仮説 $H_3 : \sigma_1^2 \neq \sigma_2^2$ に対して検定することである。

2群のデータがともに正規分布からの無作為標本と仮定し、2群の違いはその分散で測られる、と考える。すなわち、σ_2^2/σ_1^2 に関して推定・検定する問題と考える。分散 σ_1^2/σ_2^2 の点推定量は不偏分散の比 U_1^2/U_2^2 である。不偏推定量と真の分散の比

$$F = \frac{U_1^2}{\sigma_1^2} \bigg/ \frac{U_2^2}{\sigma_2^2} \tag{8.18}$$

を考えると定理 5.9 から確率変数 F は自由度対 $(m-1, n-1)$ のF分布 F_{n-1}^{m-1} に従う。これより $0 < \alpha < 1$ に対して

$$P\left\{ f_{n-1}^{m-1}(1 - \alpha/2) < F < f_{n-1}^{m-1}(\alpha/2) \right\} = 1 - \alpha \tag{8.19}$$

となり、確率の中を書き換えることにより信頼係数 $100(1-\alpha)$ %の信頼区間

$$\frac{f_{n-1}^{m-1}(1-\alpha/2)U_2^2}{U_1^2} < \frac{\sigma_2^2}{\sigma_1^2} < \frac{f_{n-1}^{m-1}(\alpha/2)U_2^2}{U_1^2} \tag{8.20}$$

を得る。さらにF分布の関係式 (5.36) から

$$\frac{U_2^2}{f_{m-1}^{n-1}(\alpha/2)U_1^2} < \frac{\sigma_2^2}{\sigma_1^2} < \frac{f_{n-1}^{m-1}(\alpha/2)U_2^2}{U_1^2} \tag{8.21}$$

としてもよい。比を逆にした σ_1^2/σ_2^2 の推定は全体を逆数にすればよい。

検定では、例題では帰無仮説は $H_0 : \sigma_1^2 = \sigma_2^2$、対立仮説は $H_3 : \sigma_1^2 \neq \sigma_2^2$ であろう。帰無仮説 H_0 の下では確率変数 F の係数 σ_2^2/σ_1^2 が消えて

$$F_0 = \frac{U_1^2}{U_2^2}$$

となり、これはF分布 F_{n-1}^{m-1} に従い、$\sigma_1^2 \neq \sigma_2^2$ のときは

$$F_0 = F \times \frac{\sigma_1^2}{\sigma_2^2}$$

となるので H_3 の下ではF分布に比べ大きい方、もしくは小さい方のどちらかになる傾向がある。統計量 F_0 は $\sigma_1^2 > \sigma_2^2$, $\sigma_1^2 < \sigma_2^2$ に対してはF分布より大きい傾向にあるか、または小さい傾向がある。棄却域をまとめると以下の表のようになる。

仮説			棄却域
右片側仮説	H_1	$\sigma_1^2 > \sigma_2^2$	$R = \{F_0 > f_{n-1}^{m-1}(\alpha)\}$
左片側仮説	H_2	$\sigma_1^2 > \sigma_2^2$	$R = \{F_0 < f_{n-1}^{m-1}(1-\alpha)\}$
両側仮説	H_3	$\sigma_1^2 \neq \sigma_2^2$	$R = \{F_0 > f_{n-1}^{m-1}(\alpha/2)$、または $F_0 < f_{n-1}^{m-1}(1-\alpha/2)\}$

性質 5.1 からこの棄却域は次のように書き直すこともできる。

仮説			棄却域
右片側仮説	H_1	$\sigma_1^2 > \sigma_2^2$	$R = \{F_0 > f_{n-1}^{m-1}(\alpha)\}$
左片側仮説	H_2	$\sigma_1^2 > \sigma_2^2$	$R = \{1/F_0 > f_{m-1}^{n-1}(\alpha)\}$
両側仮説	H_3	$\sigma_1^2 \neq \sigma_2^2$	$R = \{F_0 > f_{n-1}^{m-1}(\alpha/2)$、または $1/F_0 > f_{m-1}^{n-1}(\alpha/2)\}$

注意 8.1 両側仮説に対する棄却域では $U_1^2 > U_2^2$ では $F_0 > f_{n-1}^{m-1}(\alpha/2)$ かどうか、$U_1^2 < U_2^2$ では $1/F_0 > f_{m-1}^{n-1}(\alpha/2)$ かどうかのみを調べればよい。

例 8.4 の解 信頼係数を 90％として分散比を区間推定してみよう。F 分布の％点 $f_9^{14}(0.95)$, $f_9^{14}(0.05)$ は 0.379, 3.025 である。式 (8.20) に代入して信頼区間 $0.262 < \sigma_2^2/\sigma_1^2 < 2.101$ を得る。データ数が少ないために信頼区間の幅は広い。この信頼区間は 1 を含んでいるので、有意水準 0.1 の仮説検定では両側対立仮説 $H_3 : \sigma_1^2 \neq \sigma_2^2$ は有意にならないことは明らかである。標本 P 値は、$F_0 = 36/25 = 1.44$ なので、自由度対 $(14, 9)$ の F 分布に従う確率変数 X に対し $P(X > 1.44) \times 2$ である。エクセルで =fdist(1.44,14,9) と入力して 0.5913 となる。この程度の差では分散は等しいと仮定してもよいようである。

8.5 指数分布の平均の比に関する推測

例 8.5 以下はA、Bの仕事の連絡のときの電話の通話時間データである。二人の通話時間の違いを推定し、Aの方が長いかどうか検定せよ。

| A | 9.9 | 15.9 | 4.5 | 7.5 | 7.0 | 9.9 | 6.4 | 4.6 | 8.5 | 10.9 |
| B | 3.7 | 5.5 | 2.0 | 6.5 | 4.2 | 4.1 | 2.3 | 1.7 | | |

電話の通話時間は基本的には寿命の問題、つまり何か事件が起こる、ショックがあるまでの時間、と考えられる。この場合のショックとは連絡事項の終了がそれに当たり、指数分布を仮定して解析してみよう。第1群の平均を μ_1、第2群の平均を μ_2 とおく。2群の標本平均を $\bar{X}, \bar{Y}$ とすると、標本平均の指数分布の平均の最尤推定量、不偏推定量は標本平均なので、標本平均の比 $\bar{X}/\bar{Y}$ は平均の比 μ_1/μ_2 の点推定量として合理的であろう。

自由度2のカイ2乗分布は平均2の指数分布に従うのでカイ2乗分布の再生性から $2m\bar{X}/\mu_1, 2n\bar{Y}/\mu_2$ はそれぞれカイ2乗分布 χ^2_{2m}, χ^2_{2n} に従う。したがって自由度で割って比をとると、

$$F = \frac{\bar{X}}{\mu_1} \Big/ \frac{\bar{Y}}{\mu_2} \tag{8.22}$$

はF分布 F^{m-1}_{n-1} に従う。したがって

$$P(f^{2m}_{2n}(1-\alpha/2) < F < f^{2m}_{2n}(\alpha/2)) = 1 - \alpha \tag{8.23}$$

である。確率の中を書き換えることにより μ_2/μ_1 の信頼係数 $1-\alpha$ の信頼区間

$$\frac{f^{2m}_{2n}(1-\alpha/2)\bar{Y}}{\bar{X}} < \frac{\mu_2}{\mu_1} < \frac{f^{2m}_{2n}(\alpha/2)\bar{Y}}{\bar{X}} \tag{8.24}$$

を得る。この式は、正規分布の分散比の場合と同様

$$\frac{\bar{Y}}{f^{2n}_{2m}(\alpha/2)\bar{X}} < \frac{\mu_2}{\mu_1} < \frac{f^{2m}_{2n}(\alpha/2)\bar{Y}}{\bar{X}} \tag{8.25}$$

となる。

検定の場合は、帰無仮説は、ある与えられた値 μ_0 に対して $H_0: \mu_1/\mu_2 = \mu_0$ であろう。このとき F は

$$F_0 = \frac{\bar{X}}{\mu_0 \bar{Y}}$$

となり、F分布 F_{2n}^{2m} に従う。また

$$F_0 = F \times \frac{\mu_1}{\mu_2}$$

なので $\mu_1/\mu_2 >, \neq, < \mu_0$ に対応してF分布 F_{2n}^{2m} より大きい、小さい、大きいか小さいかどちらかの傾向を持つ。これより検定の棄却域は下の表のようにまとめられる。

仮　説			棄却域
右片側仮説	H_1	$\mu_1/\mu_2 > \mu_0$	$R = \{F_0 > f_{2n}^{2m}(\alpha)\}$
左片側仮説	H_2	$\mu_1/\mu_2 < \mu_0$	$R = \{F_0 < f_{2n}^{2m}(1-\alpha)\}$
両側仮説	H_3	$\mu_1/\mu_2 \neq \mu_0$	$R = \{F_0 > f_{2n}^{2m}(\alpha/2)$, または
			$F_0 < f_{2n}^{2m}(1-\alpha/2)\}$

例 8.5 の解 A, Bの標本平均は 8.51, 3.75 である。データ数は $m=10$, $n=8$ であり、$f_{16}^{20}(0.05)$, $f_{16}^{20}(0.95)$ は 2.276, 0.458 なので式 (8.24) から信頼係数 90 %の信頼区間 $0.202 < \mu_2/\mu_1 < 1.003$) を得る。標本平均の違いは大きいようであるが、信頼区間の長さは大きい。データ数が小さいようである。検定では、$\mu_0 = 1$、帰無仮説は $H_0: \mu_1 = \mu_2$ であり、対立仮説は $H_1: \mu_1 > \mu_2$ である。標本平均の比は $8.51/3.75 = 2.269$、検定の棄却点は $f_{16}^{20}(0.1) = 1.891$ なので有意水準 0.1 で対立仮説は有意である。したがってAの通話時間はBより長い、としてよい。標本P値はエクセルで =fdist(8.51/3.75,20,16) と入力して 0.051 である。有意水準が５％なら有意にならなかった。なお、信頼区間が1を含んでいることからも分かるように両側対立仮説 $H_3: \mu_1 \neq \mu_2$ は有意にはならない。

── **Tea Break**　ギャンブル ──

皆さんはギャンブルをご存じですよね。競馬、競輪、麻雀、宝くじ（多空くじ？）、

その他、世の中に賭け事の種は尽きません。マカオやモナコではカジノ産業が最大の産業です。もっとも本家のラスベガスでは家族連れ用のホテルが増えているようですが。

ところで、サイコロ賭博、つまり2個のサイコロを投げて出た目が偶数か奇数かを当てるギャンブル、を考えましょう。硬貨を投げて表裏を当てるのも同じです。このゲームには必勝法があります。偶数が出るのも奇数が出るのも確率は0.5であり、かつ各試行は独立、としましょう。このとき、まず最初に1円賭けます。当たればこのゲームには勝利しました。負ければ次には2円賭けます。当たれば最初の損の1円を帳消しにして1円の利益を得ました。負ければ次に4円賭けます。当たれば3円の損が消えて1円の利益を得ました。外れれば次に8円賭けます。このように勝つまで、ただし賭金を倍・倍にしていきます。そして、当たれば1円の利益を手にしてそこで手じまいにします。

このゲームでは n 回目までに勝つ確率は
$$\frac{1}{2} + \frac{1}{2^2} + \cdots + \frac{1}{2^n} = 1 - \frac{1}{2^{n+1}}$$
ですのでいつかは必ず勝ちます。そして n 回目に勝ったときの利益はその時の返戻金とそれまでの損失から
$$2^{n-1} - (1 + 2 + \cdots + 2^{n-2}) = 1$$
です。つまりいつかは必ず勝ち1円の純利益を得る、ということになります。

賭金をそれまでの損失の2倍、とすれば利益の額はもっと大きくなります。もっともこの方法は資金も時間も無限にある、ということが前提です。損が続いたときに時間が来てしまうと損が確定してしまいます。この方法は公平な、つまり1回ごとの投資額と平均返戻金が等しい場合にのみ適用できます。宝くじや競馬のように胴元がかなりの額を持っていき、残りを勝者に配分する方式には適用できません。

練習問題

8.1 表1.2の男性の身長データと表1.9の女性の身長データを考える。ただし男性のデータは正規分布 $N(\mu_1, \sigma_1^2)$ からの無作為標本、女性のデータは正規分布 $N(\mu_2, \sigma_2^2)$ からの無作為標本とみなす。

(1) 分散が等しいかどうか、つまり帰無仮説 $H_0: \sigma_1^2 = \sigma_2^2$ を有意水準 10 %で検定せよ。

(2) 男性の身長は女性の身長より 10 cm 以上高いことは確かであるとする。10 cm としていいかどうかを調べる。(1) で帰無仮説が棄却できなかった場合は 2 群で分散は等しいとして、対立仮説が有意となった場合は分散が異なるとして、帰無仮説 $\mu_1 - \mu_2 = 10$ を対立仮説 $\mu_1 - \mu_2 > 10$ に対し検定せよ。

8.2 正規分布 $N(\mu_1, \sigma^2)$ からの大きさ n の無作為標本、正規分布 $N(\mu_2, \sigma^2)$ からのやはり大きさ n の無作為標本を考え、$\mu_1 - \mu_2$ について考える。ただし σ^2 は既知とする。

(1) 帰無仮説 $H_0: \mu_1 - \mu_2 = 0$ を対立仮説 $H_1: \mu_1 - \mu_2 > 0$ に対し有意水準 0.05 で検定する。$\mu_1 - \mu_2 = \sigma$ のときに検出力が 80 %以上になるようにするには n を少なくとも幾らにすればよいか？

(2) $\mu_1 - \mu_2$ を信頼係数 95 %で区間推定する。区間の長さが $\sigma, 0.1\sigma, 0.01\sigma$ 以下にしたいとき n をそれぞれ少なくともいくら以上にすればよいか？

第9章 比率の解析

この章では比率に関する推定、検定について考える。比率の解析では、2項分布、ポアソン分布、負の2項分布、超幾何分布等が対象となる。この章では2項分布、ポアソン分布、負の2項分布に関する推測法について調べ、超幾何分布については次章で述べる。

9.1 1標本の比率

例 9.1　首相の支持率を 225 人に調査したところ 100 人が「支持する」と答えた。支持率を信頼係数 95 % で区間推定しよう。また、単純に支持率を計算すると約 44 % であるが、支持率が 40 % 以上であると考えてよいであろうか。

例 9.2　10 人の新入社員のうち 7 人が会社を辞めた。互いの辞めた理由は関連がない、と仮定して、辞職率を推定せよ。また、通常の辞職率は 50 % であるが、この辞職率は高すぎるようである。通常より高いかどうか検定せよ。

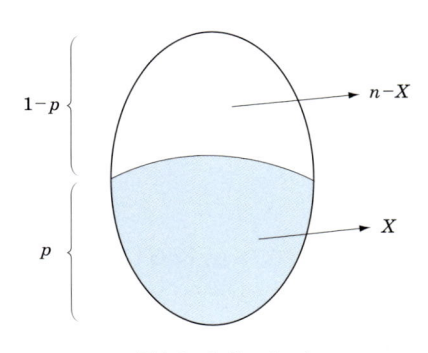

図 9.1　比率のデータ

成功率（母比率）が p のベルヌーイ試行を n 回（例 9.1 では 225 回）行ったときの成功回数 X（例 9.1 では $x = 100$ を観測した）に基づいて推定・検定を行う問題である。確率変数 X は 2 項分布 $Bi(n, p)$ に従う確率変数である。$\bar{X} = X/n$ は p の有効推定量であり、かつ最尤推定量でもある。したがって p の点推定量としては $\bar{X}$ を用いることになる。試行回数 n が大きい場合を考えると、ラプラスの定理（系 5.1）より X は正規分布 $N(np, np(1-p))$ で近似できる。

$$Z = \frac{X - np}{\sqrt{np(1-p)}} \tag{9.1}$$

と規準化すると近似的に

$$P(|Z| < k(\alpha)) \approx 1 - \alpha \tag{9.2}$$

が成立する。確率の中は

$$|\bar{X} - p| < k(\alpha)\sqrt{\frac{p(1-p)}{n}}$$

なのでこれを p に関して解くと、近似的に信頼係数 $1 - \alpha$ の母比率の信頼区間の上限と下限として

$$\frac{\bar{X} + \frac{k^2(\alpha)}{2n} \pm k(\alpha)\sqrt{\frac{\bar{X}(1-\bar{X})}{n} + \frac{k^2(\alpha)}{4n^2}}}{1 + \frac{k^2(\alpha)}{n}} \tag{9.3}$$

を得る。n がきわめて大きい場合は式 (9.3) の $1/n$ の項を無視して

$$\bar{X} - k(\alpha)\sqrt{\frac{\bar{X}(1-\bar{X})}{n}} < p < \bar{X} + k(\alpha)\sqrt{\frac{\bar{X}(1-\bar{X})}{n}} \tag{9.4}$$

を用いることも多い。

仮説検定では帰無仮説は、与えられた p_0 に対し $H_0 : p = p_0$ と取られる。ラプラスの定理から、n が大きければ H_0 の下で X は正規分布 $N(np_0, np_0(1-p_0))$ に従うと考えてよい。したがって

$$Z_0 = \frac{X - np_0}{\sqrt{np_0(1-p_0)}} \tag{9.5}$$

は標準正規分布 $N(0,1)$ で近似できる。一方、もし $p \neq p_0$ なら

$$Z_0 = \frac{X-np}{\sqrt{np(1-p)}} \times \sqrt{\frac{np(1-p)}{np_0(1-p_0)}} + \frac{n(p-p_0)}{\sqrt{np_0(1-p_0)}} \tag{9.6}$$

となる。Z_0 の形から $p \neq p_0$ のとき Z_0 の分布は標準正規分布に定数を掛けたものに定数を加えたもので近似できる。$p >, \neq, < p_0$ に対応して加える定数の符号を考えると、正規分布の場合と同様にして有意水準が近似的に 100α %の検定の棄却域は以下の表で与えられる。

仮 説			棄却域
右片側仮説	H_1	$p > p_0$	$R = \{Z_0 > k(2\alpha)\}$
左片側仮説	H_2	$p < p_0$	$R = \{Z_0 < -k(2\alpha)\}$
両側仮説	H_3	$p \neq p_0$	$R = \{|Z_0| > k(\alpha)\}$

例 9.1 の解 式 (9.3) で信頼係数 0.95 の信頼区間を求めよう。点推定値は $\bar{x} = 100/225 = 0.444$、$n = 225$, $k(0.05) = 1.960$ なので $0.381 < p < 0.510$ である。式 (9.4) からは $0.380 < p < 0.509$ となる。$n = 100$ は比較的大きく 2 つの式にあまり差はない。仮説検定では、帰無仮説は $H_0 : p = 0.4$、対立仮説は $H_1 : p > 0.4$ である。検定統計量は $z_0 = 1.361$ である。有意水準を 0.05 とすると $k(0.1) = 1.645$ であり、観測値はそれより小さい。したがって対立仮説は有意にならず、支持率が 40 %より大きいとは言えない。なお標本 P 値はエクセルに =1-normsdist(1.361) と入力して 0.087 である。したがって有意水準 10 %なら有意であった。

例 9.2 では n が大きいとはとても見なせないであろう。このときデータ $X = x$ を得たとするとき信頼区間として

$$\frac{n_2}{n_1 f_{n_2}^{n_1}(\alpha/2) + n_2} < p < \frac{n'_1 f_{n'_2}^{n'_1}(\alpha/2)}{n'_1 f_{n'_2}^{n'_1}(\alpha/2) + n'_2} \tag{9.7}$$

が用いられる。ここで

$$n_1 = 2(n-x+1),\ n_2 = 2x,\ n'_1 = 2(x+1),\ n'_2 = 2(n-x)$$

この信頼区間の信頼係数は厳密に $1-\alpha$ となるが、n が大きい場合は自由度の大きな F 分布のパーセント点が必要で使いにくい。

データ数 n が小さい場合は検定でも正規分布による近似は使えない。この場合は信頼区間を用いて棄却域を構成する。もし $p=p_0$ なら信頼区間 (9.7) が p_0 を含む確率は $1-\alpha$ であり、上に外れる確率と下に外れる確率がともに $\alpha/2$ である。そこで帰無仮説 $H_0 : p = p_0$ に対して対立仮説 $H_3 : p \neq p_0$ に対しては信頼区間 (9.7) が p_0 を含まないとき H_0 を棄却すれば有意水準 100α %の検定が得られる。このとき棄却域は

$$R = \{\frac{n_2}{n_1 f_{n_2}^{n_1}(\alpha/2) + n_2} > p_0 \text{ または } p_0 > \frac{n'_1 f_{n'_2}^{n'_1}(\alpha/2)}{n'_1 f_{n'_2}^{n'_1}(\alpha/2) + n'_2}\} \tag{9.8}$$

である。

対立仮説 $H_1 : p > p_0$ に対しては p_0 が信頼係数 $1-2\alpha$ の信頼区間の下限より下にあるとき有意水準 α の検定が得られる。すなわち棄却域は

$$R = \{p_0 < \frac{n_2}{n_1 f_{n_2}^{n_1}(\alpha) + n_2}\} \tag{9.9}$$

である。

同様に $H_2 : p < p_0$ に対しては p_0 が信頼係数 $1-2\alpha$ の信頼区間の上限を超えるとき有意水準 100α %の検定が得られ、棄却域は

$$R = \{p_0 > \frac{n'_1 f_{n'_2}^{n'_1}(\alpha)}{n'_1 f_{n'_2}^{n'_1}(\alpha) + n'_2}\} \tag{9.10}$$

で与えられる。

なお n が小さいときは、検定では 2 項分布の確率を厳密に計算して標本 P 値を求めて実行できる。帰無仮説 $H_0 : p = p_0$ を対立仮説 $H_1 : p > p_0$ に対して検定するときは、観測値を x とし、$p = p_0$ であると仮定して確率 $P(X \geq x)$ を計算する。これが標本 P 値である。エクセルでは =1-binomdist$(x-1, n, p_0, \text{true})$ と入力して得られる。対立仮説が $H_2 : p < p_0$ ならエクセルで =binomdist$(x, n, p_0,$

true) と入力して標本 P 値が得られる。両側対立仮説 $H_3 : p \neq p_0$ の場合は、確率 $P(X = k)$ が $P(X = x)$ より小さくなる k の所の確率をすべて加えて標本 P 値とするので複雑になる。ただし $p_0 = 0.5$ の場合のみは確率の対称性から簡単で、$x \neq n/2$ として、$x > n/2$ なら =(1-binomdist($x - 1, n, 0.5$, true))*2、$x < n/2$ なら =binomdist($x, n, 0.5$, true)*2 とエクセルに入力すればよい。

例 9.2 の解 $n = 10, x = 7, n_1 = 8, n_2 = 14, n_1' = 16, n_2' = 6$ である。これらを式 (9.7) に代入すると信頼係数 80 % の信頼区間は

$$\frac{14}{8f_{14}^8(0.1) + 14} < p < \frac{16f_6^{16}(0.1)}{16f_6^{16}(0.1) + 6}$$

であり、$0.448 < p < 0.884$ を得る。検定では、帰無仮説 $H_0 : p = 0.5$、対立仮説 $H_1 : p > 0.5$ である。有意水準を 0.2 とすると式 (9.9) で $\alpha = 0.2$ として $14/(8f_{14}^8(0.2) + 14) = 0.516$ より仮説の値 0.5 は小さく、棄却域に入る。確率を厳密に計算する方法では、エクセルに =1-binomdist(6,10,0.5)) と入力して 0.1719 となる。有意水準の 0.2 より小さく、帰無仮説は棄却される。

9.2　比率の差（同じ集団内の場合）

例 9.3　ある時間帯での 400 人のテレビ視聴に関して調べたところ、N局を視聴していたのは 100 人、F局を視聴していたのは 80 人であった。この時間帯はもともとN局の方が人気があった。データからもそう言っていいであろうか。また視聴率の差を推定せよ。

全部で n 個（例では 400）を調べて、ある性質A（例ではN局を視聴していた）を持つものが X 個、性質B（例ではF局を視聴していた）を持つものが Y 個であったとするとき、$(X, Y, n - X - Y)$ は 3 項分布 $M(n, p, q, 1 - p - q)$ に従う。このときに $p - q$ に関して推定・検定を行うと解釈する。パラメータ p, q

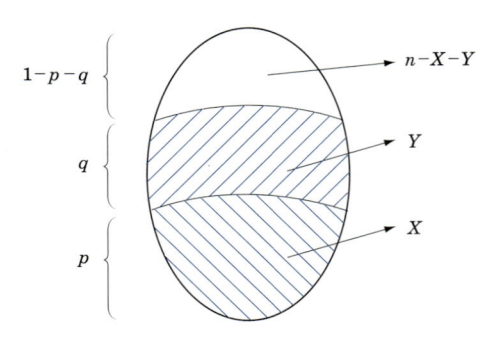

図 **9.2** 比率の差（同一集団）のデータ

の自然な推定量は $\hat{p} = \bar{X} = X/n$, $\hat{q} = \bar{Y} = Y/n$ である．その平均と分散は

$$
\begin{aligned}
E(X-Y) &= n(p-q) \\
Var(X-Y) &= Var(X) + Var(Y) - 2Cov(X,Y) \\
&= np(1-p) + nq(1-q) + 2npq \\
&= n(p+q) - n(p-q)^2
\end{aligned}
$$

である．したがって $p-q$ の推定量 $\hat{p} - \hat{q}$ を基準化すると

$$Z = \frac{\sqrt{n}(\bar{X} - \bar{Y} - (p-q))}{\sqrt{(p+q) - (p-q)^2}} \tag{9.11}$$

は n が大きく p, q が大きすぎも小さすぎもしないとき標準正規分布 $N(0,1)$ で近似できる．ただし Z は未知パラメータを含みすぎている．そこで分母の未知パラメータに推定量を代入して

$$T = \frac{\sqrt{n}(\bar{X} - \bar{Y} - (p-q))}{\sqrt{(\bar{X} + \bar{Y}) - (\bar{X} - \bar{Y})^2}} \tag{9.12}$$

に標準正規分布 $N(0,1)$ を当てはめる．このとき

$$P(|T| < \alpha) \approx 1 - \alpha \tag{9.13}$$

なので確率の中を書き換えると

$$p - q \in \bar{X} - \bar{Y} \pm k(\alpha)\sqrt{\frac{\bar{X} + \bar{Y} - (\bar{X} - \bar{Y})^2}{n}} \tag{9.14}$$

となり、これが近似的に信頼係数 $100(1-\alpha)$ ％の信頼区間を与える。

検定でもやはり式 (9.11) が基本となる。帰無仮説 $H_0 : p - q = p_0$ を考えると H_0 の下では Z は

$$Z = \frac{\sqrt{n}(\bar{X} - \bar{Y} - p_0)}{\sqrt{p + q - p_0^2}}$$

となる。ここで p_0 は与えられた定数であり、p, q は未知パラメータである。分母に推定量を代入して

$$T_0 = \frac{\sqrt{n}(\bar{X} - \bar{Y} - p_0)}{\sqrt{\bar{X} + \bar{Y} - p_0^2}} \tag{9.15}$$

とすると棄却域は次の表で与えられる。

仮説			棄却域
右片側仮説	H_1	$p - q > p_0$	$R = \{T_0 > k(2\alpha)\}$
左片側仮説	H_2	$p - q < p_0$	$R = \{T_0 < -k(2\alpha)\}$
両側仮説	H_3	$p - q \neq p_0$	$R = \{|T_0| > k(\alpha)\}$

統計量 T_0 の分母の p_0 も推定量にして

$$T_0 = \frac{\sqrt{n}(\bar{X} - \bar{Y} - p_0)}{\sqrt{\bar{X} + \bar{Y} - (\bar{X} - \bar{Y})^2}} \tag{9.16}$$

にしてもほぼ同じ結論になる。むしろこの方が用いられているようである。

例 9.3 の解 N 局の視聴率は $100/400 = 0.25$、F 局の視聴率は $80/400 = 0.2$ である。したがって点推定値は 0.05、すなわち 5 ％である。視聴率の差を信頼係数 0.9 で推定しよう。$k(0.1) = 1.645$ を用い、式 (9.14) に代入して $-0.005 < p - q < 0.105$ を得る。一方、検定では帰無仮説 $H_0 : p - q = 0$ を対立仮説 $p - q > 0$ に対し検定するであろう。有意水準 0.1 で考えてみると $k(0.2) = 1.282$ であり、検定統計量は $T_0 = 1.491$ となり、対立仮説は有意になる。

なおデータではＮ局の方が視聴率が高いが、だから考える対立仮説を H_1 に設定することは正しくない。対立仮説 H_1 を設定してよいのは、事前にＮ局の方がＦ局より視聴率が低くはない、と言える場合のみである。

9.3 比率の差（2つの集団の場合）

例 9.4 ある時間帯でのN局のテレビ視聴に関して調べた。関東で 400 人を調べたところ、N局を視聴していたのは 100 人、関西では 400 人を調べたところ視聴していたのは 80 人であった。この時間の番組は関東で制作された番組であり、関東の方が通常視聴率が高い。この時も実際にそうであると断言してよいか。また東西での視聴率の差を推定せよ。

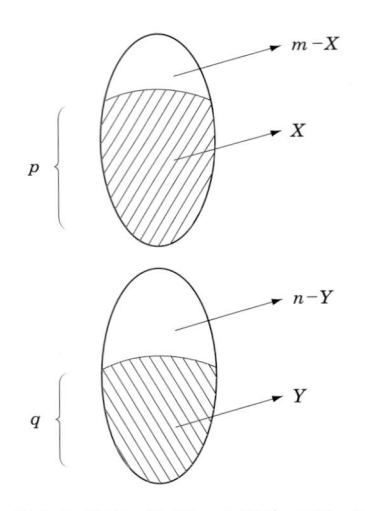

図 9.3 比率の差（2つの集団）のデータ

ある集団の m 個（例では 400）を調べて、ある性質A（例ではN局を視聴していた）を持つものが X 個、別の集団では n 個（例ではやはり 400）を調べて性質B（例ではAとBは一致し、N局を視聴していた。違っても構わない）を持つものが Y 個であったとする。確率変数 X, Y がそれぞれ2項分布 $B_i(m, p)$, $B_i(n, q)$ のとき $p-q$ に関して推定・検定を行うと解釈できる。パラメータ p, q の自然な推定量は $\hat{p} = \bar{X} = X/m$, $\hat{q} = \bar{Y} = Y/n$ である。二つの推

定量は独立なのでその平均と分散は

$$E(\bar{X} - \bar{Y}) = p - q,$$
$$Var(\bar{X} - \bar{Y}) = \frac{p(1-p)}{m} + \frac{q(1-q)}{n}$$

である。したがって $p - q$ の推定量 $\hat{p} - \hat{q}$ を基準化すると

$$Z = \frac{\bar{X} - \bar{Y} - (p - q)}{\sqrt{p(1-p)/m + q(1-q)/n}} \tag{9.17}$$

は m, n が大きく p, q が大きすぎも小さすぎもしないとき標準正規分布 $N(0, 1)$ で近似できる。ただし Z は未知パラメータを含みすぎている。そこで分母の未知パラメータに推定量を代入して

$$T = \frac{\bar{X} - \bar{Y} - (p - q)}{\sqrt{\bar{X}(1 - \bar{X})/m + \bar{Y}(1 - \bar{Y})/n}} \tag{9.18}$$

に標準正規分布 $N(0, 1)$ を当てはめる。このとき

$$P(|T| < k(\alpha)) \approx 1 - \alpha \tag{9.19}$$

なので確率の中を書き換えると

$$p - q \in \bar{X} - \bar{Y} \pm k(\alpha)\sqrt{\bar{X}(1 - \bar{X})/m + \bar{Y}(1 - \bar{Y})/n} \tag{9.20}$$

となり、これが近似的に信頼係数 $100(1 - \alpha)$ %の信頼区間を与える。

検定でもやはり式 (9.17) が基本となる。帰無仮説 $H_0 : p - q = p_0$ を考えると H_0 の下では

$$Z = \frac{\bar{X} - \bar{Y} - p_0}{\sqrt{p(1-p)/m + q(1-q)/n}} \tag{9.21}$$

なので、その分母に推定量を代入して

$$T_0 = \frac{\bar{X} - \bar{Y} - p_0}{\sqrt{\bar{X}(1 - \bar{X})/m + \bar{Y}(1 - \bar{Y})/n}} \tag{9.22}$$

とすると棄却域は次の表で与えられる。

仮説			棄却域
右片側仮説	H_1	$p-q > p_0$	$R = \{T_0 > k(2\alpha)\}$
左片側仮説	H_2	$p-q < p_0$	$R = \{T_0 < -k(2\alpha)\}$
両側仮説	H_3	$p-q \neq p_0$	$R = \{|T_0| > k(\alpha)\}$

例 9.4 の解 関東での視聴率は $100/400 = 0.25$、関西での視聴率は $80/400 = 0.2$ である。したがって点推定値は 0.05 となる。視聴率の差を信頼係数 0.95 で推定しよう。$k(0.05) = 1.960$ なので、式 (9.20) に代入して $-0.008 < p-q < 0.108$ を得る。一方、例では帰無仮説 $H_0 : p-q = 0$ を対立仮説 $p-q > 0$ に対し検定するであろう。有意水準 0.1 で考えてみると $k(0.1) = 1.645$ であり、検定統計量は $t_0 = 1.696$ となり、対立仮説は有意になる。この信頼区間は 0 を含んでいるが検定では対立仮説が有意になった。信頼区間は、検定では両側仮説に対応していることはこれまでも見てきた。仮説や信頼係数、有意水準を変えると結論も一致しなくなるので解釈には慎重にならなければならない。

9.4 ポアソン分布に関する推測

例 9.5 ある県のある月における交通事故での死亡事故発生件数は 35 件であった。死亡事故発生件数（死亡者数ではなく）は一般にポアソン分布に従うと言われている。死亡事故発生件数の平均を区間推定せよ。また、一般に月間死亡事故発生件数の平均は 30 であるが、この月は各種の行事などがありこれまでも 30 件より多い傾向があった。この月もやはり多かった、と結論づけてもいいかどうか検定せよ。

確率変数 X を平均 λ のポアソン分布 $Po(\lambda)$ に従うデータを表す確率変数とするとき λ に関して推定・検定を行う問題である。データ X そのものが λ の有効推定量であり、かつ最尤推定量でもある。したがって λ の点推定量としては X を用いることになる。λ が大きい場合を考えると、中心極限定理（定理 5.6）より X は正規分布 $N(\lambda, \lambda)$ で近似できる。

$$Z = \frac{X - \lambda}{\sqrt{\lambda}}$$

と規準化すると近似的に

$$P(|Z| < k(\alpha)) \approx 1 - \alpha \tag{9.23}$$

が成立する。確率の中は

$$|X - \lambda| < k(\alpha)\sqrt{\lambda}$$

である。これを λ に関して解くと、近似的に信頼係数 $1-\alpha$ の母平均の信頼区間として

$$X + \frac{k^2(\alpha)}{2} - k(\alpha)\sqrt{\frac{k^2(\alpha)}{4} + X} < \lambda < X + \frac{k^2(\alpha)}{2} + k(\alpha)\sqrt{\frac{k^2(\alpha)}{4} + X} \tag{9.24}$$

を得る。λ がきわめて大きい場合は単純に

$$X - k(\alpha)\sqrt{X} < \lambda < X + k(\alpha)\sqrt{X} \tag{9.25}$$

を用いることも多い。

上記の正規近似は X が大きい（目安として 15 程度）場合に用いられる。データ X が小さい場合は、導出法は省略するが

$$\frac{\chi^2_{2X}(1-\frac{\alpha}{2})}{2} < \lambda < \frac{\chi^2_{2(X+1)}(\frac{\alpha}{2})}{2} \tag{9.26}$$

を用いる。式 (9.26) は X が大きい場合でも適用できるが、(9.24) または (9.25) の方が使いやすい。

仮説検定では帰無仮説は、与えられた λ_0 に対し $H_0 : \lambda = \lambda_0$ と取られる。中心極限定理から、λ が大きければ H_0 の下で X は正規分布 $N(\lambda_0, \lambda_0)$ に従うと考えてよい。したがって

$$Z_0 = \frac{X - \lambda_0}{\sqrt{\lambda_0}}$$

は標準正規分布 $N(0,1)$ で近似できる。一方、もし $\lambda \neq \lambda_0$ なら

$$Z_0 = \frac{X - \lambda}{\sqrt{\lambda}} \times \sqrt{\frac{\lambda}{\lambda_0}} + \frac{\lambda - \lambda_0}{\sqrt{\lambda_0}} \tag{9.27}$$

となる。Z_0 の形から $\lambda \neq \lambda_0$ のとき Z_0 の分布は標準正規分布に定数を掛けたものに定数を加えたもので近似できる。$\lambda >, \neq, < \lambda_0$ に対応して加える定数の符号を考えると、正規分布の場合と同様にして有意水準が近似的に 100α %の検定の棄却域は以下の表で与えられる。

仮説			棄却域
右片側仮説	H_1	$\lambda > \lambda_0$	$R = \{Z_0 > k(2\alpha)\}$
左片側仮説	H_2	$\lambda < \lambda_0$	$R = \{Z_0 < -k(2\alpha)\}$
両側仮説	H_3	$\lambda \neq \lambda_0$	$R = \{|Z_0| > k(\alpha)\}$

上の表は λ が、したがって X が大きい場合であるが、小さい場合は 9.1 と同様に信頼区間から求めて下の表を得る。

仮説			棄却域
右片側仮説	H_1	$\lambda > \lambda_0$	$R = \{\lambda_0 < \chi^2_{2X}(1-\alpha)/2\}$
左片側仮説	H_2	$\lambda < \lambda_0$	$R = \{\lambda_0 > \chi^2_{2(X+1)}(\alpha)/2\}$
両側仮説	H_3	$\lambda \neq \lambda_0$	$R = \{\lambda_0 < \chi^2_{2X}(1-\frac{\alpha}{2})/2,$ または
			$\lambda_0 > \chi^2_{2(X+1)}(\frac{\alpha}{2})/2\}$

例 9.5 の解 点推定値は $\lambda = 35$ である。式 $k(0.05) = 1.96$ および $x = 35$ を式 (9.24) に代入すると信頼係数 0.95 の信頼区間 $25.2 < \lambda < 49$ を得る。式 (9.26) からは $24.4 < \lambda < 48.7$ である。式 (9.26) は厳密な式であるが、式 (9.24) もかなり正確なことが分かる。次に、$\lambda_0 = 30$ として帰無仮説 $H_0 : \lambda = 30$、対立仮説 $H_1 : \lambda > 30$ を検定すると、$z_0 = 0.913$ である。有意水準 5 %の棄却限界は $k(0.1) = 1.645$ なので対立仮説は有意にならない、つまり通常より死亡事故件数が多かった、とは言えないことになる。

9.5 ポアソン分布の平均の差

例 9.6 A 県での死亡事故発生件数は 55 件であり、同じ時期での B 県でのそれは 40 件であった。件数の差の平均を推定せよ。また、2 つの県で事故発生件数に差があるか検定せよ。

平均 λ_1, λ_2 を持つポアソン分布 $Po(\lambda_1), Po(\lambda_2)$ に従う確率変数 X, Y において $\lambda_1 - \lambda_2$ を推定し、与えられた定数 λ_0 に対し、$\lambda_1 - \lambda_2 = \lambda_0$ かどうか

を検定する問題と解釈する．例では $x = 55$, $y = 40$, $\lambda_0 = 0$ である．平均差 $\lambda_1 - \lambda_2$ の自然な推定量は $X - Y$ であり、これを点推定量として採用する．

$$Var(X - Y) = \lambda_1 + \lambda_2$$

なので規準化すると

$$Z = \frac{X - Y - (\lambda_1 - \lambda_2)}{\sqrt{\lambda_1 + \lambda_2}} \qquad (9.28)$$

平均 λ_1, λ_2 がともに大きいなら中心極限定理から Z の分布は標準正規分布で近似できる．確率変数 Z の分母に推定量を代入してもやはり近似式

$$P\left(\left|\frac{X - Y - (\lambda_1 - \lambda_2)}{\sqrt{X + Y}}\right| < k(\alpha)\right) \approx 1 - \alpha \qquad (9.29)$$

が成立するので確率の中を書き換えることにより近似的に信頼係数 $1 - \alpha$ の信頼区間

$$X - Y - k(\alpha)\sqrt{X + Y} < \lambda_1 - \lambda_2 < X - Y + k(\alpha)\sqrt{X + Y} \qquad (9.30)$$

が得られる．

検定もこれまでと同様であり，検定統計量

$$Z_0 = \frac{X - Y - \lambda_0}{\sqrt{X + Y}} \qquad (9.31)$$

を考えると帰無仮説 $H_0 : \lambda_1 - \lambda_2 = \lambda_0$ の下では標準正規分布で近似でき，$\lambda_1 - \lambda_2 >, =, < \lambda_0$ に対応して，それより大きい値を取る，小さい値を取る，大きいか小さいかどちらかに偏る，という傾向がある．したがって下の棄却域を得る．

仮説			棄却域
右片側仮説	H_1	$\lambda_1 - \lambda_2 > \lambda_0$	$R = \{Z_0 > k(2\alpha)\}$
左片側仮説	H_2	$\lambda_1 - \lambda_2 < \lambda_0$	$R = \{Z_0 < -k(2\alpha)\}$
両側仮説	H_3	$\lambda_1 - \lambda_2 \neq \lambda_0$	$R = \{|Z_0| > k(\alpha)\}$

例 9.6 の解 信頼係数 90 % とし，式 (9.30) に $x = 55$, $y = 40$, $k(0.1) = 1.645$ を代入すると $-1.0 < \lambda_1 - \lambda_2 < 31.0$ となる．見かけ上の差は $55 - 40 = 15$

であるが、まだ誤差のうちになっている。例で要求されている検定は帰無仮説 $H_0 : \lambda_1 - \lambda_2 = 0$ を対立仮説 $H_3 : \lambda_1 - \lambda_2 \neq 0$ に対し検定することであろう。この例の場合、信頼区間が帰無仮説の値 0 を含んでいるので有意水準 10 % では対立仮説は有意にならない。ただし、対立仮説として $H_1 : \lambda_1 - \lambda_2 > 0$ を考えれば有意となる。したがって A 県の発生件数が平均的に B 県での発生件数より小さくない、という事前の情報が有れば有意水準 0.1 で有意になる。

9.6 負の 2 項分布についての推定・検定

例 9.7 最近ある製品を購入した人をランダムに選んで調べ、M 社製と答えた人が 50 人になった時点で調査を打ち切った。M 社製以外を持っている人は 55 人であった。M 社製の市場占拠率を推定せよ。また、M 社製の市場占拠率は 40 % と言われているが M 社はそれ以上であると主張している。M 社の主張を認めてよいかどうか検定せよ。

M 社以外の市場占拠率を p、M 社製以外を持っている人の数を X とすると X は負の 2 項分布 $NB(40, p)$ である（4.1.4 節の定義を参照）。一般に $NB(n, p)$ に従うデータを得て p に関する推定・検定を行う問題と解釈する。尤度

$$P(X = x) = {}_{x+r-1}C_x p^x (1-p)^r$$

を最大にする p は

$$\hat{p} = \frac{x}{x+r} \tag{9.32}$$

なので点推定量としてはこの値を採用する。失敗の回数（例では M 社製）は大きい、と仮定すると X は中心極限定理から正規分布で近似できる。規準化すると

$$Z = (X - \frac{rp}{1-p}) \Big/ \sqrt{\frac{rp}{(1-p)^2}} \tag{9.33}$$

なので $0 < \alpha < 1$ に対し

$$P(|Z| < k(\alpha)) \approx 1 - \alpha \tag{9.34}$$

となる。2項分布やポアソン分布の場合と同様に確率の中を書き換えると近似的に信頼係数 $1-\alpha$ の信頼区間

$$p \in \frac{X}{r+X} + \frac{rk^2(\alpha)}{2(r+X)^2} \pm k(\alpha)\sqrt{\frac{rX(r+X) + \frac{1}{4}r^2k^2(\alpha)}{(r+X)^4}} \quad (9.35)$$

を得る。r がきわめて大きければ小さい項を無視して

$$p \in \frac{X}{r+X} \pm k(\alpha)\sqrt{\frac{rX}{(r+X)^3}} \quad (9.36)$$

を用いてよい。

検定では、与えられた定数 p_0 に対して帰無仮説 H_0 と3つの対立仮説 H_1, H_2, H_3 は

$$H_0: p = p_0, \ H_1: p > p_0, \ H_2: p < p_0, \ H_3: p \neq p_0$$

であろう。式 (9.33) の Z は帰無仮説の下では

$$Z_0 = (X - \frac{rp_0}{1-p_0}) \Big/ \sqrt{\frac{rp_0}{(1-p_0)^2}} \quad (9.37)$$

となる。これまでと同じ導き方で棄却域は以下のように得られる。

仮説			棄却域
右片側仮説	H_1	$p > p_0$	$R = \{Z_0 > k(2\alpha)\}$
左片側仮説	H_2	$p < p_0$	$R = \{Z_0 < -k(2\alpha)\}$
両側仮説	H_3	$p \neq p_0$	$R = \{|Z_0| > k(\alpha)\}$

例 9.7 の解 例では $1-p$ がM社の市場占拠率であり $r = 50$, $x = 55$, $p_0 = 0.6$ となる。したがって点推定値は $55/105 = 0.524$、つまりM社の市場占拠率は 47.6 %となる。確かに 40 %を超えている。信頼係数を 95 %として区間推定すると (9.35) に代入して $0.437 < p < 0.628$ である。M社の市場占拠率で言えば $0.372 < 1-p < 0.563$ となり、40 %を区間に含んでいる。有意水準 5 %で検定すると、式 (9.37) に代入して $z_0 = -1.461$ となる。対立仮説は左片側仮説であろう。この値は $-k(0.1) = -1.645$ より大きい。したがってM社の主張は有意にならない。M社の市場占拠率が 40 %を超えている証拠はない、と言える。

―― Tea Break　偶然か？　超能力か？ ――

A：ねえねえ、10円玉を投げたときに10回連続して表か裏を当てた人がいたんだって。超能力があるんじゃないかって評判だよ。

B：へえ、そりゃすごいや。で、何人ぐらいがそれに挑戦したんだい。

A：何でも1000人くらいだそうだ。

B：なんだ、それじゃ超能力の証明にはならないよ。超能力がこの世に存在するか、という疑問に何も答えてないよ。

A：なぜだい。10回も続けて当てるなんてすごいじゃないか。

B：でも、全くでたらめに表か裏と答えて10回続けて当てる確率は1024分の1、つまり約1000分の1だ。1000人も挑戦したら全員でたらめに答えていても平均的には全部当てるひとが1人いる計算だよ。

A：そうか、滅多に起きないことでも何度も繰り返せばそのうち起こる、ってわけか。この本のどっかに書いてあったな。

B：そう、例えばビールの銘柄が4つあって、それを飲んで当てることができる、っていう人がいるけど、でたらめに答えても全部当てる確率は24分の1、つまり24人いれば1人くらいは当たるってわけだ。

A：でももしかしたら実力かも知れないよね。

B：そう、ビールの飲み分けくらいなら実力と認めてもいいよ。でも超能力があるかどうかは、もし本当にあるなら大変なことで、そう簡単に認めるわけにはいかないよ。

A：なるほど。本当の超能力者がいれば大変だもんな。じゃ、君が超能力がある、と認めるためには表裏を何回続けて当てなきゃならないんだい。

B：うん。35回かな。

A：なぜだい。

B：これなら偶然に全部当たる確率は約344億分の1くらいだ。地球の人間が全員挑戦しても誰も当たらない確率の方がずっと大きい。これなら超能力があると少し信じてもいいよ。

A：ひねくれ者。だから統計家はもてないんだ。

練習問題

9.1 関東の企業 100 社に現在の景況感を聞いたところ、45 社が、これから良くなる、と回答した。

(1) これから良くなる、と回答する母比率 p を区間推定せよ。

(2) 実は、これから悪くなる、という回答が 35 社であった（したがって変わらないという回答が 20 社）。p と、これから悪くなる、と回答する母比率 q の差 $p - q$ を区間推定せよ。

(3) 政府は $p - q$ が正であることを期待している。政府の期待に添った回答かどうか検定せよ。

(4) 同じ調査を関西地区 80 社でも行ったところ、これから良くなる、という回答は 30 社であった。p と関西地区での、これから良くなる、という回答の母比率 r の差 $p - r$ を区間推定せよ。

(5) 政府は地区間の差を嫌う、とする。この回答は政府の期待に添う回答かどうか検定せよ。

9.2 ある市場で合併、倒産その他の理由により上場廃止となる企業数はポアソン分布 $Po(\lambda)$ に従うと仮定する。昨年の上場廃止企業数は 12 社であった。

(1) 平均 λ を信頼係数 80 % で区間推定せよ。

(2) 過去の経験によれば平均は 7 である。昨年は景気が悪かったので通常より上場廃止となった企業数が多かった、とあるエコノミストが発言した。この発言が適当であるかどうか有意水準 5 % で検定せよ。

9.3 A 県での企業倒産件数は 350 件であり、B 県での同時期での企業倒産件数は 150 件であった。A 県での倒産件数をポアソン分布 $Po(\mu)$、B 県での倒産件数をポアソン分布 $Po(\lambda)$ と仮定する。

(1) μ を区間推定せよ。

(2) λ を区間推定せよ。

(3) $\mu - \lambda$ を区間推定せよ。

(4) A 県での企業数は B 県のそれのほぼ 2 倍である。両県での企業倒産の様子は同じと見なしてよいか検定せよ（テキスト本文とほぼ同様にして検定手法を導くことができる）。

第 10 章 分割表と適合度検定

データを分類して度数分布表や相関表の形に整理することはしばしば行われている。そのような場合には多次元の離散分布、特に多項分布を想定されることが多い。また、正規分布や指数分布を仮定した推測について述べてきたが、その仮定を確認する方法の一つとして適合度検定が行われる。この章では分割表と適合度検定について述べる。

10.1 多項分布における検定

世論調査、企業の格付けなどのようにいくつかの項目に分類したデータを考えよう。対象の数を n 個、項目数を k 個とし、項目は互いに排反、つまり複数の項目に同時に分類される対象はなく、かつ必ずどれかの項目に分類されねばならない、とする。ランダムに取られた対象が項目 i に分類される確率を p_i とおく。確率は

$$p_1, \ldots, p_k \geq 0, \quad \sum_{i=1}^{k} p_i = 1$$

を満たさなければならない。

$$\boldsymbol{p} = (p_1, \ldots, p_k)$$

とおく。項目 i に分類された対象の個数を X_i とおき、$\boldsymbol{X} = (X_1, \ldots, X_k)$ とする。このとき $\boldsymbol{X}$ は多項分布 $M(n; p_1, p_2, \ldots, p_k)$ に従う (4.1.6 節)。したがって

$$P(X_1 = x_1, \ldots, X_k = x_k) = \frac{n!}{x_1! \cdots x_k!} p_1^{x_1} \times \cdots \times p_k^{x_k} \tag{10.1}$$

となる。ただし、$x_1, \ldots, x_k$ は非負の整数で $\sum_{i=1}^{k} x_i = n$ である。

確率 p に関する仮説検定の問題を考える。帰無仮説として、確率が r 個のパラメータ $\boldsymbol{\theta} = (\theta_1, \ldots, \theta_r)$ を用いて既知の関数で書けている、を採る。つまり帰無仮説は既知の関数 $p_i(\boldsymbol{\theta})$ （パラメータ $\boldsymbol{\theta}$ は未知）を用いて

$$H_0: \; p_i = p_i(\boldsymbol{\theta}), \; i=1,\ldots,k \tag{10.2}$$

が成立する、とする。この仮説は、データがある既知のモデルに従っていることを主張している。具体的には次節を参照。対立仮説は

$$\text{ある } i \text{ で } p_i \neq p_i(\boldsymbol{\theta}) \tag{10.3}$$

とする。つまり「データは帰無仮説で仮定されたモデルに従わない」を対立仮説としている。

データ数 n は十分大きいとする。確率変数 X_i は2項分布 $Bi(np_i, np_i(1-p_i))$ に従う（定理 4.1）。したがってその平均は np_i であり、X_i はその推定量である。帰無仮説で仮定したモデルの下での $\boldsymbol{\theta}$ の最尤推定量を $\hat{\boldsymbol{\theta}}$ とし、その時の確率の推定量を $\hat{p}_i = p_i(\hat{\boldsymbol{\theta}})$ とおく。$n\hat{p}_i$ もまた np_i の推定量であり、H_0 が正しければ同じパラメータを推定しているので X_i と $n\hat{p}_i$ は近く、したがって $X_i - n\hat{p}_i$ は 0 に近く、H_0 が正しくなければどれかの i で $X_i - n\hat{p}_i$ は 0 から遠くなる傾向がある、と考えられる。そこで統計量

$$\chi^2 = \sum_{i=1}^{k} \frac{(X_i - n\hat{p}_i)^2}{n\hat{p}_i} \tag{10.4}$$

を考えるとこれは帰無仮説の正しさの程度を表現している。証明は略すが統計量 χ^2 は近似的に（n が大きいとき）自由度 $k-1-r$ のカイ2乗分布 χ^2_{k-1-r} に従うことが分かっている。これより $0 < \alpha < 1$ に対して棄却域を

$$R = \{\chi^2 > \chi^2_{k-1-r}(\alpha)\} \tag{10.5}$$

とする検定は近似的に有意水準が 100α ％となる。検定統計量は、$\sum_{i=1}^{k} \hat{p}_i = 1$ なので

$$\chi^2 = \sum_{i=1}^{k} \frac{X_i^2}{n\hat{p}_i} - n \tag{10.6}$$

としてもよい。

データ数 n は大きいとした。一般的には $X_i \geq 5$ で適用されており、5 より小さい項目があれば近隣と適当に合併する必要がある。

10.2　適合度検定

例 10.1　子供が 4 人いる家庭で男の子の数を調べたところ以下のデータを得た。

男の子の数	0	1	2	3	4	計
家庭数	22	112	183	142	41	500

男の子の生まれる確率は 0.5、つまり男の子の数は 2 項分布 $Bi(4, 0.5)$ と考えてよいか。

この問題は分類項目が $k = 5$ 個の場合であり、帰無仮説は男の子の数が確率の分かっている 2 項分布に従うことである。そのときの i 番目の項目に分類される確率は

$$p_{i0} = {}_4C_{i-1}\, 2^{-4}, \quad i = 1, \ldots, 5$$

で与えられる。この値は表 10.1 にある。この場合未知パラメータはなく、したがって推定の必要はなく、$r = 0$ と解釈する。帰無仮説は

$$H_0 : p_i = p_{i0}, \quad i = 1, \ldots, 5$$

であり、パラメータ推定の必要はないので $\hat{p}_i = p_{i0}$ として式 (10.4) に代入すると

$$\chi^2 = \sum_{i=1}^{k} \frac{(X_i - np_{i0})^2}{np_{i0}} = \sum_{i=1}^{k} \frac{X_i^2}{np_{i0}} - n \tag{10.7}$$

となる。計算のプロセスを表 10.1 に示す。統計量の値は 9.552 であり、有意水準 5 % の検定を考えると $\chi_4(0.05) = 9.49$ であり、対立仮説は有意である。したがってこのデータからは、男の子の数は 2 項分布に従わないか、または従っていたとしても男の子の生まれる確率は 0.5 とは見なせない、と言える。特に男の子の数が 0, 3, 4 で誤差が大きい。

表 10.1　例題 10.1 の計算過程

男の子の数	0	1	2	3	4	計
家庭数	22	112	183	142	41	500
p_{i0}	0.0625	0.25	0.375	0.25	0.0625	1
np_{i0}	31.25	125	187.5	125	31.25	500
$x_i - np_{i0}$	-9.25	-13	-4.5	17	9.75	0
$(x_i - np_{i0})^2/(np_{i0})$	2.738	1.352	0.108	2.312	3.042	9.552

例 10.2　例 10.1 では帰無仮説が棄却された。では、男の子の生まれる確率が未知、として 2 項分布を仮定してよいであろうか。

考える帰無仮説は、2 項分布であるが、例 10.1 と異なり、パラメータは $r=1$ 個で未知である。すなわち帰無仮説は

$$H_0 : \text{ある } 0 < p < 1 \text{ に対し } p_{i0} = {}_4C_i p^i (1-p)^{4-i},\ i = 0, \ldots, 4$$

である。p の最尤推定量は標本平均であり

$$\hat{p} = \frac{0 \times 22 + 1 \times 112 + 2 \times 183 + 3 \times 142 + 4 \times 41}{500 \times 4} = 0.534$$

を得る。これから $\hat{p}_{i0} = {}_4C_i \hat{p}^i (1-\hat{p})^{4-i}$ を求め、表 10.2 にまとめる。自由度は $k - 1 - r = 3$ であり、検定統計量の値 0.292 は十分小さい。したがって通常の有意水準では対立仮説は有意になりえない。男の子の数は 2 項分布に従うと言ってもよいであろう。

表 10.2　例題 10.2 の計算過程

男の子の数	0	1	2	3	4	計
家庭数	22	112	183	142	41	500
p_{i0}	0.047	0.216	0.372	0.284	0.081	1
np_{i0}	23.58	108.08	185.77	141.92	40.66	500.01
$x_i - np_{i0}$	-1.58	3.92	-2.77	0.08	0.34	-0.01
$(x_i - np_{i0})^2/(np_{i0})$	0.106	0.142	0.041	0.000	0.003	0.292

例 10.3　表 1.2 の男子の身長のデータから表 1.3 の度数分布表を作成した。通常身長のデータは正規分布を仮定して解析されるが、その仮定が正しいとしてよいかどうか検定しよう。

表 1.3 では度数の小さい階級があるので近隣と合併し、階級数を 8 とする。そのときの新しい階級の範囲、新しい度数および計算に用いた数値が表 10.3 にある。境界の値は $-\infty, 163.5, \ldots, 181.5, \infty$ である。これらを $u_0 = -\infty, u_1 = 163.5, \ldots, u_8 = \infty$ とおく。最尤推定量は標本平均と標本分散であり、$\bar{x} = 171.22$ および $s_x^2 = 33.7716$ であった。確率は $\hat{p}_{i0} = \Phi((u_i - \bar{x})/s_x) - \Phi((u_{i-1} - \bar{x})/s_x)$ で推定される。

表から $\chi^2 = 2.724$ である。また、パラメータ数は平均と分散の 2 つなので自由度は $k - 1 - r = 5$ となる。統計量の値 2.724 は確率変数 χ_5^2 に比べ十分小さい。例えば有意水準を 0.3 としても棄却限界値は $\chi_5^2(0.3) = 6.064$ であり 2.724 が小さいことが分かる。したがって、表から身長の高い部分で少し不整合な部分があるが、全体として正規分布はよく適合していると言える。

表 10.3 例題 10.3 の計算過程

階級	度数	$\hat{p}_{i0}$	$n\hat{p}_{i0}$	$x_i - n\hat{p}_{i0}$	$(x_i - n\hat{p}_{i0})^2/(n\hat{p}_{i0})$
$-\infty \sim 163.5$	8	0.0920	9.20	-1.20	0.157
$163.5 \sim 166.5$	12	0.1163	11.63	0.37	0.012
$166.5 \sim 169.5$	19	0.1753	17.53	1.47	0.123
$169.5 \sim 172.5$	23	0.2035	20.35	2.65	0.344
$172.5 \sim 175.5$	16	0.1821	18.21	-2.21	0.269
$175.5 \sim 178.5$	11	0.1256	12.56	-1.56	0.193
$178.5 \sim 181.5$	5	0.0667	6.67	-1.67	0.418
$181.5 \sim \infty$	6	0.0385	3.85	2.15	1.208
	100	1.0000	100	0.00	2.724

10.3 分割表の検定

例 10.4 年代別の支持政党を調査して以下のデータを得た。年齢と支持政党の様子に関連があるか調べよ。

	A党	B党	その他の党	支持政党なし	計
20〜	38	33	21	108	200
30〜	44	35	23	98	200
40〜	52	40	25	83	200
50〜	60	37	27	76	200
計	194	145	96	365	800

例 10.5 ある業界の企業 24 社で、リストラを実行したかどうか、と財務状況

が改善したかどうか、を調べて以下のデータを得た。リストラを実行したかどうかと財務状況が改善したかどうか、に関連があるか調べよ。

	財務状況		計
	改善	改善せず	
実行	8	5	13
実行せず	4	7	11
計	12	12	24

例を一般化すると、2つの分類の基準 A, B があるとき、$A_1, \ldots, A_r; B_1, \ldots, B_s$ に分類し、表 10.4 のようなデータを得られた、とし、帰無仮説

$$H_0 : A \text{分類と} B \text{分類に関連がない} \tag{10.8}$$

を

$$H_3 : A \text{分類と} B \text{分類に関連がある} \tag{10.9}$$

に対し検定すること、と解釈できる。このようなデータを $r \times s$ 分割表という。

表 10.4 分割表のデータ

A 分類	B 分類					計
	B_1	$\cdots$	B_j	$\cdots$	C_s	
B_1	X_{11}	$\cdots$	X_{1j}	$\cdots$	X_{1s}	$X_{1\cdot}$
$\vdots$	$\vdots$		$\vdots$		$\vdots$	$\vdots$
B_i	X_{i1}	$\cdots$	X_{ij}	$\cdots$	X_{is}	$X_{i\cdot}$
$\vdots$	$\vdots$		$\vdots$		$\vdots$	$\vdots$
B_r	X_{r1}	$\cdots$	X_{rj}	$\cdots$	X_{rs}	$X_{r\cdot}$
計	$X_{\cdot 1}$	$\cdots$	$X_{\cdot j}$	$\cdots$	$X_{\cdot s}$	n

例 10.4 では年代の人数が確率的ではなく決まっており、例 10.5 では決まっていないがどちらでも以下のように考えてよいことが分かっている。rs 個の項目に分類すること、と考えると 10.1 節の記号では $k = rs$ 個の項目に分類する問題となる。A_i に分類される確率を p_i、B_j に分類される確率を q_j、(A_i, B_j) に分類される確率を p_{ij} とおく。

$$p_i = \sum_{j=1}^{s} p_{ij}, \quad q_j = \sum_{i=1}^{r} p_{ij}$$

である。ここで、A-分類と B-分類に関連がない、とは A_i に分類される、という事象と、B_j に分類される、という事象が独立である、と解釈する。したがって第 3 章の確率での事象の独立性の定義から、帰無仮説は

$$H_0: すべての\ i,j\ に対し\ \ p_{ij} = p_i q_j\ \ が成立する \qquad (10.10)$$

となる。つまり確率 $\{p_{ij}\}$ は $(p_1, \ldots, p_r, q_1, \ldots, q_s)$ で表すことができ、これが帰無仮説で考えるモデルのパラメータである。ただし、

$$\sum_{i=1}^{r} p_i = 1, \quad \sum_{j=1}^{s} q_j = 1$$

なので、一見するとパラメータの個数は $r+s$ 個であるが、実際には $r+s-2$ 個となる。

確率 p_i, q_j の自然な推定量は $X_{i\cdot}/n, X_{\cdot j}/n$ である。これは最尤推定量になり、p_{ij} の推定量は

$$\hat{p}_{ij} = \frac{X_{i\cdot} X_{\cdot j}}{n^2} \qquad (10.11)$$

となる。したがって検定統計量は

$$\chi^2 = \sum_{i=1}^{r} \sum_{j=1}^{s} \frac{(X_{ij} - n\hat{p}_{ij})^2}{n\hat{p}_{ij}} = \sum_{i=1}^{r} \sum_{j=1}^{s} \frac{(X_{ij} - X_{i\cdot} X_{\cdot j}/n)^2}{X_{i\cdot} X_{\cdot j}/n} \qquad (10.12)$$

となる。さらに 2 乗の部分を展開して

$$\chi^2 = n \left(\sum_{i=1}^{r} \sum_{j=1}^{s} \frac{X_{ij}^2}{X_{i\cdot} X_{\cdot j}} - 1 \right) \qquad (10.13)$$

ともできる。自由度は $rs - (r+s-2) - 1 = (r-1)(s-1)$ となる。棄却域を

$$R = \{\chi^2 > \chi^2_{(r-1)(s-1)}(\alpha)\} \qquad (10.14)$$

とすると近似的に有意水準 α の検定が得られる。

特に $r = s = 2$ の場合、つまりデータが

	B_1	B_2	計
A_1	a	b	$a+b$
A_2	c	d	$c+d$
計	$a+c$	$b+d$	n

のときは χ^2 の計算が簡単になり，有限修整も考えて

$$\chi^2 = \frac{n(ad-bc+h)^2}{(a+b)(c+d)(a+c)(b+d)} \tag{10.15}$$

が得られる．ただし h は 0.5 または -0.5 であるが，$(ad-bc+h)^2$ が小さい方を選ぶ．

また，$r=s=2$ のときは厳密な検定が可能になる．いま，$r=s=2$ であり，$p_1+p_2=1$，$q_1+q_2=1$ となっているので，仮説は p_{11}，p_1，q_1 のみで表現できる．考える仮説は帰無仮説 $H_0:p_{11}=p_1q_1$，右片側仮説 $H_1:p_{11}>p_1q_1$、左片側仮説 $H_2:p_{11}<p_1q_1$、両側仮説 $H_3:p_{11}\neq p_1q_1$ である．片片側仮説 H_1 では，A_1 に分類されれば B_1 に分類されやすく，A_2 に分類されれば B_2 に分類されやすい，となり，H_2 はその逆になり，H_3 ではそのどちらかに偏っている，となっている．

周辺の和 $a+b, c+d, a+c, b+d$ を与えられた定数と見なすと変動するのは a,b,c,d のうち一つだけである．それを a とすると，帰無仮説の下では a は超幾何分布 $HG(n, a+b, a+c)$ に従う．H_1, H_2, H_3 の下では a はこの超幾何分布で想定される値より大きい，小さい，大きいか小さいかどちらかに偏る，という傾向がある．そこで，

$$\sum_{i=u}^{a+b} \frac{{}_{a+b}C_i \times {}_{c+d}C_{a+c-i}}{{}_nC_{a+c}} \leq \alpha \quad \text{となる最小の整数} \quad u=u_\alpha \tag{10.16}$$

$$\sum_{i=0}^{v} \frac{{}_{a+b}C_i \times {}_{c+d}C_{a+c-i}}{{}_nC_{a+c}} \leq \alpha \quad \text{となる最大の整数} \quad v=v_\alpha \tag{10.17}$$

とすると棄却域として次の表を得る．

仮説		棄却域
右片側仮説 H_1	$p_{11}>p_1q_1$	$R=\{a \geq u_\alpha\}$
左片側仮説 H_2	$p_{11}<p_1q_1$	$R=\{a \leq v_\alpha\}$
両側仮説 H_3	$p_{11}\neq p_1q_1$	$R=\{a \geq u_{\alpha/2}, a \leq v_{\alpha/2}\}$

第 10 章 分割表と適合度検定

この方法を**フィッシャーの厳密検定**という。

例 10.4 の解 式 (10.12) にデータを代入すると $\chi^2 = 14.110$ となる。有意水準を 0.05 とすると自由度は 9 であり、$\chi^2_9(0.05) = 16.919$ なので対立仮説 H_1 は有意にならない。標本 P 値は 0.1185 (エクセルで =chidist(14.11,9) と入力) なので有意水準を 10 % としても有意にならなかった。データからは年齢が進むと A 党に支持率が高まり、支持政党なしが減少するように見える。しかしながら、それを事前情報として仮定しない限りこの程度は誤差のうちである。事前情報を活かした解析はより高度なので、本書では割愛する。

例 10.5 の解 式 (10.15) にデータを代入すると 1.469 となる。リストラすれば財務状況は改善する、と考えられているので対立仮説は H_1 とするべきであるが、χ^2 に基づく検定では対立仮説は H_3 である。自由度は 1 なので H_3 に対する標本 P 値は 0.226 となる。この結果から有意水準が 20 % でも H_3 は有意とはならなかった。

対立仮説 H_1 を検定するためにはフィッシャーの厳密検定を用いる。帰無仮説の下では a は超幾何分布 $HG(24, 13, 12)$ に従う。棄却域を求めるかわりに標本 P 値を求めよう。a の可能な値は $1, 2, \ldots, 12$ なのでエクセルで =hypgeomdist(i,13,12,24) の i が 8 以上の確率の合計は 0.207 であり、片側検定でも有意水準 20 % でも有意にならない。ただし、8 の確率が 0.157 であり、9 なら有意となる。データ数が少なすぎると考えられる。

注意 10.1 ここでは分類の基準を 2 つだけにしたが、3 つ以上の基準で分類されることも多い。その場合でもここでの議論と同じ趣旨の方法で解析できるが、より複雑な仮説や計算が求められるので本書では割愛する。

── **Tea Break** 相関関係と因果関係 ──

被説明変数 y を説明変数 x で説明したとき、寄与率が高かった、とします。このとき、相関関係がある、と言います。ではこのとき 2 つの変数の間に因果関係があると言えるでしょうか。言い換えると、x が原因であり y が結果であると言える

でしょうか。データのみからはそれは言えません。例えば日経平均株価と TOPIX の間には非常に高い正の相関がありますが、日経平均株価が上がった（下がった）から TOPIX が上がった（下がった）とは言えないでしょう。この 2 つは上場企業の株価全体から、2 つの指標を用いて計算したものであり、言わば同じ物の異なった側面を測ったものであり、同じように動くのは当然ですが、原因・結果と言うことはできません。また、例えば同じ日に生まれた北海道の太郎君と沖縄の大輔君の身長には強い正の相関があると考えられますが、それは第三の変量である時間に関係し、原因でも結果でもなく、また同じ対象の異なった側面を測ったのでもありません。

　因果関係の有無を見るためには実験、つまり x を人為的に変化させたときに y がどう変化するかを見なければなりません。自然科学や工学では多くの場合に実験は可能でしょう。品質管理の分野では実験を繰り返して最適な生産条件を求め、それによって日本の生産技術を高めるのに統計学は大きく貢献しました。しかしながら、経済学では実験は困難でしょう。企業業績を人為的に操作することは不可能です。近年は実験経済学が発達し始めていますが、消費者行動の解析のような、個人行動に関する仮定の検証が主です。

　因果関係を考えるには、経済学ではデータに基づく面以外からの研究が必要です。因果関係を仮定した理論をデータから検証する、というのは実は証明にはならないのです。高度の蓋然性さえありません。専門家でも新聞論文で因果関係を断定しているものをよく見ますが、論理的には正しくありません。本当に因果関係があるかどうかは、ほとんど信仰のレベルです。ただし、予測に活用できるかどうかには実は因果関係はあまり関係ないのです。

練習問題

10.1　表 1.9 の女子の表から身長に関して次の度数分布表が得られる。

境界上端	153.5	156.5	159.5	162.5	165.5	∞
度数	14	17	24	17	19	9

　ここで度数の小さかった階級は合併してある。このデータが正規分布からの無作為標本と見なしてよいかどうか検定せよ。ただし例 2.4 から標本平均 159.12、標本分散 22.3056 が得られている。

10.2 次の表は 47 都道府県での高齢化率を調べ、その中央値を超えたかどうかをまとめたデータである。高齢化率と地区が無関係かどうか検定せよ。また、西日本の方が高い、という対立仮説の場合の検定はどうか。

	西日本	東日本	計
中央値超	14	9	23
中央値以下	10	14	24
計	24	23	47

第 11 章　分散分析

第 7、8 章では 1 つまたは 2 つの母集団について考えた。この章では 3 つ以上の母集団の同等性について考察する。

11.1　一元配置分散分析

11.1.1　平均の検定

例えば次の例を考える。

例 11.1　下のデータは製薬、電機、金融の代表的企業のある週の株価収益率である。収益率は式 (1.1) で計算されている。この 3 つの業界での株価収益率に違いがあるか、あるとすればどの業界の間か、について考えたい。

製薬	2.5	1.1	-5.3	-0.3	6.8	-0.8	-4.5	6.0	
電機	3.2	8.0	2.8	-5.9	-6.5	2.5	2.1	-4.6	4.3	0.4
金融	5.2	4.6	9.1	6.1	8.5	11.1				

この例のようなデータの解析は以下のように行う。3 つの母集団ではなく、もっと一般に K 個の母集団を想定し、i 番目（$i = 1, \ldots, K$）の母集団からの n_i 個のデータを表す確率変数を

$$X_{i1}, X_{i2}, \ldots, X_{in_i} \tag{11.1}$$

としよう。データの総個数を $n = \sum_{i=1}^{K} n_i$ とおく。データに次の構造を仮定する。

$$X_{ij} = \mu_i + e_{ij}, \quad j = 1, \ldots, n_i, \quad i = 1, \ldots, K \tag{11.2}$$

ここで μ_i は i 番目の母集団の平均であり、e_{ij} は誤差や変動を表す確率変数で、

$$e_{ij} \text{ は互いに独立で正規分布 } N(0, \sigma^2) \text{ に従う} \tag{11.3}$$

と仮定する。つまり、データは共通の分散を持つ正規分布に従い、同一集団では同じ平均を持ち、異なる集団の間では平均は異なる可能性がある。

このとき K 個の集団は同質である、という帰無仮説は

$$H_0: \mu_i \text{ はすべて同じ値} \tag{11.4}$$

であり、どれか他と異なる集団がある、という対立仮説は

$$H_1: \text{ある } i \neq j \text{ で } \mu_i \neq \mu_j \tag{11.5}$$

となる。平均を次のように書き直す。

$$\mu_i = \mu + \alpha_i, \quad \sum_{i=1}^{K} n_i \alpha_i = 0, \quad \mu = \frac{1}{n} \sum_{i=1}^{K} n_i \mu_i \tag{11.6}$$

制約 $\sum_{i=1}^{K} n_i \alpha_i = 0$ は $\mu, \alpha_1, \ldots, \alpha_K$ が一意に決まるために必要である。このとき帰無仮説 H_0 および対立仮説 H_1 は

$$H_0 \; : \; \alpha_1 = \alpha_2 = \cdots = \alpha_K = 0,$$
$$H_1 \; : \; \text{ある } i \text{ で } \alpha_i \neq 0$$

と書き直すことができる。

仮説 H_0, H_1 の検定問題に必要な統計量を表 11.1 に与えておく。

表 **11.1** 一元配置分散分析のデータ

母集団	データ	計	標本平均	合計の2乗	データの2乗和	標本分散	不偏分散
1	$X_{11}, \ldots, X_{1n_1}$	T_1	$\bar{X}_1$	T_1^2	V_1	S_1^2	U_1^2
⋮	⋮	⋮	⋮	⋮	⋮	⋮	⋮
i	$X_{i1}, \ldots, X_{in_i}$	T_i	$\bar{X}_i$	T_i^2	V_i	S_i^2	U_i^2
⋮	⋮	⋮	⋮	⋮	⋮	⋮	⋮
K	$X_{K1}, \ldots, X_{Kn_K}$	T_K	$\bar{X}_K$	T_K^2	V_K	S_K^2	U_K^2
全体			T	$\bar{X}$	T^2	V	S^2	U^2

ここで $i = 1, \ldots, K$ に対して

$$T_i = \sum_{j=1}^{n_i} X_{ij}, \quad \bar{X}_i = T_i/n_i, \tag{11.7}$$

$$V_i = \sum_{j=1}^{n_i} X_{ij}^2, \; S_i^2 = V_i/n_i - \bar{X}_i^2, \; U_i^2 = n_i S_i^2/(n_i - 1) \tag{11.8}$$

および

$$T = \sum_{i=1}^{K} T_i, \; \bar{X} = T/n, \; V = \sum_{i=1}^{K}\sum_{j=1}^{n_i} x_{ij}^2, \; S^2 = V/n - \bar{X}^2, \; U = nS^2/(n-1) \tag{11.9}$$

である。

最小2乗法によりパラメータ $\{\mu_i\}, \mu, \{\alpha_i\}$ を推定しよう。これは対立仮説 H_1 の下で推定することである。

$$\sum_{i=1}^{K}\sum_{j=1}^{n_i}(X_{ij} - \mu_i)^2 = \sum_{i=1}^{K}(X_{ij} - \mu - \alpha_i)^2 \tag{11.10}$$

を最小にするのは

$$\hat{\mu}_i = \bar{X}_i, \; \hat{\mu} = \bar{X}, \; \hat{\alpha}_i = \bar{X}_i - \bar{X} \tag{11.11}$$

であり、そのときの残差平方和、つまり式 (11.10) の最小値は

$$SS_e^2 = \sum_{i=1}^{K}\sum_{j=1}^{n_i}(X_{ij} - \bar{X}_i)^2 = V - \sum_{i=1}^{K}\frac{T_i^2}{n_i} \tag{11.12}$$

となる。一方、帰無仮説の下では平均に関するパラメータは μ だけであり、その推定量は対立仮説の下での推定量と一致し $\hat{\mu} = \bar{X}$ となり、その時の残差平方和は

$$SS_T^2 = \sum_{i=1}^{K}\sum_{j=1}^{n_i}(X_{ij} - \bar{X})^2 = V - \frac{T^2}{n} \tag{11.13}$$

となる。

$$SS_T^2 = \sum_{i=1}^{K} n_i \hat{\alpha}_i^2 + SS_e^2 \equiv SS_1^2 + SS_e^2 \tag{11.14}$$

と分解できる。統計量 SS_1^2 はさらに

$$SS_1^2 = \sum_{i=1}^{K} (\bar{X}_i - \bar{X})^2 = \sum_{i=1}^{K} \frac{T_i^2}{n_i} - \frac{T^2}{n} \tag{11.15}$$

と表せる。

ここで、SS_e^2/σ^2 は常にカイ 2 乗分布 χ_{n-K}^2 に従う。確率変数 SS_1^2/σ^2 は帰無仮説 H_0 の下ではカイ 2 乗分布 χ_{K-1}^2 に従い、対立仮説 H_1 の下ではそれより大きな値を与える傾向のある分布に従う。かつ SS_1^2 と SS_e^2 は互いに独立である。したがってF分布の定義 (5.5 節) により比

$$F = \frac{SS_1^2}{K-1} \bigg/ \frac{SS_e^2}{n-K} \tag{11.16}$$

は H_0 の下ではF分布 F_{n-K}^{K-1} に従い、H_1 の下ではこのF分布より大きな値を取る傾向がある。したがって有意水準 α の検定の棄却域として

$$R = \{F > f_{n-K}^{K-1}(\alpha)\} \tag{11.17}$$

を採用すればよい。ここで f_{n-K}^{K-1} は自由度対 $(K-1, n-K)$ のF分布の％点である。

検定の実行は表 11.2 の分散分析表を作成して行われる。なお $SS_e^2/(n-K)$ は分散 σ^2 の不偏推定量となる。

表 11.2 一元配置の分散分析表

要因	2乗和	自由度	平均	F 比
母集団の違い	SS_1^2	$K-1$	$M_1 = SS_1^2/(K-1)$	$F = M_1/M_e$
誤差	SS_e^2	$n-K$	$M_e = S_e/(n-K)$	
合計	SS_T^2	$n-1$		

注意 11.1 データを $y_{ij} = (x_{ij} - a)/b$ と変換すると、SS_T^2, SS_1^2, SS_e^2 は元の値の $1/b^2$ 倍となるが F の値は比を取っているので変わらない。したがって、手計算や電卓の場合は適当な a, b を選んで計算すべきであろう。コンピュータの場合でも数値の桁数が大きいと計算誤差が混入する可能性があるので、適当な a, b を選んで計算すべきである。

例 11.1 の解　$n_1 = 8, n_2 = 10, n_3 = 6, n = 24$ であり、各群の計と全体の計と平均は

$$T_1 = 5.5, \quad T_2 = 6.3, \quad T_3 = 44.6, \quad T = 56.4$$
$$\bar{x}_1 = 0.688, \quad \bar{x}_2 = 0.630, \quad \bar{x}_3 = 7.433, \quad \bar{T} = 2.350$$

これより α の推定値は

$$\hat{\alpha}_1 = -1.663, \hat{\alpha}_2 = -1.720, \hat{\alpha}_3 = 5.083, \hat{\mu} = 2.350$$

となる。2 乗和は

$$V_1 = 138.8, \ V_2 = 209.61, \ V_3 = 363.68, \ V = 712.06$$

なので

$$\begin{aligned}
SS_T^2 &= 712.06 - 56.4^2/24 = 579.52 \\
SS_e^2 &= 712.06 - 5.5^2/8 - 6.3^2/10 - 44.6^2/6 = 372.78 \\
SS_1^2 &= SS_T^2 - SS_e^2 = 206.74
\end{aligned}$$

となる。検定統計量 F は

$$F = \frac{103.37}{2} \bigg/ \frac{372.78}{21} = 5.823$$

となり、下の分散分析表を得る。標本 P 値はエクセルに =fdist(5.823,2,21) と入力すると計算される。有意水準 1 %でも有意となった。

要因	2乗和	自由度	平均	F比	P値
業界	206.74	2	103.369	5.823	0.0097
誤差	372.78	21	17.752		
合計	579.52	23			

11.1.2　平均の推定

各群の平均の推定を考えよう。推定の方法は 11.1.1 節の結果によって異なる。帰無仮説が棄却できなかった場合はすべての群で平均は等しく、μ である、と

して推定される。したがって大きさ n の無作為標本と見なして推定することになるので 7.2 節の式 (7.12) を用いる。つまり信頼係数 $1-\alpha$ の信頼区間は

$$\bar{X} - t_{n-1}(\alpha)\sqrt{U^2/n} < \mu < \bar{X} + t_{n-1}(\alpha)\sqrt{U^2/n} \tag{11.18}$$

となる。11.1.1 で対立仮説が有意となった場合は各群ごとに推定する。区間推定の式は

$$\bar{X}_i - t_{n-K}(\alpha)\sqrt{\frac{\tilde{U}^2}{n_i}} < \mu_i < \bar{X}_i + t_{n-K}(\alpha)\sqrt{\frac{\tilde{U}^2}{n_i}} \tag{11.19}$$

である。ここで分散は共通としているのでどの群でも分散の推定量として

$$\tilde{U}^2 = \frac{(n_1-1)U_1^2 + \cdots + (n_K-1)U_K^2}{n-K} \tag{11.20}$$

を用いている。$(n-K)\tilde{U}^2/\sigma^2$ は自由度 $n-K$ のカイ 2 乗分布 χ^2_{n-K} に従う。上は各群の平均の推定であるが、全平均からの乖離を表す α_i および μ についても区間推定すると、点推定量は $\hat{\alpha}_i = \bar{X}_i - \bar{X}, \hat{\mu} = \bar{X}$ なのでそれぞれの分散を求めて

$$\mu \in \bar{X} \pm t_{n-K}(\alpha)\sqrt{\frac{\tilde{U}^2}{n}} \tag{11.21}$$

$$\alpha_i \in \bar{X}_i - \bar{X} \pm t_{n-K}(\alpha)\sqrt{\left(\frac{1}{n_i} - \frac{1}{n}\right)\tilde{U}^2} \tag{11.22}$$

となる。

注意 11.2 応用の場では、どの群の間に差があるかを調べてから差がないとされた群を合併して推定することもなされている。しかしながら、どの群の間に差を認めるか、の解析は難しく上の方式を用いるのが妥当である。なお、次節の分散が共通としてよいかどうかの検定を行って、分散が等しくない、となったときは、平均が等しいかどうかに関わらず各群ごとに (7.12) を用いて推定する。つまり信頼区間

$$\bar{X}_i - t_{n_i-1}(\alpha)\sqrt{U_i^2/n_i} < \mu_i < \bar{X}_i + t_{n_i-1}(\alpha)\sqrt{U_i^2/n_i}$$

を用いる。

例 11.2　例 11.1 のデータで区間推定をしてみよう。平均がすべて等しい、という帰無仮説は棄却されたので各群ごとに推定することになる。信頼係数を 0.95 とすると $t_{21}(0.05) = 2.0796$ である。共通の分散の不偏推定値は

$$\frac{7 \times 19.284 + 9 \times 22.849 + 5 \times 6.431}{21} = 17.752$$

となる。これら、および例 11.1 の数値を式 (11.19), (11.21), (11.22) に代入することにより

$$0.561 < \mu < 4.139,$$
$$-4.192 < \alpha_1 < 0.867, \quad -3.836 < \alpha_2 < 0.396, \quad 1.986 < \alpha_3 < 8.181$$
$$-2.410 < \mu_1 < 3.785, \quad -2.141 < \mu_2 < 3.401, \quad 3.856 < \mu_3 < 11.01$$

を得る。

11.1.3　分散の検定

11.1.1 節と 11.1.2 節では K 個の母集団の母分散が等しい、と仮定して平均に関する推定・検定を行った。もし分散が等しいことが正しくなければ、各群を個別に見るか、2 群ずつの差に 8.3 のウエルチの方法を用いることになるが、データの解釈は困難になる。

i 番目の群の母分散を σ_i^2 とし、帰無仮説 $H_0 : \sigma_1^2 = \cdots = \sigma_K^2$ を $H_1 :$ ある $i \neq j$ で $\sigma_i^2 \neq \sigma_j^2$ に対し検定することを考える。一般には次の 3 つの検定統計量が知られている。これらの統計量は対立仮説の下では大きくなる傾向がある。

ハートレイ検定　　$F_H = \dfrac{\max\limits_{1 \leq i \leq K} U_i^2}{\min\limits_{1 \leq i \leq K} U_i^2}$

バートレット検定　　$F_B = (n - K) \log(\tilde{U}^2) - \sum_{i=1}^{K} (n_i - 1) \log(U_i^2)$

コクラン検定　　$F_C = \dfrac{\max\limits_{1 \leq i \leq K} U_i^2}{\sum\limits_{i=1}^{K} U_i^2}$

ここで $\tilde{U}^2$ は 11.1.2 節で定義されている。

ハートレイ検定は不偏分散の最大値と最小値の比を見ている。特に大きな分散と小さな分散があるときよい高い検出力を持つ。バートレット検定は不偏分散の尤度に関する尤度比検定であり、一般的な対立仮説で低くない検出力を持つ。コクラン検定は特に大きな分散があるとき高い検出力を持つ。

これらの統計量の分布は本書のレベルでは求められず、極限分布があっても近似はあまり良くない。ただし後述の 14.4 節のコンピュータ・シミュレーションを行えば標本 P 値が精度良く推定できる。筆者は複雑な分布を求めるより、計算機統計学の手法を用いることを推奨する。

11.2　二元配置分散分析（繰り返しのない場合）

例 11.3　総合電機メーカー 3 社の 4 つの部門の利益率を調べて下記のデータを得たとする。利益率は 3 社の間で、また部門で違いがあるかどうか調べよ。

	家電部門	映像機器	コンピュータ	半導体
X社	3.4	5.6	1.4	3.3
Y社	1.2	4.0	2.2	3.6
Z社	1.5	4.4	3.1	4.1

一般的には表 11.3 のような形式のデータに対して、要因 A（例では会社）と要因 B（例では部門）を組み合わせてデータをとり、要因 A の間に差があるか、要因 B の間に差があるか、を考えることである。表 11.3 の記号では

$$T_{i\cdot} = \sum_{j=1}^{s} X_{ij}, \quad \bar{X}_{i\cdot} = T_{i\cdot}/s, \quad T_{\cdot j} = \sum_{i=1}^{r} X_{ij}, \quad \bar{X}_{\cdot j} = T_{\cdot j}/s$$

$$T = \sum_{i=1}^{r}\sum_{j=1}^{s} X_{ij}, \quad \bar{X} = T/n, \quad n = rs,$$

$$V_i = \sum_{j=1}^{s} X_{ij}^2, \quad V = \sum_{i=1}^{r}\sum_{j=1}^{s} X_{ij}^2 = \sum_{i=1}^{r} V_i$$

とおく。

次の構造が成り立っていると仮定する。

$$X_{ij} = \mu_{ij} + e_{ij} = \mu + \alpha_i + \beta_j + e_{ij} \tag{11.23}$$

表 11.3 二元配置分散分析（繰り返しなし）のデータ

要因 A	要因 B					計	計の2乗	2乗和
	B_1	$\cdots$	B_j	$\cdots$	B_s			
A_1	X_{11}	$\cdots$	X_{1j}	$\cdots$	X_{1s}	$T_{1\cdot}$	$T_{1\cdot}^2$	V_1
$\vdots$	$\vdots$		$\vdots$		$\vdots$	$\vdots$	$\vdots$	$\vdots$
A_i	X_{i1}	$\cdots$	X_{ij}	$\cdots$	X_{is}	$T_{i\cdot}$	$T_{i\cdot}^2$	V_i
$\vdots$	$\vdots$		$\vdots$		$\vdots$	$\vdots$	$\vdots$	$\vdots$
A_r	X_{r1}	$\cdots$	X_{rj}	$\cdots$	X_{rs}	$T_{r\cdot}$	$T_{r\cdot}^2$	V_r
計	$T_{\cdot 1}$	$\cdots$	$T_{\cdot j}$	$\cdots$	$T_{\cdot s}$	T	$\sum_{i=1}^r T_{i\cdot}^2$	V
計の2乗	$T_{\cdot 1}^2$	$\cdots$	$T_{\cdot j}^2$	$\cdots$	$T_{\cdot s}^2$	$\sum_{j=1}^s T_{\cdot j}^2$		

$$\sum_{i=1}^r \alpha_i = 0, \quad \sum_{j=1}^s \beta_j = 0.$$

ここで e_{ij} は誤差や変動を表す確率変数で、互いに独立、かつ共通の分散 σ^2 を持つ正規分布 $N(0, \sigma^2)$ に従うとする。すなわち、データの平均はAの効果 (α_i) とBの効果 (β_j) の和で表される、と仮定している。パラメータ $\{\alpha_i\}$ をAの主効果という。$\{\beta_j\}$ はBの主効果である。考える帰無仮説は要因Aの間に差がない、という仮説

$$H_{0A} : \alpha_i \text{ が一定} \Leftrightarrow \text{すべての } \alpha_i = 0$$

および要因Bの間に差がないという仮説

$$H_{0B} : \beta_j \text{ が一定} \Leftrightarrow \text{すべての } \beta_j = 0$$

である。対立仮説は H_{0A} に対しては

$$H_{1A} : \text{ある } i \neq i' \text{ で } \alpha_i \neq \alpha_{i'} \Leftrightarrow \text{ある } i \text{ で } \alpha_i \neq 0$$

H_{0B} に対しては

$$H_{1B} : \text{ある } i \neq j' \text{ で } \beta_j \neq \beta_{j'} \Leftrightarrow \text{ある } j \text{ で } \beta_j \neq 0$$

である。

最小2乗法を用いてパラメータを推定しよう。

$$\sum_{i=1}^{r}\sum_{j=1}^{s}(X_{ij} - \mu - \alpha_i - \beta_j)^2 \qquad (11.24)$$

を条件 $\sum_{i=1}^{r} \alpha_i = 0, \sum_{j=1}^{s} \beta_j = 0$ の下で最小にすると解は

$$\hat{\mu} = \bar{X},\ \hat{\alpha}_i = \bar{X}_{i\cdot} - \bar{X},\ \hat{\beta}_j = \bar{X}_{\cdot j} - \bar{X} \qquad (11.25)$$

であり、最小値（残差平方和）は

$$SS_e^2 = \sum_{i=1}^{r}\sum_{j=1}^{s}(X_{ij} - \bar{X}_{i\cdot} - \bar{X}_{\cdot j} + \bar{X})^2 \qquad (11.26)$$

となる。式 (11.26) は複雑な形をしているが、データでは実際に計算する必要はない。これは H_{1A} と H_{1B} の下で推定するのに対応する。

2つの帰無仮説 H_{0A}, H_{0B} がともに成立する、と仮定すると、すなわち差はどこにもない、と仮定するとパラメータは μ のみであり、その推定量は $\bar{X}$、残差平方和は

$$SS_T^2 = \sum_{i=1}^{r}\sum_{j=1}^{s}(X_{ij} - \bar{X})^2 = V - \frac{T^2}{n} \qquad (11.27)$$

である。さらに、このとき

$$SS_T^2 = SS_e^2 + s\sum_{i=1}^{r}\hat{\alpha}_i^2 + r\sum_{j=1}^{s}\hat{\beta}_j^2 \qquad (11.28)$$

となることが分かる。式 (11.28) 右辺の第2項、第3項を SS_1^2, SS_2^2 とおこう。統計量 SS_1^2 は要因Aの間の違いの大きさ、統計量 SS_2^2 は要因Bの間の違いの大きさを表現している。

$$SS_1^2 = \sum_{i=1}^{r}\frac{T_{i\cdot}^2}{s} - \frac{T^2}{n}, \quad SS_2^2 = \sum_{j=1}^{s}\frac{T_{\cdot j}^2}{r} - \frac{T^2}{n} \qquad (11.29)$$

と表すことができる。

証明は略すが SS_1^2/σ^2 は H_{0A} の下でカイ乗分布 χ^2_{r-1}、SS_2^2/σ^2 は H_{0B} の下でカイ2乗分布 χ_{s-1} に従い、SS_e^2/σ^2 は常にカイ2乗分布 $\chi^2_{(r-1)(s-1)}$ に従う、かつこの3つは互いに独立である。したがって比

$$F_1 = \frac{SS_1^2}{r-1} \bigg/ \frac{SS_e^2}{(r-1)(s-1)} \qquad (11.30)$$

を考えればこれは H_{0A} の下で自由度対 $(r-1, (r-1)(s-1))$ の F 分布 $F^{r-1}_{(r-1)(s-1)}$ に従う。これより帰無仮説 H_{0A} を検定するには棄却域

$$R_A = \{F_1 > f^{r-1}_{(r-1)(s-1)}(\alpha)\} \qquad (11.31)$$

を考えればよい。同様に比

$$F_2 = \frac{S_2}{s-1} \bigg/ \frac{S_e}{(r-1)(s-1)} \qquad (11.32)$$

を考えれば、これは H_{0B} の下で自由度対 $(s-1, (r-1)(s-1))$ の F 分布 $F^{s-1}_{(r-1)(s-1)}$ に従う。これより帰無仮説 H_{0B} を検定するには棄却域

$$R_B = \{F_2 > f^{s-1}_{(r-1)(s-1)}(\alpha)\} \qquad (11.33)$$

を考えればよい。

実際の検定は表 11.4 の分散分析表を作って行う。

表 11.4 二元配置の分散分析表（繰り返しなし）

要因	2乗和	自由度	平均	F 比
要因A	SS_1^2	$r-1$	$M_1 = SS_1^2/(r-1)$	$F = M_1/M_e$
要因B	SS_2^2	$s-1$	$M_2 = SS_2^2/(s-1)$	$F = M_2/M_e$
誤差	SS_e^2	$n-K$	$M_e = SS_e^2/\{(r-1)(s-1)\}$	
合計	SS_T^2	$n-1$		

注意 11.3 11.1.1 節の場合と同様 $y_{ij} = (x_{ij} - a)/b$ としても検定の結果は変わらない。

例 11.3 の解 データから必要な値を次々に計算していけばよい。

$$T_{1\cdot} = 13.7, \quad T_{2\cdot} = 11, \quad T_{3\cdot} = 13.1, \quad T = 37.8$$
$$T_{\cdot 1} = 6.1, \quad T_{\cdot 2} = 14, \quad T_{\cdot 3} = 6.7, \quad T_{\cdot 4} = 11$$
$$V_1 = 55.77, \quad V_2 = 35.24, \quad V_3 = 48.03, \quad V = 139.04$$
$$\bar{x}_{1\cdot} = 3.425, \quad \bar{x}_{2\cdot} = 2.750, \quad \bar{x}_{3\cdot} = 3.275, \quad \bar{x} = 3.150$$
$$\bar{x}_{\cdot 2} = 2.033, \quad \bar{x}_{\cdot 2} = 4.667, \quad \bar{x}_{\cdot 3} = 2.23, \quad \bar{x}_{\cdot 4} = 3.667$$
$$\hat{\alpha}_1 = 0.275, \quad \hat{\alpha}_2 = -0.4, \quad \hat{\alpha}_3 = 0.125, \quad \hat{\mu} = 3.15$$
$$\hat{\beta}_1 = -1.12, \quad \hat{\beta}_2 = 1.517, \quad \hat{\beta}_3 = -0.9, \quad \hat{\beta}_4 = 0.517$$

を得るので

$$\begin{aligned}
SS_T^2 &= 139.04 - (37.8)^2/12 = 19.97 \\
SS_1^2 &= 4 \times ((0.275)^2 + (-0.4)^2 + (0.125)^2) = 1.005 \\
SS_2^2 &= 3 \times ((-1.12)^2 + (1.517)^2 + (-0.9)^2 + (0.517)^2) = 13.96 \\
SS_e^2 &= SS_T^2 - SS_1^2 - SS_2^2 = 5.002
\end{aligned}$$

となる。

これより以下の分散分析表を得て、$F_1 = 0.603$, $F_2 = 5.583$ である。企業間の差に関しては標本 P 値は 0.577 であり差は認められないであろう。一方、部門間の標本 P 値は 0.036 と小さく有意水準 5 ％で対立仮説は有意であり、部門間には差が認められる。

要因	2乗和	自由度	平均	F比	P値
企業	1.005	2	0.50	0.603	0.577
部門	13.96	3	4.65	5.583	0.036
誤差	5.002	6	0.83		
計	19.97	11			

注意 11.4 ここではモデル (11.23) を仮定した。この仮定は、例では各社の部門ごとの値を結ぶとほぼ平行になる、つまり 2 社を取り出したとき、部門ごとの差がほぼ一定なら成立していると考えられる。データではこの仮定は成立していないように見える。したがって、解析のためには次節のように繰り返しのデータが必要となる。

11.3 二元配置分散分析（繰り返しのある場合）

例 11.4 例 11.3 は一昨年の結果であるが、昨年の結果も加えると以下のようであった。例 11.3 と同様に会社によって違いがあるか、部門によって違いがあるかを調べよ。また会社によって得意・不得意部門があるかどうかも考えよ。

	家電部門	映像機器	コンピュータ	半導体
X社	3.4, 3.6	5.6, 6.1	1.4, 1.5	3.3, 3.9
Y社	1.2, 1.6	4.0, 4.1	2.2, 2.4	3.6, 4.1
Z社	1.5, 1.7	4.4, 4.6	3.1, 3.3	4.1, 4.5

11.3 節と同様であるが、要因A，Bの組み合わせに複数のデータがある場合となる。繰り返し数を t とおく（例では $t=2$ である）。要因 A_i と B_j の組み合わせでのデータを $X_{ij1},\ldots,X_{ijt}$ とする。全データ数を $n=rst$ とおき以下の統計量を用いて表 11.5 のように集計しよう。

計　　: $T_{i\cdot} = \sum_{j=1}^{s} T_{ij}$, $T_{\cdot j} = \sum_{i=1}^{r} T_{ij}$, $T = \sum_{i=1}^{r}\sum_{j=1}^{s}\sum_{k=1}^{t} X_{ijk}$
$T_{ij} = \sum_{k=1}^{t} X_{ijk}$

平均　: $\bar{X}_{ij} = T_{ij}/t$, $\bar{X}_{i\cdot} = T_{i\cdot}/(st)$, $\bar{X}_{\cdot j} = T_{\cdot j}/(rt)$, $\bar{X} = T/n$

2乗和: $V_1 = \sum_{i=1}^{r} T_{i\cdot}^2$, $V_2 = \sum_{j=1}^{s} T_{\cdot j}^2$, $V_3 = \sum_{i=1}^{r}\sum_{j=1}^{s} T_{ij}^2$
$V = \sum_{i=1}^{r}\sum_{j=1}^{s}\sum_{k=1}^{t} X_{ijk}^2$

表 11.5 二元配置分散分析（繰り返しあり）のデータ集計

		要因B		計	計の2乗	2乗和
因子A	$\cdots$	B_j	$\cdots$			
$\vdots$	$\vdots$	$\vdots$	$\vdots$	$\vdots$	$\vdots$	$\vdots$
A_i	$\cdots$	$T_{ij}, \sum_{k=1}^{t} X_{ijk}^2$	$\cdots$	$T_{i\cdot}$	$T_{i\cdot}^2$	$\sum_{j=1}^{s} T_{ij}^2$
$\vdots$	$\vdots$	$\vdots$	$\vdots$	$\vdots$	$\vdots$	$\vdots$
計	$\cdots$	$T_{\cdot j}$	$\cdots$	T	V_1	V_3
計の2乗	$\cdots$	$T_{\cdot j}^2$	$\cdots$	V_2		
2乗和	$\cdots$	$\sum_{i=1}^{r} T_{ij}^2$	$\cdots$	V_3		V

データに次の構造を仮定する。

$$X_{ijk} = \mu_{ij} + e_{ijk} = \mu + \alpha_i + \beta_j + \gamma_{ij} + e_{ijk} \tag{11.34}$$

ここでパラメータは次の制約を満たしている.

$$\sum_{i=1}^{r} \alpha_i = 0, \quad \sum_{j=1}^{s} \beta_j = 0 \qquad (11.35)$$

$$\text{すべての } i,j \text{ で} \sum_{i=1}^{r} \gamma_{ij} = 0, \quad \sum_{j=1}^{s} \gamma_{ij} = 0 \qquad (11.36)$$

パラメータ $\{\alpha_i\}$ は 11.2 節と同様, 要因 A の効果を表し, A の主効果といい, $\{\beta_j\}$ は要因 B の効果であり, B の主効果である. パラメータ $\{\gamma_{ij}\}$ を A と B の交互作用という. 交互作用は A_i と B_j の相性のようなものである. e_{ijk} は誤差を表す確率変数で互いに独立で正規分布 $N(0,\sigma^2)$ に従うと仮定する.

考える帰無仮説は要因 A の間に差がない, という仮説

$$H_{0A} : \alpha_i \text{ が一定} \Leftrightarrow \text{すべての } \alpha_i = 0$$

要因 B の間に差がないという仮説

$$H_{0B} : \beta_j \text{ が一定} \Leftrightarrow \text{すべての } \beta_j = 0$$

および A と B の間の交互作用がないという仮説

$$H_{0AB} : \text{すべての } \gamma_{ij} = 0$$

である. 対立仮説は H_{0A} に対しては

$$H_{1A} : \text{ある } i \neq i' \text{ で } \alpha_i \neq \alpha_{i'} \Leftrightarrow \text{ある } i \text{ で } \alpha_i \neq 0$$

H_{0B} に対しては

$$H_{1B} : \text{ある } i \neq j' \text{ で } \beta_j \neq \beta_{j'} \Leftrightarrow \text{ある } j \text{ で } \beta_j \neq 0$$

H_{0AB} に対しては

$$H_{1AB} : \text{ある } i,j \text{ で } \gamma_{ij} \neq 0$$

である.

最小2乗法によりパラメータを推定しよう。

$$\sum_{i=1}^{r}\sum_{j=1}^{s}\sum_{k=1}^{t}(X_{ijk} - \mu - \alpha_i - \beta_j - \gamma_{ij})^2 \tag{11.37}$$

を制約 (11.35), (11.36) の下で最小にすると解は

$$\hat{\mu} = \bar{X}, \quad \hat{\alpha}_i = \bar{X}_{i\cdot} - \bar{X}, \quad \hat{\beta}_j = \bar{X}_{\cdot j} - \bar{X} \tag{11.38}$$

$$\hat{\gamma}_{ij} = \bar{X}_{ij} - \bar{X}_{i\cdot} - \bar{X}_{\cdot j} + \bar{X}, \quad \hat{\mu}_{ij} = \bar{X}_{ij} \tag{11.39}$$

であり残差平方和（最小値）は

$$SS_e^2 = \sum_{i=1}^{r}\sum_{j=1}^{s}\sum_{k=1}^{t}(X_{ijk} - \bar{X}_{ij})^2 = V - \frac{V_3}{t} \tag{11.40}$$

全変動を

$$SS_T^2 = \sum_{i=1}^{r}\sum_{j=1}^{s}\sum_{k=1}^{t}(X_{ijk} - \bar{X})^2 = V - \frac{T^2}{n} \tag{11.41}$$

とおくと

$$\begin{aligned}SS_T^2 &= st\sum_{i=1}^{r}\hat{\alpha}_i^2 + rt\sum_{j=1}^{s}\hat{\beta}_j^2 + t\sum_{i=1}^{r}\sum_{j=1}^{s}\hat{\gamma}_{ij}^2 + S_e \quad (11.42)\\ &\equiv SS_1^2 + SS_2^2 + SS_3^2 + SS_e^2 \quad (11.43)\end{aligned}$$

と分解できる。ただし

$$SS_1^2 = \frac{V_1}{st} - \frac{T^2}{n}, \quad SS_2^2 = \frac{V_2}{rt} - \frac{T^2}{n} \tag{11.44}$$

も成り立ち、この方が計算が容易である。統計量 S_3 は (11.43) から計算する。

SS_e^2/σ^2 は常にカイ2乗分布 χ_{n-rs}^2 に従う。SS_1^2/σ^2 は帰無仮説 H_{0A} の下ではカイ2乗分布 χ_{r-1}^2 に従い、対立仮説 H_{1A} の下ではそれより大きくなる傾向がある。SS_2^2/σ^2 は帰無仮説 H_{0B} の下ではカイ2乗分布 χ_{s-1}^2 に従い、対立仮説 H_{1B} の下ではそれより大きくなる傾向がある。SS_3^2/σ^2 は帰無仮説 H_{0AB}

の下ではカイ2乗分布 $\chi^2_{(r-1)(s-1)}$ に従い、対立仮説 H_{1AB} の下ではそれより大きくなる傾向がある。かつこの4つの確率変数は互いに独立である。これより

$$F_1 = \frac{SS_1^2}{r-1} \bigg/ \frac{SS_e^2}{n-rs} \tag{11.45}$$

は H_{0A} の下ではF分布 F^{r-1}_{n-rs} に従い、H_{1A} の下ではそれより大きくなる傾向のある分布に従う。したがって H_{0A} を H_{1A} に対し検定するときの有意水準 $100(1-\alpha)$ %の棄却域は

$$R_1 = \{F_1 > f^{r-1}_{n-rs}(\alpha)\} \tag{11.46}$$

とすればよい。同様に

$$F_2 = \frac{SS_2^2}{s-1} \bigg/ \frac{SS_e^2}{n-rs} \tag{11.47}$$

$$F_3 = \frac{SS_3^2}{(r-1)(s-1)} \bigg/ \frac{SS_e^2}{n-rs} \tag{11.48}$$

とすれば H_{0B}, H_{0AB} それぞれを H_{1B}, H_{1AB} に対し検定するときの有意水準 $1-\alpha$ の棄却域は

$$R_2 = \{F_2 > f^{s-1}_{n-rs}(\alpha)\} \tag{11.49}$$

$$R_3 = \{F_3 > f^{(r-1)(s-1)}_{n-rs}(\alpha)\} \tag{11.50}$$

として得られる。

$$\hat{\sigma}^2 = \frac{S_e}{n-rs} \tag{11.51}$$

は分散 σ^2 の不偏推定量である。実際の検定は表11.6の分散分析表を作って得られる。

性質 11.1 前2つの節同様 $y_{ijk} = (x_{ijk} - a)/b$ としても検定の結果は変わらない。

例 11.4 の解 データを式に次々に代入していく。計算結果の一部をあげると

第 11 章 分散分析

表 11.6 二元配置の分散分析表（繰り返しあり）

要因	2乗和	自由度	平均	F 比
因子A	SS_1^2	$r-1$	$M_1 = SS_1^2/(r-1)$	$F_1 = M_1/M_e$
因子B	SS_2^2	$s-1$	$M_2 = SS_2^2/(s-1)$	$F_2 = M_2/M_e$
交互作用	SS_3^2	$(r-1)(s-1)$	$M_3 = SS_3^2/\{(r-1)(s-1)\}$	$F_3 = M_3/M_e$
誤差	SS_e^2	$n-rs$	$M_e = SS_e^2/(n-rs)$	
合計	SS_T^2	$n-1$		

$T = 79.2,\quad V = 303.8,\quad V_1 = 2108,\quad V_2 = 1743.9,\quad V_3 = 606.2$

$\bar{x}_{1\cdot} = 3.6 \quad \bar{x}_{2\cdot} = 2.9 \quad \bar{x}_{3\cdot} = 3.4 \quad \bar{x} = 3.3$

$\bar{x}_{\cdot 1} = 2.167,\quad \bar{x}_{\cdot 2} = 4.8 \quad \bar{x}_{\cdot 3} = 2.317 \quad \bar{x}_{\cdot 4} = 3.917$

$\hat{\alpha}_1 = 0.3 \quad \hat{\alpha}_2 = -0.4 \quad \hat{\alpha}_3 = 0.1 \quad \hat{\mu} = 3.3$

$\hat{\beta}_1 = -1.13 \quad \hat{\beta}_2 = 1.5 \quad \hat{\beta}_3 = -0.983 \quad \hat{\beta}_4 = 0.617$

$\hat{\gamma}_{11} = 1.033 \quad \hat{\gamma}_{12} = 0.75 \quad \hat{\gamma}_{13} = -1.167 \quad \hat{\gamma}_{14} = -0.617$

$\hat{\gamma}_{21} = -0.37 \quad \hat{\gamma}_{22} = -0.35 \quad \hat{\gamma}_{23} = 0.383 \quad \hat{\gamma}_{24} = 0.333$

$\hat{\gamma}_{31} = -0.67 \quad \hat{\gamma}_{32} = -0.4 \quad \hat{\gamma}_{33} = 0.783 \quad \hat{\gamma}_{34} = 0.283$

これより

$$SS_T^2 = 42.44,\quad SS_e^2 = 0.7,$$

$$SS_1^2 = 2.08,\quad SS_2^2 = 29.29,\quad SS_3^2 = 10.37$$

となって分散分析表

要因	2乗和	自由度	平均	F比	P値
企業	2.08	2	1.04	17.83	0.0003
部門	29.29	3	9.763	167.4	< 0.0001
交互作用	10.37	6	1.728	29.63	< 0.0001
誤差	0.7	12	0.058		
計	42.44	23			

を得る。P値はいずれも小さい。企業間、部門間に差があり、交互作用、つまり企業によって得意分野が異なるか、も有意となっている。

―― Tea Break　もっと詳しく ――

企業AとB（大学AとB、病院AとB、男と女、日本人とアメリカ人、東日本

と西日本、のように2つなら何でも構いません）である技術の資格試験の受験者数と合格者数がそれぞれ100名中80名、100名中60名であったとします。単純に見ると企業Aの技術者の方が合格率が高く優秀であるように見えます。全員が同じ試験を受けたのならその結論でいいでしょう。しかしながら試験が第一種試験とそれより難しい第二種試験から成る場合はもっと詳しく見る必要があります。もし受験・合格の様子が

	A社		B社	
	受験	合格	受験	合格
第一種	80	75	20	20
第二種	20	5	80	40
計	100	80	100	60

となっていたとすると、第一種、第二種のどちらの試験でもB社の方が合格率が高くなっています。特にやさしい第一種試験では受験者全員が合格していますし、第二種試験でも合格率が50％になっています。要するにA社ではやさしい試験を大量に受験して全体の合格率を高め、B社では難しい試験に果敢にチャレンジした結果となっています。

このような現象は社会では多く見られるのではないでしょうか。難病の患者が集まる病院では治癒率が低くなるのは当たり前です。単純に全体の治癒率のみを見て病院の良し悪しを判断することはできません。このような現象をシンプソンのパラドックスと言います。

ただし、まだ判断するには早いかも知れません。実はA社では入社2年目の技術者が多く受験し、B社では入社4年目の技術者を受験させているのかも知れません。この場合には優劣の判断は難しくなります。

練習問題

11.1 下は4つの地域A，B，C，Dにおける3つの産業X，Y，Zの2年間の経済成長率データである。ただしすべて独立で同じ分散の正規分布に従うと仮定する。

(1) 産業間、年度間の違いはないと仮定して、つまり4つの地域でそれぞれ6個のデータがあるとして地域間に違いがあるかどうか検定せよ。

(2) 地域と産業の組で2個のデータがあるが、その和をデータとして繰り返しのない2元配置の分散分析を行え（和ではなく平均にしても同じ結果を導く）。

(3) 地域間、産業間、年度間で違いがあるかどうか、また交互作用、つまり地域により産業の間で伸び率に違いがあるか、を検定せよ。また、パラメータの推定値を求めよ。

	A	B	C	D
X	0.3, 0.2	-0.9, -0.5	-0.1, -0.1	-0.8, -0.4
Y	0.2, 0.2	1.2, 1.3	0.9, 1.0	1.1, 0.6
Z	2.2, 1.9	2.5, 3.0	2.1, 2.0	2.5, 1.2

第12章　回帰分析

本章では、説明するための値が x のときの確率変数 Y の動きを調べたり、2つの確率変数 X, Y の間の関連の強さに関する統計的推測法について考える。例えば、円・ドルの交換レート x と輸出企業の株価 Y には関連があるが、どのように関連しているのか、2つの企業の業績や株価などを表す確率変数 X, Y の関係の強さやある企業の株価と株価指数の関係などを調べたりするする場合に有用である。

12.1　直線回帰

例 12.1　企業Aの 10 日間の株価収益率 (y) と、東証株価指数の収益率 (x) を調べて以下のデータを得た。

x	8	8	-5	24	23	-25	5	-31	39	-16
y	28	41	-25	60	79	-47	12	-33	65	-11

この企業の株価収益率を東証株価指数の収益率の一次式で説明するとき、どのような式で説明できるか。また、株価指数に比例しているか、本当に関連があるか、を調べよ。

一般に n 個のデータがあるとし、Y_i を i 番目の被説明変数を表す確率変数とする。y_i はその実現値である。本来は説明変数 x_i も確率変数の実現値と見なすべきであるが、ここでは与えられた定数と見なす。被説明変数 Y は x の一次式と誤差から成る、つまり

$$
\begin{align}
Y_i &= a + bx_i + e_i \tag{12.1} \\
&= \theta_0 + \theta_1 (x_i - \bar{x}) + e_i \tag{12.2}
\end{align}
$$

というモデルを想定し、(a,b) または (θ_0, θ_1) について推定・検定を行う問題と解釈する。ここで $e_1, \ldots, e_n$ は互いに独立で平均は 0、未知の分散 σ^2 を持つ正規分布 $N(0, \sigma^2)$ に従うと仮定する。

推定に関しては最小 2 乗法を用いる。2.2 節の式 (2.12) から θ_0, θ_1 の最小 2 乗解は

$$\hat{\theta}_0 = \bar{Y}, \quad \hat{\theta}_1 = \frac{\sum_{i=1}^n (x_i - \bar{x})(Y_i - \bar{Y})}{\sum_{i=1}^n (x_i - \bar{x})^2} = \frac{S_{xY}}{s_x^2} \tag{12.3}$$

である。これが (θ_0, θ_1) の最小 2 乗推定量であり、推定された回帰直線は

$$y = \hat{\theta}_0 + \hat{\theta}_1 (x - \bar{x}) = \hat{a} + \hat{b} x \tag{12.4}$$

で与えられる。ここで

$$\hat{a} = \hat{\theta}_0 - \hat{\theta}_1 \bar{x}, \quad \hat{b} = \hat{\theta}_1 \tag{12.5}$$

であり S_{xY}, s_x^2 はそれぞれ x と Y の標本共分散、x の標本分散である。残差平方和は式 (2.16) から

$$SS_e^2 = nS_e^2 = nS_Y^2 (1 - R_{xY}^2) \tag{12.6}$$

となる。S_Y^2 は Y の標本分散、R_{xY} は x と Y の標本相関係数である。

次の定理が成立する。

定理 12.1 上の仮定の下で以下が成立する。

(1) $\hat{\theta}_0$ は正規分布 $N(\theta_0, \sigma^2/n)$ に従う
(2) $\hat{\theta}_1$ は正規分布 $N(\theta_1, \sigma^2/(ns_x^2))$ に従う
(3) $\hat{a}$ は正規分布 $N(a, \sigma^2(1 + \frac{(\bar{x})^2}{s_x^2})/n)$ に従う
(4) $\hat{\theta}_0$ と $\hat{\theta}_1$ は互いに独立である
(5) $Cov(\hat{a}, \hat{b}) = -\bar{x}\sigma^2/(ns_x^2)$ である
(6) nS_e^2/σ^2 は自由度 $n-2$ のカイ 2 乗分布 χ_{n-1}^2 に従い $\hat{\theta}_0, \hat{\theta}_1$ と独立である。

注意 12.1 SS_e^2/σ^2 の自由度は $n-2$ である。これは、SS_e^2 を求めるためには θ_0, θ_1 の 2 つのパラメータを推定する必要があることから、自由度が 2 減少している、と解釈できる。

定理の証明は省略するが、この定理から $\hat{\theta}_0, \hat{\theta}_1, \hat{a}, \hat{b}$ は θ_0, θ_1, a, b それぞれの不偏推定量であり、かつ、これらはデータの一次式であることが分かる。また、$\hat{\theta}_0, \hat{\theta}_1$ は互いに独立、つまりもう一方に無関係に解析が可能であるが、$\hat{a}, \hat{b}$ は $\bar{x}=0$ でない限り独立にならない。それが、説明変数から平均を引いて解析する理由である。また、SS_e^2/σ^2 がカイ 2 乗分布 χ_{n-2}^2 に従うことから

$$\hat{\sigma}^2 = \frac{SS_e^2}{n-2} \tag{12.7}$$

は分散 σ^2 の不偏推定量になる。

上のこと、および 7 章、8 章と同様にすれば、θ_0, θ_1 を基準化し、σ^2 に推定量 $\hat{\sigma}^2$ を代入すると自由度 $n-2$ の t 分布に従うので、与えられた $0 < \alpha < 1$ に対して

$$P\left\{\frac{|\hat{\theta}_0 - \theta_0|}{\sqrt{\hat{\sigma}^2/n}} \leq t_{n-2}(\alpha)\right\} = 1 - \alpha \tag{12.8}$$

$$P\left\{\frac{|\hat{\theta}_1 - \theta_1|}{\sqrt{\hat{\sigma}^2/(ns_x^2)}} \leq t_{n-2}(\alpha)\right\} = 1 - \alpha \tag{12.9}$$

$$P\left\{\frac{|\hat{a} - a|}{\sqrt{n\hat{\sigma}^2(s_x^2 + \bar{x}^2)/s_x^2}} \leq t_{n-2}(\alpha)\right\} = 1 - \alpha \tag{12.10}$$

となる。これより θ_0, θ_1, a の信頼係数 $100(1-\alpha)$ %の信頼区間

$$\hat{\theta}_0 - t_{n-2}(\alpha)\sqrt{\frac{\hat{\sigma}^2}{n}} < \theta_0 < \hat{\theta}_0 + t_{n-2}(\alpha)\sqrt{\frac{\hat{\sigma}^2}{n}} \tag{12.11}$$

$$\hat{\theta}_1 - t_{n-2}(\alpha)\sqrt{\frac{\hat{\sigma}^2}{ns_x^2}} < \theta_1 < \hat{\theta}_1 + t_{n-2}(\alpha)\sqrt{\frac{\hat{\sigma}^2}{ns_x^2}} \tag{12.12}$$

$$\hat{a} - t_{n-2}(\alpha)\sqrt{\frac{\hat{\sigma}^2(s_x^2 + (\bar{x})^2)}{ns_x^2}} < a < \hat{a} + t_{n-2}(\alpha)\sqrt{\frac{\hat{\sigma}^2(s_x^2 + (\bar{x})^2)}{ns_x^2}} \tag{12.13}$$

を得る。さらに、ある与えられた値 x における平均 $\theta_0 + \theta_1(x - \bar{x})$ の区間推定も可能である。その点推定量は

$$\hat{\theta}_0 + \hat{\theta}_1(x - \bar{x})$$

であり、$\hat{\theta}_0, \hat{\theta}_1$ の独立性から点推定量の分散は

$$Var\left(\hat{\theta}_0 + \hat{\theta}_1(x - \bar{x})\right) = \left(\frac{1}{n} + \frac{(x - \bar{x})^2}{ns_x^2}\right)\sigma^2$$

である。規準化した後、σ^2 に推定量 $\hat{\sigma}^2$ を代入すると θ_0, θ_1, a の信頼区間の作り方と同様にして信頼係数 $1 - \alpha$ の信頼区間

$$\theta_0 + \theta_1(x - \bar{x}) \in \hat{\theta}_0 + \hat{\theta}_1(x - \bar{x}) \pm t_{n-2}(\alpha)\sqrt{\left(\frac{s_x^2 + (x - \bar{x})^2}{ns_x^2}\right)\hat{\sigma}^2} \tag{12.14}$$

を得る。

区間 (12.14) は平均値の予測区間であるが、実現値そのものの予測区間はばらつきが加わり

$$\theta_0 + \theta_1(x - \bar{x}) \in \hat{\theta}_0 + \hat{\theta}_1(x - \bar{x}) \pm t_{n-2}(\alpha)\sqrt{\left(1 + \frac{s_x^2 + (x - \bar{x})^2}{ns_x^2}\right)\hat{\sigma}^2} \tag{12.15}$$

である。しばしば実際のデータが区間 (12.14) から外れるのは平均を予測している以上当然であろう。

検定では、被説明変数 Y を説明変数 x で説明した効果が有意にあったか、想定した通りの効果があったか、つまり $b = \theta_1$ に関する検定に最も興味がある。帰無仮説を、ある指定された値 θ_{10} に対し $H_{0b} : \theta_1 = \theta_{10}$ とする。このとき

$$T_b = \frac{\sqrt{ns_x^2}(\hat{\theta}_1 - \theta_{10})}{\hat{\sigma}} \tag{12.16}$$

とすると 7 章と全く同様にして T_b は H_0 の下で自由度 $n - 2$ の t 分布 t_{n-2} に従い、真の θ が θ_{10} より大きい（小さい）ときは t_{n-2} より大きい（小さい）値となる傾向の分布に従う。したがって有意水準を 100α %とすると次の検定方式が得られる。

仮説			棄却域
右片側仮説	H_{1b}	$\theta_1 > \theta_{10}$	$R = \{T_b > t_{n-2}(2\alpha)\}$
左片側仮説	H_{2b}	$\theta_1 < \theta_{10}$	$R = \{T_b < -t_{n-2}(2\alpha)\}$
両側仮説	H_{3b}	$\theta_1 \neq \theta_{10}$	$R = \{|T_b| > t_{n-2}(\alpha)\}$

例 12.1 の解 公式が得られているのであとは単純な数値計算である。

$$\bar{x} = 3,\ \bar{y} = 16.9,\ s_x^2 = 455.6,\ s_y^2 = 1786.29,\ s_{xy} = 839.6$$

なので相関係数は $r_{xy} = 0.931$ となり推定値

$$\hat{\theta}_0 = 16.9,\ \hat{\theta}_1 = 1.843,\ \hat{a} = 11.37$$

および残差平方和 $s_e^2 = 239.04$ を得る。したがって推定された回帰直線は

$$y = 11.37 + 1.843x$$

となる。各パラメータの信頼係数 95 %信頼区間を考えると $t_8(0.05) = 2.306$、および分散の推定値 $\hat{\sigma}^2 = 298.80$ となる。これらの数値を式 (12.12) に代入すると $4.3 < \theta_0 < 29.5$、式 (12.12) からは $1.252 < \theta_1 = b < 2.433$、式 (12.13) からは $-1.358 < a < 24.101$ を得る。検定では、題意では傾きが $b_0 = 0$ として、つまり回帰に効果がないという帰無仮説 H_{0b} を対立仮説 H_{1b} に対して検定することであろう。検定統計量の値は $T_b = 7.196$ である。有意水準を 5 %とすると棄却域は $T_b > t_{n-2}(0.05)$ なので対立仮説は高度に有意、すなわち傾きは正、と判定される。

問題によっては指定された値 a_0 に対して帰無仮説 $H_{0a} : a = a_0$ を検定したいこともある。例 12.1 では、株価指数に変化がなければ企業Aの株価も動かないかどうかを調べるなら $a_0 = 0$ とする。

$$T_a = \frac{\sqrt{ns_x^2}}{\sqrt{s_x^2 + (\bar{x})^2}} \times \frac{\hat{a} - a_0}{\hat{\sigma}} \tag{12.17}$$

とおくと T_b の場合と同様に次の検定方式が得られる。

仮説			棄却域
右片側仮説	H_{1a}	$a > a_0$	$R = \{T_a > t_{n-2}(2\alpha)\}$
左片側仮説	H_{2a}	$a < a_0$	$R = \{T_a < -t_{n-2}(2\alpha)\}$
両側仮説	H_{3a}	$a \neq a_0$	$R = \{|T_a| > t_{n-2}(\alpha)\}$

例 12.1 の解（続き） $a_0 = 0$ として帰無仮説 H_{0a} を対立仮説 H_{1a} に対し検定するのが「株価指数に比例しているか」という問いに対する返答だと解釈する。統計量の実現値は (12.17) から $T_a = 2.060$ となる。これを $t_8(0.05)$ と比較すると有意水準 5 %で対立仮説は有意とならない。上の結果では信頼区間は 0 を含んでいた。したがって、実は検定の計算は必要なかったのであり、検算を行ったことになる。

12.2 相関係数

$(X_1, Y_1), \ldots, (X_n, Y_n)$ を大きさ n の無作為標本とし、X と Y の関係の強さを測りたいとする。今、(X, Y) は 2 変量正規分布（4.2.9 節）に従うと仮定する。分布が未知の場合は次の 13 章を参照されたい。また、2 変量の場合に正規分布以外に広く用いられているモデルはない。

2 変量正規分布のとき関係の強さを測るのは母相関係数 $-1 < \rho < 1$ である。ρ が正なら X が増加（減少）すれば Y もそれに伴って増加（減少）する傾向がある。負の場合は X が増加（減少）すれば Y はそれに伴って減少（増加）する傾向がある。絶対値 $|\rho|$ はその傾向の強さを表し、大きいほど強い。

母相関係数の点推定量は標本相関係数

$$R_{XY} = \frac{S_{XY}}{\sqrt{S_X^2 S_Y^2}} = \frac{\frac{1}{n}\sum_{i=1}^n (X_i - \bar{X})(Y_i - \bar{Y})}{\sqrt{\frac{1}{n}\sum_{i=1}^n (X_i - \bar{X})^2 \frac{1}{n}\sum_{i=1}^n (Y_i - \bar{Y})^2}} \tag{12.18}$$

である。これは最尤推定量になっている。標本相関係数の分布について次の定理が成立する。

定理 12.2 母相関係数が $\rho = 0$ のとき統計量

$$T = \frac{\sqrt{n-2}\, R_{XY}}{\sqrt{1 - R_{XY}^2}} \tag{12.19}$$

は自由度 $n-2$ の t 分布 t_{n-2} に従う。

定理 12.3 一般の $-1 < \rho < 1$ のとき

$$Z = \frac{1}{2} \log\left(\frac{1+R_{XY}}{1-R_{XY}}\right) \tag{12.20}$$

とおくと Z は n が大きいとき近似的に正規分布 $N(\xi, \frac{1}{n-3})$ に従う。ただし

$$\xi = \frac{1}{2}\log\left(\frac{1+\rho}{1-\rho}\right) \tag{12.21}$$

これをフィッシャーの z 変換という。

定理 12.2 により帰無仮説 $H_0 : \rho = 0$ が成立するかどうか、つまり X と Y が独立かどうか、という仮説の検定が出来る。標本相関係数 R_{XY} は ρ の値が何であれその一致推定量であり、統計量 T は R_{XY} の増加関数になっている。したがって ρ が大きい（小さい）とき T も大きい（小さい）値をとる傾向があり、以下の棄却域検定ができる。

仮説			棄却域
右片側仮説	H_1	$\rho > 0$	$R = \{T > t_{n-2}(2\alpha)\}$
左片側仮説	H_2	$\rho < 0$	$R = \{T < -t_{n-2}(2\alpha)\}$
両側仮説	H_3	$\rho \neq 0$	$R = \{|T| > t_{n-2}(\alpha)\}$

定理 12.3 を用いれば ρ の近似的区間推定および、与えられた定数 ρ_0 に対する帰無仮説 $H_{0\rho} : \rho = \rho_0$ の近似的検定ができる。$\sqrt{n-3}(Z-\xi)$ は近似的に標準正規分布に従うので $0 < \alpha < 1$ に対し

$$P(\sqrt{n-3}|Z-\xi| < k(\alpha)) \approx 1 - \alpha \tag{12.22}$$

となる。確率の中を書き換えると

$$Z - \frac{k(\alpha)}{\sqrt{n-3}} < \xi < Z + \frac{k(\alpha)}{\sqrt{n-3}} \tag{12.23}$$

であり、この式を ρ を中心にした区間に書き換えると ξ の信頼係数が約 $1-\alpha$ の近似的信頼区間

$$\frac{L-1}{L+1} < \rho < \frac{U-1}{U+1} \tag{12.24}$$

を得る。ここで

$$L = \exp\left\{2\left(Z - \frac{k(\alpha)}{\sqrt{n-3}}\right)\right\}, \quad U = \exp\left\{2\left(Z + \frac{k(\alpha)}{\sqrt{n-3}}\right)\right\} \quad (12.25)$$

検定の場合は、Z を帰無仮説 $H_{0\rho}$ の下で基準化して

$$Z_0 = \sqrt{n-3}(Z - \xi_0), \quad \xi_0 = \frac{1}{2}\log\left(\frac{1+\rho_0}{1-\rho_0}\right) \quad (12.26)$$

とすると Z_0 は $H_{0\rho}$ の下で近似的に標準正規分布に従う。また、$\rho > \rho_0, \rho < \rho_0, \rho \neq \rho_0$ に応じて標準正規分布より大きい、小さい、大きいか小さいかどちらかに偏る、という傾向がある。したがって次の有意水準 α の検定が得られる。

仮説			棄却域
右片側仮説	$H_{1\rho}$	$\rho > \rho_0$	$R = \{Z_0 > k(2\alpha)\}$
左片側仮説	$H_{2\rho}$	$\rho < \rho_0$	$R = \{Z_0 < -k(2\alpha)\}$
両側仮説	$H_{3\rho}$	$\rho \neq \rho_0$	$R = \{|Z_0| > k(\alpha)\}$

例 12.2　次のデータは 10 社の今年の配当性向および ROE（純利益÷株主資本）である。配当性向と ROE に関連があるか調べよ。

| 14 | 32 | 22 | 18 | 20 | 16 | 21 | 28 | 25 | 15 |
| 3.3 | 7.2 | 3.7 | 3.2 | 7.5 | 6.2 | 6.1 | 8.1 | 4.9 | 5.9 |

例 12.2 の解　標本相関係数は 0.504 である。関連があるか、という問いなので帰無仮説 $H_0 : \rho = 0$ を対立仮説 $H_3 : \rho \neq 0$ に対し検定しよう。式 (12.19) の Z の実現値は $z = 1.653$ であり、$t_8(0.1) = 1.860$ なので有意水準 10 % でも有意にならなかった。標本相関係数は大きそうであるが、データ数が少ない。なお、ROE は利益率が高いことを意味するので片側検定を考えると $t_8(0.2) = 1.397$ なので $H_1 : \rho > 0$ は有意水準 10 % なら有意であった。

例 12.3　ある大学の受験生からランダムに選んだ 20 名のセンター試験得点と 2 次試験得点の標本相関係数が 0.743 であった。例年は 0.5 程度である。今年は例年より高かった、と考えてよいか。また今年の相関係数を信頼係数 95 % で区間推定せよ。

第 12 章　回帰分析

例 12.3 の解　検定では帰無仮説 $H_{0\rho}: \rho = 0.5$ を対立仮説 $H_{1\rho}: \rho > 0.5$ に対し検定することである。有意水準を 5 ％とすると $z = 0.957$ であり、$\xi_0 = 0.549$ となる。エクセルの z 変換を求める関数 =fisher(0.743), =fisher(0.5) を用いた。統計量の値は $z_0 = \sqrt{17} \times (0.957 - 0.549) = 1.682$ であり、$k(0.1) = 1.645$ から対立仮説は有意である。標本 P 値はエクセルで =1-normsdist(1.682) と入力して 0.046 である。区間推定は式 (12.24) に代入して $0.448 < \rho < 0.892$ を得る。

なお、統計量 Z_0 の厳密な分布を求めることは非常に困難であり上の結果は近似的なものであるが、14 章の 14.4 節を用いれば標本 P 値が推定でき、14.3 節の方法を用いれば信頼区間も構成できる。

― Tea Break　世論調査 ―

　5 年ごとに行われる国勢調査では、日本に居住している人全員を対象にした調査を行います。建前としては、不法滞在の人もすべて調べる必要があります。全員を対象にするだけに、その実施に必要なのはお金、人員、忍耐力、時間等であり数学的な理論はあまり必要ありません。本当は、意識しているかどうかはともかく、かなりの強制力も必要でしょう。もちろん「全員漏れなく」というのは実際には不可能ですが、できるだけそれに近づけるためには多くのことについての検討が必要であり、むしろ数学的理論より多くの深刻な問題を含んでいます。

　一方、世論調査は、国勢調査が例えばみそ汁の味を、みそ汁をすっかり飲んだ後に評価することに対応するのと異なり、一部のみを味わって評価することに対応します。一般には、みそ汁には具が入っているので汁の部分だけを調べても不完全です。具も考慮しつつ全体から満遍なくデータをとって調べることが必要です。そのデータの取得方法として最も簡単そうなのは、全国民（全有権者、全世帯かも知れません）のリストを作り番号を割り当て、その中から適当な乱数を用いて重複しないように選び調査することです。国民総背番号制ですね。これは全員の中から非復元抽出することと同じです。ここで、新聞社の世論調査くらいなら 3000 人程度を選ぶので重複はほとんど気にならないでしょう。

　ただし、世論調査結果は職業や年齢・地域・性別等で大きく異なる可能性があります。したがってリストにはそれらのデータもあれば精度が上がるでしょう。た

だし、全国民のリストを作り、それを更新していくのはたとえ政府でも簡単ではありません。民間企業（新聞、テレビ等）が行うのは至難の業と思われます。いわゆる国民総背番号制が付加情報付きで完備し、かつ、信用のある企業がそれを利用することが可能なら世論調査はもう少しやりやすくなるでしょう。無理でしょうが。

練習問題

12.1 問題 2.1 でA社の株価と日経平均株価の終値の関係をみたが、日経平均株価の差を与えられた定数と見なして説明変数 (x) とし、A社の株価の差を確率変数 (Y) の実現値としてモデル

$$Y = a + bx_i + e_i = \theta_0 + \theta_1(x_i - \bar{x}) + e_i$$

を当てはめる。e_i を互いに独立で正規分布 $N(0, \sigma^2)$ に従うと仮定し、問題 2.1 のデータで

(1) 傾き θ_1 の信頼係数 95 ％の信頼区間を求めよ。また、正と見なしていいかどうか有意水準 5 ％で検定せよ。

(2) 切片 a の信頼係数 95 ％の信頼区間を求めよ。また、0 と見なしてよいかどうか有意水準 5 ％で検定せよ。

(3) 日経平均株価が変動しない場合（$x = 0$ の場合）のA社の株価変動の平均を信頼係数 95 ％で推定せよ。

(4) 日経平均株価が変動しない場合（$x = 0$ の場合）のA社の株価を信頼係数 95 ％で予測せよ。

12.2 以下は 16 日間の日経平均と東証株価指数の対数株価収益率（ただし 1000 倍している）である。日経平均と東証株価指数は同じ対象の異なる面を測定しているので相関は非常に強いはずである。相関係数が 0.9 以上であるか検定せよ。また信頼係数 0.95 で相関係数の区間推定を行え。

データ	1	2	3	4	5	6	7	8
日経平均	2.2	1.4	-2.7	0.5	5.1	2.5	-3.4	8.7
東証指数	0.6	2.0	-1.4	-1.3	3.5	0.7	-0.5	7.4
データ	9	10	11	12	13	14	15	16
日経平均	5.5	0.6	4.0	2.9	-3.0	-1.1	-1.2	-2.1
東証指数	5.4	0.6	3.9	3.6	-2.3	0.2	-1.4	-2.2

第13章　ノンパラメトリック法

　前章までは、主にデータはある指定された分布（例えば正規分布）に従う、として統計解析を行ってきた。特定の分布を仮定すれば厳密な、かつ効率の良い手法を導くことができる。しかし実際のデータが指定された分布に従う保証は一般にはない。この章では分布が未知である場合に適用されるノンパラメトリック法について述べる。ノンパラメトリック法は、かつては、単純ではあるが効率の悪い方法であると考えられていた。今日では、その主要な手法の効率は低くないことが知られ、多くの分野で新手法が開発されている。また、外れ値があっても適用できるなどの長所もあり、経済分野でも適用範囲が広まりつつある。

13.1　一標本の推定・検定

　確率変数 $X_1,\ldots,X_n$ を母中央値 m_e を持つある連続分布からの無作為標本とする。ここでは m_e の推定、および指定された値 m_0 に関する帰無仮説

$$H_0 : m_e = m_0 \tag{13.1}$$

を3つの対立仮説

$$H_1 : m_e > m_0, \quad H_2 : m_e < m_0, \quad H_3 : m_e \neq m_0 \tag{13.2}$$

に対し検定することを考える。13.1.1節の符号検定では分布の形に関して何も仮定しないが 13.1.2 節の符号付き順位和統計量はデータが中央値の周りでほぼ対称な場合に適用される。

13.1.1 符号による推定・検定

帰無仮説 $H_0 : m_e = m_0$ を検定することを考える。これは、例えば7章の例で、昇給したか、昇給額が5千円か、などに、平均の意味で、ではなく中央値の意味で、と解釈して適用できる。

統計量 S^+ をデータの中で m_e より大きいデータの個数、S^- を m_e より小さいデータの個数とする。連続性を仮定しているとはいえ実際のデータでは m_e となるデータがあるかも知れないが、それは取り除いておく。つまり m_e に等しくなったデータはない、とする。したがって $S^+ + S^- = n$ である。

中央値を考えているのでランダムに選んだ対象のデータが中央値を超える確率を p とすると、帰無仮説 H_0 の下では $p = 0.5$ であり S^+ は2項分布 $Bi(n, 0.5)$ に従う。中央値が m_e に等しくない場合はやはり2項分布 $Bi(n, p)$ に従うが、そのとき p は 0.5 とならない。したがって検定方式は9.1節の X と p_0 を S^+ と 0.5 に置き換える方式と全く同じである。

点推定量は標本中央値(1.3.2節)を用いる。区間推定は以下のように行う。$0 < \alpha < 1$ に対し

$$2^{-n} \sum_{i=r}^{n} {}_nC_i \leq \frac{\alpha}{2} \tag{13.3}$$

となる r の中で最も小さな整数 r を定める。データ $X_1, \ldots, X_n$ を昇順に並べ換えて、$X_{(1)} \leq X_{(2)} \leq \cdots \leq X_{(n)}$ とおく。信頼係数が少なくとも $1 - \alpha$ である信頼区間は

$$\text{区間} \quad (X_{(n+1-r)}, X_{(r)}) \tag{13.4}$$

で与えられる。信頼係数がちょうど $1 - \alpha$ になる、つまり式 (13.3) が等号になる r を選べることはまれであり、近似的な結果で満足しなければならない。データ数 n が大きければ2項分布の正規近似により

$$\frac{n+1}{2} + k(\alpha)\sqrt{\frac{n}{2}}$$

に最も近い r を用いればよい。ここで近似を良くするために半数補正を行って $n/2$ ではなく $(n+1)/2$ としている。

第 13 章 ノンパラメトリック法

例 13.1 10 人の若手サラリーマンの昨年からの昇給額を調べて以下の結果を得た（単位万円）。

$$0.34,\ 0.42,\ 0.47,\ 0.53,\ 0.59,\ 0.61,\ 0.74,\ 0.92,\ 1.35,\ 1.75$$

この年代の昇給額は通常 5 千円と言われているが、現在景気は上向き中である。昇給額は 5 千円を上回ると考えてよいであろうか。また、昇給額の中央値を推定せよ。

例 13.1 の解 昇給額に関する設問を、その中央値が、と解釈する。ランダムに選ばれた若手サラリーマンの昇給額が 5 千円を超える確率を p とする。帰無仮説を昇給額の中央値が $m_e = 0.5$（万円）、つまり $H_0 : p = 0.5$ とし、0.5 を引いて昇順にならべる。データでは $n = 10$, $S^+ = 7$ となる。対立仮説は題意から 5 千円を超す確率が $H_1 : p > 0.5$ であり、S^+ が大きすぎるときに帰無仮説は棄却される。検定の実行は式 (9.9) を計算すればよい。または標本 P 値、$P(S^+ \geq 7)$ を計算し有意水準と比較すればよい。ここでは $P(S^+ \geq 7)$ を計算してみよう。エクセルでは分布関数を計算するので 6 以下の確率を計算し、1 から引く。=1-binomdist(6,10,0.5,true) と入力し、0.172 を得る。この結果から、有意水準 10 ％でも帰無仮説は棄却できない。

点推定値は中央値なので 0.60 である。信頼区間は、信頼係数を 80 ％としてみると、2 項分布 $Bi(10, 0.5)$ では 8 以上の確率が 0.055、7 以上の確率が 0.172 なので $r = 8$、信頼区間は (X_3, X_8)、つまり $(0.47, 0.92)$ である。

13.1.2 符号付き順位和

符号のみによる方法はそれ以外の情報を用いないので効率が高くないことが多い。ただしデータの値そのものを用いると外れ値がある場合に破綻する。そこでデータの順位を考えよう。ただしデータは中央値の左右でほぼ対称に分布している状況を考える。対称性が大きく崩れている場合は符号のみを用いて解析しなければならない。絶対値

$$|X_1 - m_0|,\ \ldots,\ |X_n - m_0|$$

の中の $|X_i - m_0|$ の順位を R_i^+ とする。また

$$Z_i = \begin{cases} 1 & X_i - m_0 > 0 \\ -1 & X_i - m_0 < 0 \end{cases}$$

とする。このとき $m_e > m_0$ なら $+1$ となる Z が多く、かつその中には順位の高いデータが多く含まれており、$m_e < m_0$ ならその逆になり、$m_e = m_0$ なら Z の符号はプラスもマイナスも同程度であり、順位の高いデータも多くも少なくもない、と考えられる。したがって

$$W = \sum_{i=1}^{n} Z_i R_i^+ \tag{13.5}$$

を考える。これをウイルコクソンの符号付き順位和統計量という。$m_e > m_0$ なら W は大きくなる傾向があり、$m_e < m_0$ なら小さくなる傾向がある。統計量 W の分布は帰無仮説 H_0 下では n が大きいとき正規分布 $N(0, n(n+1)(2n+1)/6)$ で近似でき、$m_e > m_0$ ならそれより大きくなる傾向があり、$m_e < m_0$ なら小さくなる傾向がある。したがって近似を良くする調整項 d を含めて、

$$T = \frac{W + d}{\sqrt{n(n+1)(2n+1)/6}} \tag{13.6}$$

とおくと、検定の棄却域は次の表で与えられる。

仮説			棄却域
右片側仮説	H_1	$m_e > m_0$	$R = \{T > k(2\alpha)\}$
左片側仮説	H_2	$m_e < m_0$	$R = \{T < -k(2\alpha)\}$
両側仮説	H_3	$m_e \neq m_0$	$R = \{|T| > k(\alpha)\}$

調整項 d は右片側検定の場合は $-\frac{1}{2}$、左片側検定の場合は $\frac{1}{2}$、両側検定の場合は $-\frac{1}{2}$ と $\frac{1}{2}$ のうち $|T|$ を小さくするようにとる。

推定の場合は、導き方は省略するが以下のように行う。まず、$(X_i + X_j)/2$ をすべての $i \leq j$ に対して計算する。次にその結果を昇順に並べ替え、それを $W_1 \leq W_2 \leq \cdots \leq W_m$ とする。ここで $m = n(n+1)/2$ である。W の中央値、つまり

$$\hat{m}_e = \begin{cases} W_{(m+1)/2} & m \text{ が奇数} \\ \frac{W_{m/2} + W_{m/2+1}}{2} & m \text{ が偶数} \end{cases} \tag{13.7}$$

が点推定量である。信頼区間は

$$\frac{n(n+1)}{4} + 0.5 + k(\frac{\alpha}{2})\sqrt{\frac{n(n+1)(2n+1)}{24}}$$

に最も近い整数を c_α とするとき区間

$$\text{区間}\quad (W_{m+1-c_\alpha},\ W_{c_\alpha}) \tag{13.8}$$

を採用する。0.5 は収束を良くするための修整項である。この推定量を ホッジス・レーマン推定量という。

例 13.2　数学の苦手な生徒 10 人に集中勉強をさせたところ、その前後で偏差値が以下のようになった。集中勉強の効果があったか検定せよ、また集中勉強後と前の偏差値の差を推定せよ。

前	38.2	43.5	44.5	45.2	45.7	46.6	47.9	49.3	50.1	52.3
後	47.2	47.2	43.6	54.7	53.5	51.8	54.2	47.3	58.4	58.7
差	9.0	3.7	−0.9	9.5	7.8	5.2	6.3	−2.0	8.3	6.4

例 13.2 の解　差の母中央値を m_e とすると題意から対立仮説は $H_1: m_e > 0$ である。10 個の差のデータの中で負になったのは 2 個であるが、その絶対値の順位は 1 と 2 である。したがって $W = -1-2+3+4+\cdots+10 = 49$ および $T = 2.472$ を得る。$k(0.02) = 2.326$ なので有意水準 0.01 で対立仮説は有意になる。

　区間推定では、$W_1 \leq \cdots \leq W_{55}$ を計算する。信頼係数を 5 %とすると $c_\alpha = 47$ となるので信頼区間は (W_9, W_{47}) であり、区間 $(2.20, 8.05)$ を得る。

13.2　二標本の推定・検定

2 群のデータを $X_1,\ldots,X_m$、および $Y_1,\ldots,Y_n$ とし、それぞれの母中央値を m_x, m_y とする。この節では $m_x - m_y$ の推定、および帰無仮説

$$H_0: m_x - m_y = 0 \tag{13.9}$$

を3つの対立仮説

$$H_1 : m_x > m_y, \quad H_2 : m_x < m_y, \quad H_3 : m_x \neq m_y \qquad (13.10)$$

に対し検定することを考える。ここで、13.2.1 節の中央値検定は分布に対し仮定をおかないが 13.2.2 節の順位和検定は分布がそれぞれの中央値の周りでほぼ対称であり、かつ形状もほぼ同じ場合に効率の高い方法である。

13.2.1 中央値検定

全体の中央値 m_e より大きい、以下である、でデータを2分する。$N = m+n$ とおきデータは以下のように集計される。ここで w は定数であり、ほぼ $N/2$ となる。

	m_e 以下	m_e より大	計
X	$m-u$	u	m
Y	$n-v$	v	n
計	$N-w$	w	N

以上である、より小さい、で分類したり、中央値を除外する集計法でもよい。ただしその場合、以下の式は多少変更が必要であるが、結論はほとんど変わらないであろう。

u は帰無仮説の下では超幾何分布 $HG(N, m, w)$ に従う。対立仮説 H_1, H_2, H_3 の下では u は大きい、小さい、大きいか小さいかどちらかに偏る、という傾向がある。したがって検定方式は 10.3 節で $r = s = 2$ とした場合と全く同様である。ただし χ^2 による検定は両側検定である。片側検定では、データ数が小さい場合はフィッシャーの厳密検定を適用する。データ数が大きい場合は以下のように行う。m, n が大きいときは u は近似的に正規分布

$$N\left(\frac{m(u+v)}{N}, \frac{mn(u+v)(N-u-v)}{N^2(N-1)}\right)$$

で近似できる。このとき

$$T = (u - \frac{m(u+v)}{N} + d)/\sqrt{\frac{mn(u+v)(N-u-v)}{N^2(N-1)}} \qquad (13.11)$$

として棄却域を

仮説			棄却域
右片側仮説	H_1	$m_x > m_y$	$R = \{T > k(2\alpha)\}$
左片側仮説	H_2	$m_x < m_y$	$R = \{T < -k(2\alpha)\}$
両側仮説	H_3	$m_x \neq m_y$	$R = \{|T| > k(\alpha)\}$

とすればよい。この両側検定は漸近的に χ^2 検定と同値になる。ただし有限修整項 d は $\frac{1}{2}$ か $-\frac{1}{2}$ であるが H_1 には $-\frac{1}{2}$、H_2 には $\frac{1}{2}$、H_3 には $\frac{1}{2}$ か $-\frac{1}{2}$ で $|T|$ が小さくなる方とする。

例 13.3 例 8.5 のデータを考えてみよう。データの個数は $m = 10$, $n = 8$ であり、A のデータでの中央値は 8、B のデータでの中央値は 3.9 であり、全体での中央値は 5.95 である。A のデータで全体の中央値より小さいのは 2 個、大きいのは 8 個、B ではそれぞれ 7 個、1 個となる。対立仮説として H_1：A の方が大きい傾向がある、とすると統計量 T の値は 2.305 であり、$k(0.1) = 1.645$ より小さい。したがって有意水準 5 ％で対立仮説は有意になる。

13.2.2 順位和検定

データ $X_1, \ldots, X_m, Y_1, \ldots, Y_n$ 全体の中での X_i の小さい方から数えた順位を R_i、Y_i のそれを Q_i とおく。このときデータの分布形状が全く同じなら $R_1, \ldots, R_m$ は $(1, \ldots, N)$ からランダムに、ただし重複を許さず m 個を選んだものと全く同じに分布する。

$$W = \sum_{i=1}^{m} R_i \quad (13.12)$$

とおく。これを**ウイルコクソンの順位和統計量**という。**ウイルコクソン・マン・ホイットニー統計量**ともいう。統計量 W の分布は帰無仮説 H_0 の下では正規分布 $N(m(N+1)/2, mn(N+1)/12)$ に従う。対立仮説 H_1, H_2, H_3 の下ではそれより大きい、小さい、大きいか小さいかどちらかに偏る、という傾向がある。したがって 13.2.1 節と同様に検定統計量

$$T = \left(W - \frac{m(N+1)}{2} + d\right) \Big/ \sqrt{mn(N+1)/12} \quad (13.13)$$

を用いて

仮説			棄却域
右片側仮説	H_1	$m_x > m_y$	$R = \{T > k(2\alpha)\}$
左片側仮説	H_2	$m_x < m_y$	$R = \{T < -k(2\alpha)\}$
両側仮説	H_3	$m_x \neq m_y$	$R = \{|T| > k(\alpha)\}$

とすればよい。修整項の d の役割は 13.2.1 節と全く同じである。

導出法は省略するが $m_x - m_y$ の推定は i, j のすべての組み合わせで $X_i - Y_j$ を求めて行われる。$X_i - Y_j$ を昇順に並べたものを $W_1 \leq W_2 \leq \cdots \leq W_{mn}$ とする。点推定量は mn 個の $X_i - Y_j$ の中央値、すなわち

$$\begin{array}{ll} W_{(mn+1)/2} & mn \text{ が奇数の時} \\ \frac{W_{mn/2} + W_{mn/2+1}}{2} & mn \text{ が偶数の時} \end{array} \tag{13.14}$$

で求められる。信頼係数 $1 - \alpha$ の信頼区間は

$$c_1 = \frac{mn}{2} - \frac{1}{2} - k(\frac{\alpha}{2})\sqrt{mn(N+1)/12},$$

$$c_2 = \frac{mn}{2} + \frac{1}{2} + k(\frac{\alpha}{2})\sqrt{mn(N+1)/12}$$

とおくことにより

$$区間 (W_{c_1}, W_{c_2}) \tag{13.15}$$

により求められる。

例 13.4　例 13.3 と同様、例 8.5 のデータで考えてみる。Aのデータの順位は

$$7, 8, 10, 12, 13, 14, 15, 16, 17, 18$$

でありBのデータの順位は

$$1, 2, 3, 4, 5, 6, 9, 11$$

となる。同点があるが、ともにAのデータなので順位を 15, 16 とした。例 13.3 と同様、対立仮説を H_1 とする。順位和は 130、統計量 T は 3.065 となる。この値は $k(0.02) = 2.576$ より大きく、有意水準 1 ％でも対立仮説は有意になる。

推定では $c_1 = 18.4$, $c_2 = 62.6$ なので信頼区間は

$$(W_{18}, W_{63}) = (2.2, 7.2)$$

で与えられる。

13.3 順位相関係数

$(X_1, Y_1), \ldots, (X_n, Y_n)$ を無作為標本とし、X と Y の関連の強さを測りたい、とする。ただし X と Y の間に単調関係があるかも知れないが直線的関係は想定できず、直線回帰分析は不適当な場合を考える。直線的関係ではない場合にも適用できる相関係数として 2.4 節で式 (2.26) または (2.28) でスピアマンの順位相関係数 ρ、式 (2.32) でケンドールの順位相関係数 τ を定義した。ただし、これらの相関係数を統計解析に用いるにはその分布が必要となる。

分布の導出は本書の程度を越えるが、実は n が大きければスピアマンの ρ もケンドールの τ も正規分布で近似できて、帰無仮説 $H_0 : X$ と Y は独立 の下では ρ は正規分布 $N(0, 1/(n-1))$、τ は正規分布 $N(0, (4n+10)/\{9n(n-1)\})$ で近似できる。もし X が大きく（小さく）なるとき Y も大きく（小さく）なる傾向がある、つまり正の相関があるなら ρ も τ も大きくなる傾向があり、負の相関があるなら小さくなる傾向がある。したがって ρ と τ を基準化して

$$T_1 = \sqrt{n-1}\,\rho, \quad T_2 = \sqrt{\frac{2(2n+5)}{9n(n-1)}}\,\tau \tag{13.16}$$

として帰無仮説 H_0 に対する検定の棄却域は以下の表のようにまとめられる。

仮説			棄却域
右片側仮説	H_1	X と Y は正の相関がある	$R = \{T_1 > k(2\alpha)\}$
左片側仮説	H_2	X と Y は負の相関がある	$R = \{T_1 < -k(2\alpha)\}$
両側仮説	H_3	X と Y は正または負の相関がある	$R = \{|T_1| > k(\alpha)\}$

仮説			棄却域
右片側仮説	H_1	X と Y は正の相関がある	$R = \{T_2 > k(2\alpha)\}$
左片側仮説	H_2	X と Y は負の相関がある	$R = \{T_2 < -k(2\alpha)\}$
両側仮説	H_3	X と Y は正または負の相関がある	$R = \{|T_2| > k(\alpha)\}$

例 13.5　例 2.7 を考えよう。$n = 10$ であり $\rho = 0.564$, $\tau = 0.422$ であった。ρ, τ の分散は 0.1111 と 0.06173 なので基準化すると $t_1 = 1.692$, $t_2 = 1.699$ であり両者にはほとんど差はない。$k(0.1) = 1.6449$ なのでどちらを用いても対立仮説が H_1 なら有意水準 5 %、H_3 なら有意水準 0.1 で対立仮説が有意となる。

Tea Break　続世論調査

　前回、世論調査でデータを得るのに最も簡単なのは全対象に番号を付けることだ、と述べました。データを実際に得る方法には面接、郵送、電話、インターネット等いろいろありますが、全体からランダムに調査対象を選ぶのでは面接では大変な経費がかかります。このような場合には二段階、多段階の抽出を行います。二段階では、例えば、全国の自治体から一定の確率で抽出単位を選び、その後に選ばれた自治体（調査の規模や対象によっては何通り、何丁目、かも知れません）から無作為に指定された人数の調査対象者を選びます。調査によっては三段階、四段階も行われることもあります。これは、世論調査だけではなく、企業の品質管理においてもっと活用されています。品質管理では製造工場、製造機械、製造時間、梱包単位等での多段抽出が多用されています。

　工業製品の品質検査では各抽出単位であまり差はない、という前提で調査法を設計します。というより、差がないことを一つの目標として製造しています。一方、世論調査では抽出単位によって大きな差があり得ます。選ばれた自治体によっては年齢構成、職業等に大きな差があるでしょう。大都市で農業に従事している人や農村の学生は少ないでしょう。したがってどのような型の自治体にどのような選ばれる確率を与えるかは大きな問題です。

　もっともデータの精度は調査方法に大きく関係します。例えば、首相を支持するのが当たり前だ、という雰囲気のときの面接調査では、首相の支持率は実際より高めに出るでしょうし、首相に逆風の時は逆になるでしょう。郵送の調査では、返信用の切手を同封すれば回答率は高くなります。でもそれで高くなった人の回答はどの程度信用できるでしょう。新聞・テレビによる世論調査の場合、回答率は片隅に小さくしか載りません。載っていれば良い方です。調査方法とともに、支持する、支持しない、どちらでもない、と並んで、回答無し、を載せるべきだと私は思います。それと同時に調査の文言も実は重要です。質問文のニュアンスに

よっては、ある社の調査では単に「支持」にまとめられていても他社では違うこともあります。新聞社、テレビ局によって支持率等に大きな差がある原因はそのあたりにもあるでしょう。

練習問題

13.1 次のデータは東日本の 14 都道県のある年とその前年の県民所得のデータ、および伸び率（％）である（県民所得は企業所得も含んでいる）。

(1) 伸び率が正であるかどうか検定せよ。
(2) 前年の県民所得と伸び率との相関について考察せよ。
(3) 最初の 7 道県の県民所得の県民所得を推定せよ。

ある年	2577	2184	2363	2620	2295	2427	2728
前年	2545	2160	2412	2521	2343	2377	2637
伸び率	1.26	1.11	-2.03	3.93	-2.05	2.10	3.45
ある年	2838	3101	2859	2955	3000	4778	3204
前年	2977	3054	2911	2909	3085	4267	3184
伸び率	-4.67	1.54	-1.79	1.58	-2.76	11.98	0.62

13.2 次のデータは北日本の 7 道県、南日本の 7 県のある年の県民所得である。

(1) 北日本と南日本で差があるかどうか検定せよ。
(2) 北日本と南日本の差を推定せよ。

北日本	2856	2519	2673	2769	2424	2685	2801
南日本	2660	2540	2345	2646	2765	2440	2325

第14章　コンピュータによる統計解析

　データの解析にはコンピュータの利用は不可欠である。特に、大量のデータを処理する場合や、本書ではほとんど触れていないが、高次元のデータの解析はコンピュータがなければ全く不可能である。ただし、多くの複雑な手法群は、その独自の思想により開発され、コンピュータの登場により利用可能とはなったが、コンピュータの存在を前提に開発されたわけではない。本章では、コンピュータの存在を前提にして登場した手法の一部を紹介しよう。

14.1 並べかえ検定

例 14.1　企業Aの3日間の株価収益率が 18, 22, 29 であり企業Bのそれが 13, 17, 21 であった、とする。この2社の収益率は同等であったと見てよいであろうか。また、A社の方が高かった、としてよいであろうか。

例 14.1 の解　帰無仮説は H_0：2社の株価収益率の分布は同じである、対立仮説は H_1：A社の株価収益率の方が大きい傾向がある、もしくは H_3：両社の株価収益率はA社の方が大きい傾向があるかB社の方が大きい傾向があるかどちらかである、であろう。8章によれば、正規分布を仮定できれば標本平均の差を求めて適当に基準化して解析できる。しかしながら、わずか3個のデータでは正規分布を仮定するのは無理と思える。したがって分布に何の仮定もおかずに解析したい。

　そのような解析法の中で最も基本的なものは並べかえ検定であろう。並べかえ検定とは、まず6個のデータを合併した $\{13, 17, 18, 21, 22, 29\}$ を考える。もし帰無仮説が正しければこの6個から3個取り出すとき、どの取り出し方も同じ確率である、となる。両社の違いをその取り出した値の標本平均で測ること

にする。標本平均で測るのは、これが代表的な統計量だからであり、中央値など、他の方法でも差し支えない。A社のもの、として取り出した3個の標本平均を $\bar{x}_A$、B社のものとした3個の標本平均を $\bar{x}_B$ とおき、差を考える。このとき差が大きいとき帰無仮説 H_0 に対し対立仮説 H_1 は有意となり、差の絶対値が大きいとき H_0 に対し H_3 は有意となる。

図 14.1 例 14.1 のデータ

企業A	企業B	平均の差
13, 17, 18	21, 22, 29	−8.00
13, 17, 21	18, 22, 29	−6.00
13, 17, 22	18, 21, 29	−5.33
13, 17, 29	18, 21, 22	−0.67
13, 18, 21	17, 22, 29	−5.33
13, 18, 22	17, 21, 29	−4.67
13, 18, 29	17, 21, 22	0.00
13, 21, 22	17, 18, 29	−2.67
13, 21, 29	17, 18, 22	2.00
13, 22, 29	17, 18, 21	2.67
17, 18, 21	13, 22, 29	−2.67
17, 18, 22	13, 21, 29	−2.00
17, 18, 29	13, 21, 22	2.67
17, 21, 22	13, 18, 29	0.00
17, 21, 29	13, 18, 22	4.67
17, 22, 29	13, 18, 21	5.33
18, 21, 22	13, 17, 29	0.67
18, 21, 29	13, 17, 22	5.33
18, 22, 29	13, 17, 21	6.00
21, 22, 29	13, 17, 18	8.00

実現したのは $(18+22+29)/3 = 23$、$(13+17+21)/3 = 17$ であり差は6である。6個から3個取り出す場合の数は $_6C_3 = 20$ であり、可能な値は表14.1のようになる。実現値に等しいか大きい値は2個、絶対値の意味では4個となる。したがってこのときの標本P値は片側検定では10％、両側検定では20％となる。つまり、有意水準をこれら以上に設定すれば対立仮説は有意となる。有意水準は通常1％、5％、10％等に設定されるので、普通は両側検定では有意にならないと考えられ、A社の方が低くないはず、という事前の前提があれば有意水準10％なら片側検定は有意となる。

実際にはわずか6個のデータで解析することはほとんどない。データ数が増えると例のようにすべての場合を列挙することは実際上不可能であろう。例えば、データ数が20, 10 程度でも、場合の数は $_{30}C_{20} = 30{,}045{,}015$ となる。しかしながらコンピュータ・シミュレーションにより30個の数値からランダムに20個を取り出し、2群の標本平均の差を計算することは簡単であり、そのような実験を10,000回程度繰り返してもさほどの時間はかからない。その実験で、実現値より（普通に、もしくは絶対値の意味で）大きい値が何回実現したかを求め、その比率を標本P値の推定量として、検定を実行する。実験回数を増やせば望む精度の推定が可能となる。

14.2 ジャックナイフ法

無作為標本を表す確率変数 $X_1,\ldots,X_n$ に基づいてあるパラメータ θ を推定しよう。パラメータ θ は何でもよい。その推定量を $\hat{\theta}(X_1,\ldots,X_n)$ とする。6.2 節より推定量の良さは通常平均 2 乗誤差で測られるが、次のように分散とバイアスの 2 乗の和

$$E\{(\hat{\theta}-\theta)^2\} = Var(\hat{\theta}) + Bias^2$$

に分解された。

ジャックナイフ法は分散をほとんど変えずにバイアスを小さくする方法であり、以下のように実行される。X_1 を除いた $X_2,\ldots,X_n$ で推定量を計算する。これを $\hat{\theta}_{(1)}$ とする。同様に X_i を除いた残りのデータで推定量を計算し $\hat{\theta}_{(i)}$ とする。この $\hat{\theta}_{(1)},\ldots,\hat{\theta}_{(n)}$ の平均を

$$\hat{\theta}_{(\cdot)} = \frac{1}{n}\sum_{i=1}^{n}\hat{\theta}_{(i)} \qquad (14.1)$$

とおく。バイアスは $\hat{\theta}_{(\cdot)}$ を用いて

$$\hat{Bias} = (n-1)(\hat{\theta}_{(\cdot)} - \hat{\theta}) \qquad (14.2)$$

によって推定される。したがってバイアス補正推定量として

$$\begin{aligned}\tilde{\theta} &= \hat{\theta} - (n-1)(\hat{\theta}_{(\cdot)} - \hat{\theta}) \\ &= n\hat{\theta} - (n-1)\hat{\theta}_{(\cdot)}\end{aligned} \qquad (14.3)$$

が得られる。$\hat{\theta}_{(\cdot)}$ を用いて $\hat{\theta}$ の分散も推定できて、その推定量は

$$\hat{V} = \frac{n-1}{n}\sum_{i=1}^{n}(\hat{\theta}_{(i)} - \hat{\theta}_{(\cdot)})^2 \qquad (14.4)$$

で与えられる。

$$\begin{aligned}\tilde{\theta}_i &= \hat{\theta} - (n-1)(\hat{\theta}_{(i)} - \hat{\theta}) & (14.5) \\ &= n\hat{\theta} - (n-1)\hat{\theta}_{(i)} & (14.6)\end{aligned}$$

を疑似値とよぼう。実は、バイアス補正推定量はこの疑似値の平均であり、分散の推定量 (14.4) はその不偏分散の $1/n$

$$\hat{V} = \frac{1}{n(n-1)} \sum_{i=1}^{n} (\tilde{\theta}_i - \tilde{\theta})^2 \qquad (14.7)$$

$$= \frac{1}{n(n-1)} \sum_{i=1}^{n} \tilde{\theta}_i^2 - \frac{1}{n-1} \sum_{i=1}^{n} \tilde{\theta}^2 \qquad (14.8)$$

である。つまり疑似値をあたかも無作為標本のように扱ってバイアス補正推定量が計算でき、分散が推定できる。

ジャックナイフ法の利点は、ほとんどの推定量は、そのままでは分散やバイアスの推定が 1 組のデータからだけでは困難であったが、ジャックナイフ法により可能になった点にある。

例 14.2 推定量として標本平均 $\bar{X}$ を考えてみる。標本平均は平均の不偏推定量なので $Bias = 0$ になって欲しい。かつその分散は母分散を σ^2 とすると σ^2/n なので不偏分散 U^2 を用いて U^2/n になって欲しい。実際

$$\hat{\theta}_{(i)} = \frac{1}{n-1}(n\bar{X} - X_i)$$

となり、ここから $\hat{\theta}_{(\cdot)} = \bar{X}$ となり、$Bias$ 項は 0 となる。$\hat{V}$ も計算すると

$$\hat{V} = \frac{1}{n(n-1)} \sum_{i=1}^{n}(X_i - \bar{X})^2$$

が得られ、望ましい結果が得られる。

注意 14.1 標本平均は上の例のように簡単に求められたが他の推定量に関しては式の計算は簡単ではない。ただし、その推定は $\hat{\theta}$ を計算するプログラムがあれば容易に実行できる。解析のステップは以下のようになる。

(1) 推定量 $\hat{\theta}$ を求める。
(2) i 番目のデータを除いて推定量 $\hat{\theta}_{(i)}, i = 1, \ldots, n$ を求める。データ数が n ではなく $n-1$ である点を除いて $\hat{\theta}$ を計算するプログラムが使える。

(3) 除外した推定量の平均 $\hat{\theta}_{(\cdot)} = \sum_{i=1}^{n} \hat{\theta}_{(i)}/n$ を計算する。
(4) $Bias$ の推定量 $\hat{Bias} = (n-1)(\hat{\theta}_{(\cdot)} - \hat{\theta})$ を求める。
(5) 分散の推定量 $\hat{V}$ を求める。
(6) もし $\hat{\theta}$ が正規分布で近似できるなら θ の信頼区間 $\theta \in \hat{\theta} \pm k(\alpha)\sqrt{\hat{V}}$ を求める。
(7) この信頼区間を $Bias$ の推定量で補正して信頼区間 $\theta \in \hat{\theta} + \hat{Bias} \pm k(\alpha)\sqrt{\hat{V}}$ を求める。これが最終の信頼区間である。
(8) 検定を行う場合は信頼区間を構成して行えばよい。両側検定なら信頼区間、片側検定なら片側信頼区間を行う。

14.3 ブートストラップ法

ジャックナイフ法は、推定を行う場合には誤差の推定、$Bias$ の推定、分散の推定などができる優れた方法であるが、区間推定や検定を行うためには正規分布で近似できる程度にデータ数が多いことが必要であった。ブートストラップ法は正規分布での近似が不要で、かつ実行が簡単な方法であり、急速に普及している。ブートストラップ法は以下のように実行される。

無作為標本 $X_1, \ldots, X_n$ に対しパラメータ θ の推定量を $\hat{\theta} = \hat{\theta}(X_1, \ldots, X_n)$ とする。さらに、$X_1, \ldots, X_n$ を単に与えられた数値と見なし、その集合を $\Omega = (x_1, \ldots, x_n)$ とおく。この Ω からランダムに、かつ重複を許して、すなわち復元抽出により n 個を選ぶ。それを $X_1^*, \ldots, X_n^*$ とおく。このとき $X_1^*, \ldots, X_n^*$ は互いに独立で同じ分布に従い、かつ任意の i に対して

$$P(X_j^* = x_i) = \frac{1}{n} \tag{14.9}$$

である。この $X_1^*, \ldots, X_n^*$ で推定量を計算し

$$\hat{\theta}^* = \hat{\theta}(X_1^*, \ldots, X_n^*)$$

とおく。この操作を指定された回数 m 回行う。得られた m 個の値を $\hat{\theta}_1^*, \ldots, \hat{\theta}_m^*$ とおく。

得られた推定値は $\hat{\theta}$ の分布から得られたデータの近似であると考えられる。その平均を

$$\hat{\theta}^* = \frac{1}{m}\sum_{i=1}^{m}\hat{\theta}_i^*$$

とおく。推定量 $\hat{\theta}$ の分散は

$$SD = \frac{1}{m-1}\sum_{i=1}^{m}(\hat{\theta}_i^* - \hat{\theta}^*)^2 \qquad (14.10)$$

で推定される。また、$\hat{\theta}$ の $Bias$ は

$$EBias = \hat{\theta}^* - \hat{\theta} \qquad (14.11)$$

で推定できる。したがって $Bias$ を修整した点推定量は

$$\hat{\theta} - EBias = \hat{\theta} - (\hat{\theta}^* - \hat{\theta}) = 2\hat{\theta} - \hat{\theta}^* \qquad (14.12)$$

で与えられる。

さらに、ブートストラップ法は θ の区間推定を可能にしている。$0 < \alpha < 0.5$ に対し $m\alpha$ を超えない最大の整数を $n_L(\alpha)$、$m(1-\alpha)$ 以上の最小の整数を $n_U(\alpha)$ とおく。このとき、シミュレートされた $\hat{\theta}_1^*, \ldots, \hat{\theta}_m^*$ を昇順に並べ替えて $\hat{\theta}_{(1)}^*, \ldots, \hat{\theta}_{(m)}^*$ となったとすると信頼係数 $1-\alpha$ の信頼区間は

$$\text{区間 }(\hat{\theta}_{(n_L(\alpha/2))}^*, \hat{\theta}_{(n_U(\alpha/2))}^*) \qquad (14.13)$$

と容易に得られる。仮説検定では、与えられた定数 θ_0 に関して帰無仮説を $H_0 : \theta = \theta_0$ と設定すれば片側信頼区間も考えて、以下の棄却域が得られる。

仮 説			棄却域
右片側仮説	H_1	$\theta > \theta_0$	$R = \{\hat{\theta}_{(n_L(\alpha))}^* > \theta_0\}$
左片側仮説	H_2	$\theta < \theta_0$	$R = \{\theta_0 > \hat{\theta}_{(n_U(\alpha))}^*\}$
両側仮説	H_3	$\theta \neq \theta_0$	$R = \{\theta_0 > \hat{\theta}_{(n_U(\alpha/2))}^*, \hat{\theta}_{(n_L(\alpha/2))}^* > \theta_0\}$

注意 14.2 ブートストラップ法では統計量の分布を知る必要がないばかりではなく、母集団分布を知る必要もない。ブートストラップ法は、登場以来、こ

の大きな柔軟性と性能の高さで適用範囲を広げつつある。統計量の分布を求める、という最も数学的な部分は不要であり、難しい数学で悩む必要はない。本書では無作為標本という単純な場面のみを考えているが、回帰分析、多変量解析、時系列解析、その他の複雑・かつ大規模なモデルへの適用も盛んに研究され、その有用性が評価されている。場合によっては、複雑な統計量に対しては計算量が大きいことがあるが、ソフトウエア・ハードウエアの進歩により難点も克服されつつあり、これからもっと普及すると考えられる。

14.4 シミュレーションによる検定

ブートストラップ法はコンピュータ・シミュレーションによる非常に今日的、かつエレガントな解析法を与えた。コンピュータ・シミュレーションは古典的な、ただし分布の導出が困難な解析法の、特に標本P値の推定にも大きな威力を発揮する。

例 14.3　11.1.3 節では分散分析法における分散の同等性検定統計量 F_H, F_B, F_C の分布を与えなかった。これは、その分布があまりに複雑すぎ、かつ近似を行うにも、近似があまり良くないからである。この場合、コンピュータ・シミュレーションを行えば検定の標本P値が推定できる。具体的には以下のように実行される。

M を大きな数とする。

(1) 得られたデータで統計量を計算する。

(2) 標準正規分布 $N(0,1)$ に従う乱数

$$X_{i1}, \ldots, X_{in_i}, \ i = 1, \ldots, K$$

を生成し、これで統計量を計算し、ステップ (1) の値以上のとき記録する。

(3) ステップ (2) を M 回繰り返す。

(4) ステップ (3) で m 回記録された、とすると m/M を標本P値の推定値とする。大きな M を用いれば、望む精度の推定が可能である。

この方法を使えるのは統計量 F_H, F_B, F_C の分布が母平均に関係せず、かつ、分散が等しければその値にも関係しないからである。したがってデータはすべて標準正規分布としてよい。

　標準正規分布に従う乱数発生法はいろいろあり、一部のソフトウエアでは標準で装備されている。最も簡単なのは単位区間での一様乱数（エクセルでは =rand() と入力）$U_1,\ldots,U_{12}$ を発生させ

$$U_1 + \cdots + U_{12} - 6$$

とすれば中心極限定理からほとんど標準正規分布 $N(0,1)$ に従う乱数が得られる。

例 14.4　12.2 節では標本相関係数や z-変換の分布を与えなかったが、シミュレーションによる方法が適用できる。標本相関係数の分布は母平均や母分散に関係しない。したがって X と Y の周辺分布は標準正規分布としてよい。シミュレートしたい相関係数を ρ とすると、相関係数 ρ を持つ乱数は標準正規分布に従う乱数 Z, W を用いて

$$X = Z,\ Y = \rho Z + \sqrt{1-\rho^2}\, W$$

とすればよい。このような乱数をコンピュータで発生させれば標本相関係数や z-変換の分布が望む精度で推定できる。

例 14.5　13.2.2 節でウイルコクソンの順位和統計量による検定を導入した。ただし、そこでは同順位はない、としている。実際のデータでは同点の発生は避けがたいが、同点があると正確な解析は困難になる。例えば

　　　　第一群 0, 2, 2, 4, 7,　第二群 −1, 2, 5, 7

を考えると 2 と 7 には同点がある。値 2 のデータは順位 3, 4, 5 となるべきなので順位としてその平均 $(3+4+5)/3 = 4$、値 7 のデータは順位 8.5 とする。第一群のデータの順位は 2, 4, 4, 6, 8.5、第二群のデータの順位は

1，4，7，8.5 となる。これをデータと見なしてこの章の 14.1 節の並べ替え検定を行えばよい。現実の場ではデータ数はもっと多い。したがって実際にはコンピュータ・シミュレーションを行うことが多いであろう。

Tea Break 探せば何か見つかる

A：コーヒーを1日3杯以上飲む女性は結腸ガンになる危険率が減る、って新聞に載ってたよ。見た？

B：ああ、僕も見たよ。でもあれだけでは信用できないな。

A：なぜだい？ 確か10万人も調べた、と書いてあったんだし、発表したのが厚生労働省の研究班だよ。

B：いや、信用できない、と言うのは「ウソだ」と言っているのではなく、「本当かどうかこれから調べるべきだ」という意味だよ。

A：でも10万人だよ。この本でもデータがたくさんあればうんぬん、とあちこちに書いてあるよ。

B：うん、でもこの本はどちらかと言えば初等的な本だから発見するためのデータと検証するためのデータを区別してないんだよ。というより検証するための方法が基本かな。

A：何だい、それ。

B：つまり、病気は山ほどあって、食習慣だって山ほどある。その組み合わせは天文学的だろ。その中には因果関係がありそうな組み合わせが偶然出現しているかも知れないじゃないか。これは因果関係がありそうな組み合わせを探す調査らしいし。

A：なるほど、コーヒーと結腸ガンの間に関係がありそうに偶然見えただけかも知れない訳だ。もしカフェインが原因なら紅茶でもお茶でもそうなりそうなもんだな。

B：本当に関係があるかどうかは検証データ、つまりコーヒーと結腸ガンに絞ってさらに調査する必要があるよ。メディアは面白そうなものにすぐ騒ぎ立てるし。

A：うん。納豆事件もあったしね。男性は喫煙習慣が邪魔をしているように書いてあったけど、じゃタバコを吸わない男性なら効果があるはずだもんな。

B：分かってきたじゃないか。期待はしてるよ。僕も。コーヒーは嫌いじゃな

いから。もっとも紅茶が、実は酒の方がもっと好きだけど。

表計算ソフト・エクセルの統計関数

　マイクロソフト・エクセルには膨大な組み込み関数がある。ここでエクセルの主な統計関数をリストアップする。

　a1:a10 や b1:b15 はデータの入っているエクセルの番地を指す。ここで a1,a10 や b1,b15 という番地は仮においただけで、適当に指定すればよい。個数も 10 個や記してある数とは限らない。多くの場合、範囲は自由で、多くの関数で同じ列や行にする必要もない。例えば a4:b6 とすると a4,a5,a6,b4,b5,b6 の数値を指す。これらの中に文字や空白がある場合は、適用できない、無視する、他の関数を用いる必要がある、などの注意が必要であるがそれは省略する。なお、2つの系列を指定し、同じ個数にする必要がある場合は a1:a10 と b1:b10 のように記してある。同じ個数にする必要がない場合は b1:b15 のように変えてある。番地ではなく数値や番地を列挙して x, y, z とすることも多くの関数で可能であり、30 個まで列挙できることが多いようである。数値 x, y, z とすれば、例えば =max(x,y,z) とすれば x, y, z の最大値を出力する。なお、コンピュータでは関数は英大文字で標記されるが、入力のときは小文字でよい。false(true) は false または true のどちらかとする。false の変わりに 0、true の変わりに 1 でもよい

=exp(x)	e^x
=log(x)	底が 10 の常用対数
=ln(x)	底が e の自然対数
=fact(n)	階乗 $n!$
=combin(n,k)	$_nC_k = \binom{n}{k}$
=max(a1:a10)	a1,...,a10 の最大値。以下では、説明個所では a1,...,a10 を省略する。
=min(a1:a10)	最小値

=sum(a1:a10) 　　和、合計

=frequency(a1:a10,b1:b10) 　a1,...,a10 のデータを b1,...,b10 の値を境界値とした度数分布表を作成する。作成する最初のセルにカーソルを動かし =frequency(a1:a10,b1:b10) とした後、F2 キーを押し、続いて ctrl キーと Shift キーを押したまま Enter キーを押す。

=average(a1:a10) 　　標本平均

=median(a1:a10) 　　中央値

=mode(a1:a10) 　　最頻値、ただし一意に決まらない場合は不安定

=trimmean(a1:a10,p) 　個数 $\times p$ 個を省略した打ち切り平均。$0 < p < 1$。この値が奇数なら個数 $\times p - 1$ 個を省略した打ち切り平均

=var(a1:a10) 　　不偏分散

=varp(a1:a10) 　　標本分散

=standardize(x,μ,σ) 　基準化した値 $(x - \mu)/\sigma$ を求める

=stdev(a1:a10) 　　不偏分散から計算した標準偏差

=stdevp(a1:a10) 　　標本分散から計算した標準偏差

=devsq(a1:a10) 　　偏差平方和、$\sum_{i=1}^{n}(x_i - \bar{x})^2$

=quartile(a1:a10,n) 　n=0 なら最小値、n=1 なら第1四分位、n=2 なら中央値、n=3 なら第3四分位、n=4 なら最大値を出力

=skew(a1:a10) 　　歪度、ただし式 (1.28) とやや異なる

=kurt(a1:a10) 　　尖度、ただし式 (1.29) とやや異なる

=rank(a,a1:a10,n) 　数値を並べ替えたとき a が何番目かを出力。$n = 0$ なら降順、それ以外は昇順に並べる

=small(a1:a10,n) 　n 番目に小さいデータ

=large(a1:a10,n) 　n 番目に大きい値

=sumproduct(a1:a10,b1:b10) 　a1:a10 と b1:b10 の対応する成分の積の和を計算する

表計算ソフト・エクセルの統計関数

=sumsq(a1:a10)　　成分の2乗の和を計算する

=sumx2my2(a1:a10,b1:b10)　　2乗和の差 $x^2 - y^2$ を計算

=sumx2py2(a1:a10,b1:b10)　　2乗和の和 $x^2 + y^2$ を計算

=sumxmy2(a1:a10,b1:b10)　　差の2乗和 $(x-y)^2$ を計算

=sumproduct(a1:a10,b1:b10)　　a1:a10 と b1:b10 の対応する成分の積の和を計算する

=covar(a1:a10,b1:b10)　　標本共分散（不偏共分散ではない）

=correl(a1:a10,b1:b10)　　標本相関係数

=pearson(a1:a10,b1:b10)　　標本相関係数

=rsq(a1:a10,b1:b10)　　相関係数の2乗

=rand()　　　　　　一様乱数

=randbetween(n,m)　　$n < m$。n 以上 m 以下の整数値乱数

=percentile(a1:a10,a)　　$0 < p < 1$。指定範囲の中で下から $100a$ %の点

=percentrank(a1:a10,a)　　a の順位を比率で

=prob(a1:a10,b1:b10,a)　　a1:a10 は値、b1:b10 はその確率。a の確率

=prob(a1:a10,b1:b10,a,b)　　同上、$a \leq X \leq b$ で a 以上 b 以下の確率

=binomdist(k,n,p,false(true))　　2項分布 $Bi(n,p)$ に従う確率変数 X に対し、false のときは確率 $P(X = k)$、true は分布関数 $P(X \leq k)$ を計算。k, n, p はセルの番地でもよい

=poisson(k,λ,false(true))　　ポアソン分布 $Po(\lambda)$ に従う確率変数 X に対し false のときは確率 $P(X = k)$、true のときは分布関数 $P(X \leq x)$ を計算。k, m はセルの番地でもよい

=negbinomdist(k,r,p)　　負の2項分布 $NB(r,p)$ に従う確率変数 X に対し確率 $P(X = k)$ を計算。k, r, p はセルの番地でもよい

=hypgeomdist(k,n,N,M)　　超幾何分布 $HG(M,N,n)$ に従う確率変数 X に対し確率 $P(X = k)$ を計算

=betadist(x,α,β)　　ベータ分布 $Be(\alpha,\beta)$ の分布関数を計算

=betainv(p,α,β) 　ベータ分布 $Be(\alpha,\beta)$ に従う確率変数 X に対し、確率が $p = P(X \leq x)$ となる x を計算

=expondist(x,λ,false(true)) 　パラメータ λ の指数分布 $Ex(\lambda)$ の、false のときは x における密度関数、true のときは分布関数を計算

=gammadist(x,α,β,false(true)) 　パラメータ α,β のガンマ分布 $Ga(\alpha,\beta)$ の、false のときは x における密度関数、true のときは分布関数を計算

=gammainv(a,α,β) 　パラメータ α,β のガンマ分布 $Ga(\alpha,\beta)$ に従う確率変数 X に対し $P(X \leq x) = a$ となる x を計算

=weibull(x,α,β,false(true)) 　パラメータ α,β のワイブル分布 $We(\alpha,\beta)$ の、false のときは x における密度関数、true のときは分布関数を計算

=normdist(x,μ,σ,false(true)) 　平均 μ、分散 σ^2 の正規分布 $N(\mu,\sigma^2)$ の、false のときは x における密度関数、true のときは分布関数を計算。分散ではなく標準偏差を入力する

=norminv(a,μ,σ) 　平均 μ、分散 σ^2 の正規分布に従う確率変数 X に対し $P(X \leq x) = a$ となる x を計算

=normsdist(x) 　標準正規分布 $N(0,1)$ の分布関数 $\Phi(x)$

=normsinv(a) 　標準正規分布 $N(0,1)$ に従う確率変数 X に対し $P(X \leq x) = a$ となる x を計算。

=lognormdist(x,μ,σ) 　正規分布 $N(\mu,\sigma^2)$ による対数正規分布の x における分布関数

=loginv(a,μ,σ) 　正規分布 $N(\mu,\sigma^2)$ による対数正規分布に従う確率変数 X に対し $P(X \leq x) = a$ となる x を計算

=chidist(x,n) 　自由度 n のカイ2乗分布 χ_n^2 に従う確率変数 X に対し、上側確率 $P(X \geq x)$ を計算

=chiinv(a,n) 　自由度 n のカイ2乗分布 χ_n^2 に従う確率変数 X に対し、上側確率 $a = P(X \geq x)$ となる x を計算

=tdist(x,n,1)　　　　自由度 n の t 分布 t_n に従う確率変数 X に対し $P(X > x)$ を計算。$x > 0$ でなければならない

=tdist(x,n,2)　　　　自由度 n の t 分布 t_n に従う確率変数 X に対し $P(|X| > x)$ を計算。$x > 0$ でなければならない

=tinv(a,n)　　　　自由度 n の t 分布 t_n に従う確率変数 X に対し $a = P(|X| > x)$ となる x を計算。

=fdist(x,m,n)　　　　自由度対 (m, n) の F 分布 $F_{m,n}$ に従う確率変数 X に対し、上側確率 $P(X > x)$ を計算

=finv(a,m,n)　　　　自由度対 (m, n) の F 分布 $F_{m,n}$ に従う確率変数 X に対し、$a = P(X > x)$ となる x を計算

=confidence(α, σ,n)　　標準偏差 σ の正規母集団からの n 個の標本のときの信頼係数 $1 - \alpha$ の信頼区間の幅を計算。標本平均 ± 出力値、が信頼区間である

ztest(a1:a10,x,σ)　　正規母集団において、標準偏差 σ（省略可、省略すると標本標準偏差が用いられる）の場合に $P(X < x)$ を計算

=ttest(a1:a10,b1:b15,m,n)　　正規母集団を仮定し a1:a10 と b1:b15 の 2 群のデータを基に平均が等しいかどうかを検定する。m=1 なら片側検定、m=2 なら両側検定であり、n=1 のとき対応のある場合、n=2 のとき分散が未知だが等しい場合、n=3 不当分散は分散が異なる場合である。出力は標本 P 値

=ftest(a1:a10,b1:b15)　　正規母集団を仮定し a1:a10 と b1:b15 の 2 群のデータで分散が等しいかどうかを検定する。両側検定の P 値を計算している

=intercept(a1:a10,b1:b10)　　データ（被説明変数）a1:a10、説明変数 b1:b10 のときの直線回帰における切片を出力

=slope(a1:a10,b1:b10)　　同上、傾きを出力

=forecast(x,a1:a10,b1:b10)　　同上、x での予測値を出力

=trend(a1:a10,b1:b10,x,false(true))　　被説明変数 a1:a10、説明変数 $b1 : b10$ の直線回帰分析。true のとき切片あり、false のとき切

片は 0 とする。x を省略すると x を b1:b10 とみなす。b1:b10 と x の両方を省略すると 1,2,... とみなす。x が 1 点の場合はこのまま入力すればよいが、複数ある場合はセルに入力し、範囲を選択した後 F2 キーを押し、Ctrl キーと Shift キーを押しながら Enter キーを押す。詳しくはエクセルのヘルプを参照

=fisher(x) フィッシャーの z 変換

=fisherinv(a) フィッシャーの z 変換の逆変換

=multinomial(a1,a2,a3) 多項係数 $(a1+a2+a3)!/(a1!a2!a3!)$ を計算

練習問題解答

各章末の問題の解答を与える。数値は適当に四捨五入してある。ただし、実際の計算は途中で四捨五入せずに実行されなければならない。

第 1 章

1.1 実際に机上で数値計算するのは面倒なのでエクセルの統計関数を用いよう。以下の表の入力式を適当な所に入力して結果を得る。ただし * はデータの格納されている番地であり、例えば a1 から a100 に格納されていれば a1:a100 である。四分位偏差は第 3 四分位と第 1 四分位から 3 となる。

	標本平均	標本分散	不偏分散	最小値	第 1 四分位
入力式	=average(*)	=varp(*)	=var(*)	=min(*)	=quartile(*,1)
結果	86.65	18.6075	18.7955	78	84
	中央値	第 3 四分位	最大値	標本歪度	標本尖度
入力式	=median(*)	=quartile(*,3)	=max(*)	=skew(*)	=kurt(*)
結果	86	90	102	0.6167	0.7977

1.2 2 乗を展開すればすぐ分かる。

$$\begin{aligned} s_x^2 &= \frac{1}{n}\sum_{i=1}^n (x_i^2 - 2\bar{x}x_i + (\bar{x})^2) \\ &= \frac{1}{n}\sum_{i=1}^n x_i^2 - 2\bar{x} \times \frac{1}{n}\sum_{i=1}^n x_i + (\bar{x})^2 \\ &= \frac{1}{n}\sum_{i=1}^n x_i^2 - (\bar{x})^2 \end{aligned}$$

また (1.20) は $s_x^2 = \frac{1}{n}\sum_{i=1}^n (x_i - x_0 - (\bar{x} - x_0))^2$ なので x_i ではなく $x_i - x_0$ に上の展開を適用して全く同様である。

1.3 データを $z_1, \ldots, z_N$ とおくと標本平均は合計割る個数なので $\lambda = m/N$ とおくと

$$\bar{z} = \frac{m\bar{x} + n\bar{y}}{N} = \lambda\bar{x} + (1-\lambda)\bar{y}$$

また分散は

$$\begin{aligned}
s_z^2 &= \frac{1}{N}\sum_{i=1}^{N}(z_i - \lambda\bar{x} - (1-\lambda)\bar{y})^2 \\
&= \frac{1}{N}\sum_{i=1}^{m}(x_i - \lambda\bar{x} - (1-\lambda)\bar{y})^2 + \frac{1}{N}\sum_{i=1}^{n}(y_i - \lambda\bar{x} - (1-\lambda)\bar{y})^2 \\
&= \lambda s_x^2 + (1-\lambda)s_y^2 + \lambda(1-\lambda)(\bar{x}-\bar{y})^2
\end{aligned}$$

第2章

2.1 $\bar{x}=10.9$, $\bar{y}=-8.5$, $s_x^2=84921.69$, $s_y^2=1527.85$, $s_{xy}=10523.54$ である。また標本相関係数は $r_{xy}=0.9239$ である。これより $\hat{b}=\hat{\theta}_1=0.1239$ なので回帰直線は

$$y = -8.5 + 0.1239(x-10.9) = -9.851 + 0.1239x$$

であり、寄与率は $r_{xy}^2=0.854$ となる。A社の株価の変動の約85％強が日経平均株価の変動で説明できた。

2.2 身長を x、体重を y、胸囲を z で表す。エクセルの統計関数を用いる。x は a1:a100、y は b1:b100、z は c1:c100 に格納されているとする。

(1) 身長と体重に関する標本平均、標本分散、標本相関係数は例2.4にある。=average(c1:c100) と入力してそれぞれの標本平均 $\bar{z}=81.67$ をえる。同様に =varp(c1:c100) と入力して標本分散 $s_z^2=9.9211$ をえる。varp を var とすれば不偏分散が出力される。さらに、=covar(b1:b100, c1:c100), =covar(a1:a100, c1:c100), =correl(b1:b100, c1:c100), =correl(a1:a100, c1:c100) と入力して標本共分散は $s_{yz}=8.3112, s_{xz}=-0.0904$、標本相関係数は $r_{yz}=0.5770, r_{xz}=-0.0061$ である。体重と胸囲の相関は高く、身長と体重の相関もそれに次いで高いが身長と胸囲には相関は認められない。

(2) =intercept(a1:a100,c1:c100), =slope(a1:a100,c1:c100) と入力して回帰式

$$x = 159.86 - 0.0091z = 159.12 - 0.0091(z-81.67)$$

をえる。寄与率はほぼ 0 であり、実は胸囲のみで身長を説明することに意味はない。

(3) 式 (2.20) を忠実に計算する。必要な数値は例 2.4 と上にあり、

$$\hat{\theta}_0 = 159.12, \ \hat{\theta}_1 = 0.6014, \ \hat{\theta}_2 = -0.5130$$

である。寄与率は重相関係数の 2 乗を計算して 0.2262 である。体重単独よりも説明力はあるが、あまり有効な回帰式にはなっていない。

(4) (2.25) を計算すればよい。必要な標本相関係数は例 2.4 と上にある。

$$r_{xy\cdot z} = 0.4756, \ r_{yz\cdot x} = 0.6278, \ r_{xz\cdot y} = -0.3027$$

をえる。身長と胸囲の偏相関係数が標本相関係数と大きく異なっていることが分かる。

2.3 x と y の間に直線関係はないが x の大小と y の大小は一致しているので $\rho = \tau = 1$ である。相関係数は 0.1888 となりあまり大きくない。

第 3 章

3.1 $A \cup B = A \cup (A^c \cap B)$ なので $P(A \cup B) = P(A) + P(A^c \cap B)$。また $B = (A \cap B) \cup (A^c \cap B)$ なので $P(B) = P(A \cap B) + P(A^c \cap B)$。これより示される。

3.2 $\phi = \sum_{i=1}^{\infty} \phi$ なので $P(\phi) = \sum_{i=1}^{\infty} P(\phi)$ が成り立つ。したがって $P(\phi) = 0$ 以外にあり得ない。これより、全確率の公式および Bayes の定理の無限和の部分の $n+1$ 番目以降を ϕ とおけば公式と定理の $\sum_{i=1}^{\infty}$ は $\sum_{i=1}^{n}$ とできる。

3.3 A で 1 人は支持、もう 1 人はそうではない確率は $0.25 \times (1-0.25) \times 2 = 0.375$ であり、B、C、D では同様にして $0.32, 0.255, 0.18$ となる。例 3.1 と同様に全確率の公式とベイズの定理を用いればよい。

(1) このような結果になる確率は

$$0.375 \times \frac{1}{10} + 0.32 \times \frac{2}{10} + 0.255 \times \frac{3}{10} + 0.18 \times \frac{4}{10} = 0.25.$$

(2) Aである事後確率は
$$\frac{0.375 \times \frac{1}{10}}{0.25} = 0.15$$
B，C，Dでは同様にして 0.256, 0.306, 0.288 である。各地域でのこのようになる確率と 0.25 が近ければ事後確率は人口比に近い。

3.4

(1) 例 3.6 から、1 個のサイコロの出る目の平均と分散は $\frac{7}{2}, \frac{35}{12}$ である。2 個のサイコロの出る目は互いに独立と考えられるので、出る目の和の平均と分散は 1 個の場合の 2 倍で、7, $\frac{35}{6}$ となる。

(2) 和は 2 と 12 の間の整数値を取り、その確率は $\frac{1}{36}, \frac{2}{36}, \frac{3}{36}, \frac{4}{36}, \frac{5}{36}, \frac{6}{36}, \frac{5}{36}, \frac{4}{36}, \frac{3}{36}, \frac{2}{36}, \frac{1}{36}$ となる。偶数となる 6 個の場合の確率を加えて $\frac{1}{2}$ となる。偶数となるのは目の和では $2, 4, \ldots, 12$ の 6 通り、奇数となるのは 5 通りであるが、確率は等しい。

(3) Z の平均は
$$2 \times \frac{1}{36} - 3 \times \frac{2}{36} + 4 \times \frac{3}{36} - \cdots + 12 \times \frac{1}{36} = 0$$

3.5 積率母関数は
$$\begin{aligned} M_X(t) &= \int_{-\infty}^{\infty} \frac{1}{2} e^{-|x|} e^{tx} dx \\ &= \frac{1}{2} \int_{-\infty}^{0} e^{-(1-t)x} dx + \frac{1}{2} \int_{0}^{\infty} e^{(1+t)x} dx \\ &= \frac{1}{2} \cdot \frac{1}{1-t} + \frac{1}{2} \cdot \frac{1}{1+t} \\ &= \frac{1}{1-t^2} \end{aligned}$$
となる。ただし $-1 < t < 1$ でなければならない。
$$M_X'(t) = \frac{2t}{(1-t^2)^2}, \quad M_X''(t) = \frac{2+6t^2}{(1-t^2)^3}$$
を得るので
$$E(X) = M_X'(0) = 0, \quad Var(X) = M_X''(0) - \{M_X'(0)\}^2 = 2$$
なので平均は 0、分散は 2 である。

第4章

4.1

(1) 定義から $M=100, N=60, n=10$ なので超幾何分布 $HG(100,60,10)$ となる。

(2) $E(X) = n\frac{N}{M} = 6$ となる。

(3) 定義から直接計算してもよいが面倒であろう。巻末のエクセル関数を用いて =hypgeomdist(i,10,60,100), $i=7,8,9,10$ を計算すれば確率 0.374 を得る。

4.2 定理 4.2 の X, Z を Y, X と読み替える。$X = a + bY$ なので Y の密度関数は $bf(a+by)$ となる。

4.3 いずれも規準化して

$$\gamma = P\left(\frac{b-\mu}{\sigma}\right) - P\left(\frac{a-\mu}{\sigma}\right)$$
$$\equiv \Phi(\beta) - \Phi(\beta)$$

から求めればよい。以下ではエクセルを用いた。

(1) $\Phi(2) - \Phi(1)$ を求めればよいので =normsdist(2)-normsdist(1) と入力して 0.1359 となる。

(2) $\Phi(b-1) = 0.2$ となる b を求める。=normsinv(0.2)+1 と入力して 0.1584 となる。

(3) $\Phi(\frac{3}{\sigma}) - \Phi(-\frac{2}{\sigma}) = 0.5$ となる σ^2 を求める。適当なところ、例えば a1 に適当な数値を入れ、a2 に =normsdist(3/a1)-normsdist(-2/a1) と入力して a1 の数値を変えていけば求まる。3.6723 をえる。

(4) $\Phi(\frac{1-\mu}{2}) - \Phi(\frac{-\mu}{2})$ を計算すればよい。(3) と同様に a1 に適当な数値を入れ、a2 に =normasdist((1-a1)/2)-normsdist(-a1/2) と入力して a1 の数値を変えることにより解は -0.998 と 1.998 の2つある。

4.4 定義から $P(X=k) = e^{-\lambda}\lambda^k/k!$ であり、$X=k$ が既知の場合の Y は2項分布 $Bi(k,p)$ に従う。したがって、その確率は $P(Y=i|X=k) = $

$_kC_i p^i q^{k-i}$, $i = 0, 1, \ldots, k$, $q = 1 - p$ であり、$i > k$ のときは 0 である。

$$
\begin{aligned}
P(Y = i) &= \sum_{k=0}^{\infty} P(Y = i | X = k) P(X = k) \\
&= \sum_{k=i}^{\infty} P(Y = i | X = k) P(X = k) \\
&= \sum_{k=i}^{\infty} {}_kC_i p^i q^{k-i} e^{-\lambda} \lambda^k / k! \\
&= e^{-\lambda} \left(\frac{p}{q}\right)^i \frac{1}{i!} \sum_{k=i}^{\infty} \frac{(\lambda q)^k}{(k-i)!} \\
&= e^{-\lambda} \left(\frac{p}{q}\right)^i \frac{1}{i!} (\lambda q)^i \sum_{k=0}^{\infty} \frac{(\lambda q)^k}{k!}, \quad k - i \text{ を改めて } k \text{ とおいた} \\
&= e^{-\lambda p} \frac{(\lambda p)^i}{i!}
\end{aligned}
$$

したがって、Y は平均 λp のポアソン分布に従う。導出は面倒な計算が必要であるが、結論は常識的であろう。

4.5 X, Y ともに分散は 1 なので共分散、相関係数は -0.25 である。

(1) 多変量正規分布は一次式はやはり正規分布に従う。平均は $E(X+Y) = 3 + 1 = 4$、分散は $Var(X+Y) = 1 + 1 - 0.5 = 1.5$ であり、この平均、分散を持つ正規分布に従う。

(2) 式 (4.68) の $g(y|x)$ が Y^* の X^* が与えられたときの条件付き密度関数であり、正規分布 $N(-0.25x^*, 0.9375)$ に従う。かつ、$X^* = X - 3$, $Y^* = Y - 1$ なので、$X = 3.1$ のとき $X^* = 0.1$ である。したがって Y^* は正規分布 $N(-0.025, 0.9375)$ に従うので Y の分布は $N(0.975, 0.9375)$ である。

第 5 章

5.1 平均は 5、分散は 2.5 である。正規近似の場合は半数補正を行う。

(1) 式 (4.4) から 0.04395 を得る。エクセルで =binomdist(2, 10, 0.5, false) と入力してもよい。

(2) $X = 2$ を $1.5 < X < 2.5$ として基準化すると、基準化した値が -2.2136, -1.5811 の間に入る確率を計算する。エクセルで =normsdist(-1.5811)-normdist(-2.2136) と入力すると 0.43495 を得る。=normdist(2.5, 5, 2.5, true)-normdist(1.5, 5, 2.5, true) でもよい。

(3) 平均 5 のポアソン分布を当てはめる。式 (4.5) を計算するか、またはエクセルで =poisson(2,5, false) と入力して 0.0842 を得る。この場合は p が大きいので正規分布の方が近似がよい。

5.2 正規分布 $N(\mu, \sigma^2)$ からの大きさ n の無作為標本の和は正規分布 $N(n\mu, n\sigma^2)$ に従うことを用いる。

(1) 大きさ 12 の場合は $N(780, 1200)$ に従うのでエクセルに =1-normsdist((750-780)/sqrt(1200)) と入力して 0.8068、約 81％である。

(2) 大きさ 11 の場合は $N(715, 1100)$ なので =1-normsdist((750-715)/sqrt(1100)) と入力して 0.1456、約 15％である。11 人でもしばしば制限荷重を超える。

(3) 大きさ 13 の場合は $N(845, 1300)$ であり =normsdist((750-845)/sqrt(1300)) として 0.004 となりこのようなことが起きることは稀である。

5.3 カイ 2 乗分布、t 分布、F 分布の定義を用いればよい。X が標準正規分布 $N(0,1)$ に従うとき X^2 は自由度 1 のカイ 2 乗分布に従うことから (1) が示される。T が自由度 n の t 分布に従うとき T^2 は F 分布 F_n^1 に従うことから (2) が示される。F が自由度対 (m,n) の F 分布 F_n^m に従うとき $1/F$ が F 分布 F_m^n に従うことから (3) が示される。

第 6 章

6.1 最尤法で推定しよう。$(X_1, \ldots, X_n)$ の同時密度関数は

$$f(x_1, \ldots, x_n) = \theta^n k^{n\theta} \left(\frac{1}{x_1 \cdots x_n}\right)^{\theta+1}$$

なので対数尤度関数は

$$\log L(\theta) = n \log \theta + n\theta \log k - (\theta + 1) \log(x_1 \cdots x_n)$$

となる。θ で微分して
$$\hat{\theta} = n \Big/ \log(\frac{x_1 \cdots x_n}{k^n})$$
をえる。これは X_i/k の幾何平均の逆数である。

6.2 ベータ分布の密度関数はベータ関数で表せて複雑なのでモーメント法を用いることにする。ベータ分布の平均と分散から
$$\bar{X} = \frac{\alpha}{\alpha + \beta}, \quad S^2 = \frac{\alpha\beta}{(\alpha + \beta)^2(\alpha + \beta + 1)}$$
を解いて
$$\hat{\alpha} = \frac{\bar{X}^2(1 - \bar{X})}{S^2} - \bar{X}, \quad \hat{\beta} = \frac{\bar{X}(1 - \bar{X})^2}{S^2} - (1 - \bar{X})$$
となる。

6.3 帰無仮説の下では X は標準正規分布に従うので $c = k(2\alpha)$ であり、$\alpha = 0.05$ なので $c = k(0.1) = 1.95996$ である。対立仮説の下では X は $N(1, 2)$ に従うので検出力は基準化して $P(X > k(0.1)) = 1 - P(\frac{X-1}{\sqrt{2}} < \frac{k(0.1)-1}{\sqrt{2}})$ なのでエクセルを用いて計算すると　0.3242 となる。

6.4 棄却域は例 6.13 で与えられている。検出力は $N(1, 2)$ の下で $P(X > -1 + \sqrt{c'}) + P(X < -1 - \sqrt{c'})$ を計算すると

$$\begin{aligned} & P(X > -1 + \sqrt{7.002}) + P(X < -1 - \sqrt{7.002}) \\ = & P(\frac{X-2}{\sqrt{2}} > \frac{-3 + \sqrt{7.002}}{\sqrt{2}} < \frac{-3 - \sqrt{7.002}}{\sqrt{2}}) \\ = & 0.3244 \end{aligned}$$

をえる。前問とあまりかわらない。

第 7 章

7.1 標本平均と標本分散は例 2.4 ですでに計算してあり、それぞれ 159.12, 22.3056 である。

(1) 式 (7.13) に数値を代入し、エクセルに =tinv(0.1, 99) を入力して $t_{99}(0.1)$ を求めて区間 $158.33 < \mu < 159.91$ を得る。

(2) 式 (7.30) に数値を代入し、エクセルに =chiinv(0.95, 99), =chiinv(0.05, 99) と入力して $\chi_{99}(0.95), \chi_{99}(0.05)$ を求めて区間 $18.10 < \sigma^2 < 28.95$ を得る。分散の推定は平均より精度が悪い。

(3) 右片側検定である。検定統計量は式 (7.16) より 2.3595 である。棄却域は $t_{99}(0.1) = 1.66$ 以上なので対立仮説は有意である。標本P値はエクセルに =tdist(2.3595, 99, 2) と入力してほぼ 0.02 である。

7.2 2変量のデータ $(x_i, y_i), i = 1, \ldots, 20$ が正規分布 $N(\mu, \sigma^2)$ からの無作為標本と仮定する。

(1) 帰無仮説は $H_0 : \mu = 0$、対立仮説は $H_1 : \mu > 0$ である。$z_i = x_i - y_i$ の標本分散は $9 + 4 + 2 \times 5 = 23$ なので $t_0 = 0.909$ となり、$t_{19}(0.2) = 1.328$ より小さく対立仮説は有意にならない。

(2) $t_0 = 1/\sqrt{23/(n-1)} > t_{n-1}(0.2)$ となる最小の n を求める。やや技巧的であるがエクセルを用いてみよう。

$$\frac{\sqrt{n-1}}{\sqrt{23}t_{n-1}(0.2)} > 1$$

となる最小の n なので、例えばエクセルの a1 番地に n を入れ、適当なところに =sqrt(a1-1)/sqrt(23)/tinv(0.2,a1) と入力する。a1 の値を変えていけば $n = 41$ と分かる。

第 8 章

8.1 男性の身長の標本平均、標本分散は $\bar{x} = 171.22, s_x^2 = 33.7716$、女性のそれは $\bar{y} = 159.12, s_y^2 = 22.3056$ である。これらの数値を公式に当てはめればよい。

(1) 検定統計量は不偏分散の比であるが標本の大きさが同じなので標本分散の比でよく $F_0 = 1.514$ である。両側仮説を考える。$F_0 > 1$ なので $f_{99}^{99}(0.05) = 1.394$（エクセルで =finv(0.05,99,99) と入力）と比較して対立仮説は有意である。

(2) (1) の検定で分散が等しいという帰無仮説は棄却された。したがってウエルチの検定を行う。有意水準を 5 % とする。式 (8.16) から検定統計量

は $W_0 = 2.790$ である。これは $t_{99}(0.1) = 1.66$ より十分大きいので対立仮説は有意である。この場合データ数は十分大きく微少な差も検出していると考えられる。なお当てはめる自由度はほぼ 190 である。したがって標本 P 値はエクセルに =tdist(2.79,190,1) と入力して 0.0029 であり十分小さい。

8.2 $\mu_0 = 0, m = n, \sigma_1^2 = \sigma_2^2$ として、検定では 8.1 節の右片側仮説を適用すればよい。

(1) 帰無仮説の下で検定統計量 Z_0 は標準正規分布 $N(0,1)$ に従い対立仮説の下では $N(\sqrt{\frac{n}{2}}, 1)$ に従う。有意水準は 5 % なので棄却点は $k(0.1) = 1.64485$ である。したがって標準正規分布に従う確率変数が $k(0.1) - \sqrt{\frac{n}{2}}$ より大きくなる確率が 0.8 以上になるようにすればよい。すなわち $\Phi(k(0.1) - \sqrt{\frac{n}{2}}) < 0.2$ となる最小の n を求めればよい。例えばエクセルの a1 に n を入力し =normsdist(1.64485-sqrt(a1/2)) の a1 を変えて求まる。$n = 13$ となる。

(2) 信頼区間の長さは式 (8.3) より $2k(0.05)\sqrt{\frac{2\sigma^2}{n}}$ なのでこれが与えられた値より小さくなる最小の n を求める。$\sigma, 0.1\sigma, 0.01\sigma$ それぞれに対して $31, 3074, 307347$ となる。一般に精度を一桁上げるためにはデータは 100 倍必要である。

第 9 章

9.1 仮説検定では政府の期待を常に帰無仮説にする。もちろん逆の立場もある。

(1) 信頼係数 90 % で推定してみよう。$k(0.1) = 1.644853, \hat{p} = 0.45$ を式 (9.3) に代入して $0.371 < p < 0.532$ をえる。式 (9.4) の簡便な式からは $0.368 < p < 0.532$ となりあまり変わらない。(9.7) の厳密な式からは $n_1 = 112, n_2 = 90, n_1' = 92, n_2' = 110$ なのでエクセルを用いて F 分布のパーセント点を求めれば $0.365 < p < 0.537$ であり、近似はかなり正確である。

(2) (1) と同様信頼係数 0.9 で推定する。式 (9.14) に代入して $-0.046 < p - q < 0.246$ をえる。

(3) 有意水準 0.05 で検定する。$p_0 = 0$ で右片側仮説である。式 (9.15) から検定統計量の値は $t_0 = 1.118$ である。これを $k(0.1)$ と比較して帰無仮説は棄却できない。政府の期待に叶っているとは言えない。なお P 値は 0.132 である。

(4) 信頼係数 0.9 で推定する。式 (9.20) に $m = 100, n = 80, \bar{X} = 0.45, \bar{Y} = 0.375$ を代入して $-0.046 < p - q < 19.6$ となる。

(5) やはり有意水準 0.05 で検定しよう。両側仮説であり、$p_0 = 0$ として、検定統計量は式 (9.22) を計算し $t_0 = 1.020$ となる。これは $k(0.1)$ より小さく帰無仮説は棄却できない。政府の期待に反しているとは言えない。なお P 値は =(1-normsdist(1.02))*2 とエクセルに入力して 0.308 であり、小さくない。

9.2 信頼区間は式 (9.24), (9.26) の両方で計算してみよう。

(1) (9.24) からは $k(0.2) = 1.281552$ であり、$8.31 < \lambda < 17.34$ であり、$\chi_{24}(0.9) = 35.56317, \chi_{26}(0.1) = 15.65868$ なので (9.26) からは $7.83 < \lambda < 17.78$ である。近似はやや小さな区間を与えている。

(2) 帰無仮説は $H_0 : \lambda = 7$ であり右片側仮説で検定する。検定統計量は $z_0 = 1.890$ である。標本 P 値はエクセルで =1-normsdist(1.89) と入力して 0.029 となり、有意水準 5％なら帰無仮説は棄却されて、通常より多かった、という発言は正しいと判定される。ただしこの原因として、景気が悪かったので、を肯定したわけではなく、この部分を認めるかどうかは別の問題である。

9.3 十分大きな値なので正規分布で近似する。

(1) 公式 (9.24) を用いる。信頼係数 95％で考えると、$k(0.05) = 1.95996$ であり $315.2 < \mu < 388.6$ を得る。なお公式 (9.25) を用いると $313.3 < \mu < 386.7$ となり、やや小さくなるがあまり変わらない。

(2) (1) と同様で、信頼係数 95％で考えると $127.8 < \lambda < 176.0$ を得る。公式 (9.25) からは $126.0 < \lambda < 174.0$ を得る。

(3) 信頼係数 95％で考えると、式 (9.30) に数値を代入して $156.2 < \mu - \lambda < 243.8$ となる。あまり正確な推定にはなっていない。

(4) 帰無仮説は $H_0 : \mu - 2\lambda = 0$ である。A県の倒産数を X、B県を Y とおき、$X - 2Y$ を考えると H_0 の下で $E(X - 2Y) = 0, Var(X - 2Y) = \mu + 4\lambda$ である。規準化して未知パラメータに推定量を代入すると $Z_0 = (X - 2Y)/\sqrt{X + 4Y}$ は H_0 の下で標準正規分布で近似できる。対立仮説は両県で差がある、つまり $H_3 : \mu \neq 2\lambda$ が適当であろう。$z_0 = 1.622$ を得る。エクセルに =normsdist(1.622) と入力すると 0.9476 となる。したがってP値は $(1 - 0.9476) \times 2 = 0.1048$ となる。有意水準 10 ％でも有意にならない。

第 10 章

10.1 階級数 6、未知パラメータ数 2 なので自由度は 3 である。平均と分散の推定値が与えられているので表 10.3 のように計算過程を作ると下表を得る。エクセルで =chidist(3.2085,3) と入力するとP値 0.361 を得て、正規分布の帰無仮説は棄却できない。データはいびつなようにも見えるが標本誤差を考えると正規性に反する証拠はない、と言える。

階級	度数	$\hat{p}_{i0}$	$n\hat{p}_{i0}$	$x_i - n\hat{p}_{i0}$	$(x_i - n\hat{p}_{i0})^2/(n\hat{p}_{i0})$
$-\infty \sim 153.5$	14	0.1170	11.70	2.30	0.451
$153.5 \sim 156.5$	17	0.1725	17.25	-0.25	0.004
$156.5 \sim 159.5$	24	0.2425	24.25	-0.25	0.003
$159.5 \sim 162.5$	17	0.2308	23.08	-6.08	1.603
$162.5 \sim 165.5$	19	0.1487	14.87	4.13	1.145
$165.5 \sim \infty$	9	0.0884	8.84	0.16	0.003
	100	1.0000	100	0.00	3.208

10.2 $r = s = 2$ の分割表の検定である。式 (10.15) の検定統計量は 4.225 であり、自由度 1 のカイ 2 乗分布を当てはめると、P値はエクセルに =chidist(4.225,1) と入力して 0.0398 となる。有意水準 5 ％なら有意であり、地区によって差がある、と結論される。

西日本の方が高い、という対立仮説に対してはフィッシャーの厳密検定を適用しよう。帰無仮説の下では西日本の中央値超の値は超幾何分布 $HG(47, 23, 24)$ に従い、対立仮説ではそれより大きな値を取る傾向のある分布に従う。したがってエクセルで式 (10.16) から $u = u_\alpha$ を求めれば検定できる。ここでは西日本の中央値超の値は 14、取りうる最大の値は 23 なのでエクセルで =hypgeomdist(i,24,23,47) の $i = 14 \ldots, 23$ の和をとって標本P値を求めよう。標本P値は 0.153 であり有

意水準 10％でも対立仮説は有意にならない。もし値が 15 であれば標本 P 値は 0.053 であり有意水準 5％では有意にならない。値が 16 なら標本 P 値は 0.014 で有意水準 5％で有意となったであろう。

カイ 2 乗検定では両側仮説が有意となり、厳密検定では片側仮説が有意にならなかった。このデータはあまり大きくなく、したがって離散分布を連続分布で近似したためにこのような現象が起こった、と考えられる。

第 11 章

11.1 必要となる数値を計算して分散分析表を作ればよい。

(1) 一元配置分散分析である。$n_1 = \cdots = n_4 = 6, T = 21.6, V = 48.4$ 等を計算して $ss_1 = 0.533, ss_e^2 = 28.427, ss_T^2 = 28.96$ であり $F = 0.125$ となる。自由度対 (3,20) の F 分布を当てはめるのであるが、これは小さな値であり、差は検出できない。なお V の計算にはエクセルの sumsq を用いた。

(2) $r = 3, s = 4$ の二元配置分散分析である。必要な数値は

$$n = 12, \ T = 21.6, \ V = 94.16,$$

$$T_{1\cdot} = -2.3, \ T_{2\cdot} = 6.5, \ T_{3\cdot} = 17.4,$$

$$T_{\cdot 1} = 5, \ T_{\cdot 2} = 6.6, \ T_{\cdot 3} = 5.8, \ T_{\cdot\cdot} = 4.2$$

であり、

$$SS_T^2 = 55.28, \ SS_1^2 = 48.695, \ SS_2^2 = 1.067, \ SS_e^2 = 5.518$$

$F_1 = 26.473, F_2 = 0.387$ となりそれぞれ自由度対 (2,6), (3,6) の F 分布を当てはめる。F_1 に対する標本 P 値はエクセルで =fdist(26.473) と入力して 0.001 となる。有意水準 0.01 でも対立仮説は有意、すなわち産業ごとに差がある。一方 F_2 は小さく地域間に差は認められない。

(3) $r = 3, s = 4, t = 2, n = 24$ の繰り返しのある二元配置である。

$$T = 21.6, \ V = 48.4, \ V_1 = 350.3, \ V_2 = 119.8, \ V_3 = 94.16$$

$$T_{1.} = -2.3, \ T_{2.} = 6.5, \ T_{3.} = 17.4$$

$$T_{.1} = 5.0, \ T_{.2} = 6.6, \ T_{.3} = 5.8, \ T_{.4} = 4.2$$

等をえる。
上の数値から $SS_T^2 = 28.96, \ SS_e^2 = 1.32, \ SS_1^2 = 24.3475, \ SS_2^2 = 0.5333, \ SS_3^2 = 2.7592$ となる。F 比は

$$F_1 = 110.67, \ F_2 = 1.6162, \ F_3 = 4.1806$$

となり分散分析表

要因	2乗和	自由度	平均	F比	P値
産業	24.3475	2	12.17	110.67	<0.0001
地域	0.5333	3	0.178	1.6162	0.2375
交互作用	2.7592	6	0.46	4.1806	0.0168
誤差	1.32	12	0.11		
計	28.96	23			

をえる。通常の有意水準で産業の間では有意な差があり、地域間には差がなく、ただし地域によって産業に特色のあることが分かる。なお P 値はエクセルの =fdist(x,m,n) を用いた。なお、点推定値は (11.38), (11.39) に数値を代入すればよく、

$$\hat{\alpha}_1 = -1.1875, \ \hat{\alpha}_2 = -0.0875, \ \hat{\alpha}_3 = 1.275$$

$$\hat{\beta}_1 = -0.067, \ \hat{\beta}_2 = 0.2, \ \hat{\beta}_3 = 0.067, \ \hat{\beta}_4 = -0.2$$

$$\hat{\gamma}_{11} = 0.604, \ \hat{\gamma}_{12} = -0.613, \ \hat{\gamma}_{13} = 0.121, \ \hat{\gamma}_{14} = -0.113$$

$$\hat{\gamma}_{21} = -0.546, \ \hat{\gamma}_{22} = 0.238, \ \hat{\gamma}_{23} = 0.071, \ \hat{\gamma}_{24} = 0.238$$

$$\hat{\gamma}_{31} = -0.058, \ \hat{\gamma}_{32} = 0.375, \ \hat{\gamma}_{33} = -0.192, \ \hat{\gamma}_{34} = -0.125$$

となる。信頼区間は省略する。
一元配置として分析したときには何の情報も得られず、二元配置としてはじめて産業間の差が検出できた。また、繰り返しのある二元配置として産業と地域間の関係が分析できた。

第 12 章

12.1 標本平均、標本分散、標本共分散、相関係数、および各パラメータの推定値は問題 2.1 の解答に与えられている。

(1) 推定値 $\hat{\theta}_1 = 0.1239$ および $ss_e^2 = 10 \times 1527.85 \times (1 - 0.854) = 2237.4$ より $\hat{\sigma}^2 = 279.675$ である。これより式 (12.12) と $t_8(0.05) = 2.306$ より $0.082 < \theta_1 < 0.166$ となる。検定では、帰無仮説 $H_0 : \theta_1 = 0$ を右片側仮説に検定することである。もし信頼係数 90 % の信頼区間が正の部分にあれば対立仮説は有意であるが、要求されている有意水準は 5 % なので実際に検定しなければならない。検定統計量は、$\theta_{10} = 0$ として (12.16) の T_b を求めればよく 6.829 であり $t_8(0.1) = 1.860$ と比較して対立仮説は有意であることが分かる。

(2) 式 (12.13) から信頼区間 $-22.05 < a < 2.35$ をえる。検定は、対立仮説が両側仮説であり信頼区間が 0 を含まないので対立仮説は有意にならない。検定を実際に実行してみると、式 (12.17) は $t_a = -1.861$ であり、この値の絶対値を $t_8(0.05)$ と比較して帰無仮説は棄却できない。標本 P 値はエクセルに =tdist(1.861,8,2) と入力して 0.0997 である。有意水準が 0.1 であれば帰無仮説は棄却できた。

(3) 式 (12.14) から $-22.05 < \theta_0 - \bar{x}\theta_1 < 2.35$ となる。

(4) 式 (12.15) から区間 $(-50.3, 30.6)$ をえる。(3) と比較して誤差が含まれるため大きな区間となっている。

12.2 標本相関係数は 0.929354 である。式 (12.21) のフィッシャーの z 変換により観測値は $z = 1.6536$ である。ここでエクセルの =fisher(0.929354) を用いた。帰無仮説の値は 0.9 なので $\zeta = 1.472219$ であり、対立仮説は右片側仮説である。これより検定統計量の値は $z_0 = 0.654$ となり、標本 P 値 0.2565 をえて通常の有意水準では対立仮説は有意にならない。

$k(0.95) = 1.959964$ より式 (12.23) の値は $1.110 < \zeta < 2.197$ である。z 変換の逆変換 (エクセルの =fisherinv()) を利用すると信頼区間 $0.804 < \rho < 0.976$ をえる。

第 13 章

13.1 他と離れたデータがあるので正規分布に基づく理論の適用は不適であり、ノンパラメトリック法を適用する。順位に基づく方法では以下の順位が必要である

伸び率（符号付）	3	2	−7	12	−8	9	11	−13	4	−6	5	−10	14	1
前年	6	1	4	5	2	3	7	10	11	9	8	12	14	13
伸び率	8	7	4	13	3	11	12	1	9	5	10	2	14	6

(1) $n = 14, m_0 = 0$ として符号検定の右片側検定を適用するが、$n = 14$ は大きいとはいえないので2項分布で厳密に標本P値を計算する。観測値は $s^+ = 9$ であり $P(S^+ \geq 9)$ をエクセルを用いて計算すると =1-binomdist(8,14,0.5,true) と入力して 0.212 を得る。これは通常の有意水準では対立仮説は有意にならないであろう。

符号付き順位和検定では観測値は $w = 17, t = 0.518$、標本P値は 0.698 となり符号検定と同じ結論である。

(2) 2章の (2.28)、(2.32) を用いてスピアマンとケンドールの順位相関係数を求めると $\sum_{i=1}^{n}(r_i - s_i)^2 = 448$, $\sum\sum_{i<j} \mathrm{sgn}(r_i - r_j)\mathrm{sgn}(s_i - s_j) = 1$ なので $\rho = 0.015$, $\tau = 0.011$ となる。(13.16) を計算すると共に 0.055 であり十分小さく相関は認められない。県民所得の大きさと伸び率は関係なさそうである。

(3) データ数が少ないので符号検定からの信頼区間は省略し、ホッジス・レーマン推定量を考えよう。この年の 7 個のデータで 28 個の w を計算し中央値を求めると 2457 となる。20%信頼区間を考えると $c_{0.2} = 22.08$ なので信頼区間は (w_7, w_{22}) であり (2361, 2577) を得る。前年のデータでは点推定値は 2438、信頼区間は (2352.5, 2521) である。

13.2 順位は北日本では 14,5,9,12,3,10,13 でその和は 66 である。順位和検定を行うと $t = 1.661$ である。正規近似により両側検定の近似的P値はエクセルに =2*(1-normsinv(1.661)) と入力して 0.097 となる。有意水準 10%なら有意になるデータであった。ただし近似を用いているので標本P値がほぼ 10%、とするのが妥当であろう。

49 個の組み合わせで差をすべてを計算し、信頼区間を考えると、差の中央値の点推定値は 141 である。5%信頼区間を求めると、$k(0.025) = 1.96$ なのでほ

ぼ $c_1 = 9$, $c_2 = 40$ であり $(w_9, w_{40}) = (-80, 348)$ を得る。5 ％信頼区間は 0 を含んでいる。

参考文献

[1] 石川幹人 (1997)、『サイコロと Excel で体感する統計解析』、共立出版。
[2] 稲垣宣生・山根芳知・吉田光雄 (1992)、『統計学入門』、裳華房。
[3] 勝木太一 (1995)、『経済統計学』、開成出版。
[4] 岸野洋久 (1992)、『社会現象の統計学』、朝倉書店。
[5] 木島正昭編 (1998)、『金融リスクの計量化上』、バリュー・アット・リスク、金融財政事情研究会。
[6] 小寺平治 (1986)、『明解　演習数理統計』、共立出版。
[7] 渋谷政昭・柴田里程 (1992)、『S によるデータ解析』、共立出版。
[8] 白旗慎吾 (1992)、『統計解析入門』、共立出版。
[9] 鈴木義一郎 (1977)、『データ解析術』、実教出版。
[10] 鈴木義一郎 (1997)、『グラフィック統計学』、実教出版。
[11] 田栗正章・藤越康祝・柳井晴夫・C.R. ラオ (2007)、『やさしい統計入門』、講談社ブルーバックス。
[12] 田中　豊・垂水共之編 (1997)、『統計解析ハンドブック・基礎統計』、共立出版。
[13] 垂水共之・飯塚誠也 (2006)、『R/S-PLUS による統計解析入門』、共立出版。
[14] ダレル・ハフ（高木秀玄訳）(1968)、『統計でウソをつく法』、講談社ブルーバックス。
[15] ディヴィッド・ザルツブルグ（竹内惠行・熊谷悦生訳）(2006)、『統計学を拓いた異才たち』、日本経済新聞社。
[16] 永田　靖 (1992)、『入門　統計解析法』、日科技連出版社。
[17] 縄田和満 (2000)、『Excel による統計入門』、朝倉書店。
[18] 舟尾暢男 (2005)、『The R Tips、データ解析環境Rの基本技・グラフィックス活用法』、九天社。
[19] 村上正康・安田正実 (1989)、『統計学演習』、培風館。
[20] 柳川　堯 (1982)、『ノンパラメトリック法』、培風館。

索　引

ア 行

一様分布（uniform distribution）　96
一様乱数（uniform random number）　97
一致推定量（consisitent estimator）　142
一致性（consistency）　142
一般の2項展開（generalized binomial expansion）　89
移動平均（moving average）　49
ウイルコクソン—マン—ホイットニー統計量（Wilcoxon-Mann-Whitney statistic）　245
ウイルコクソンの順位和統計量（Wilcoxon rank sum statistic）　245
ウイルコクソンの符号付き順位和統計量（Wilcoxon signed rank statistic）　242
上側信頼区間（upper confidence interval）　160
ウエルチ検定（Welch test）　179
ウエルチの信頼区間（Welch confidence interval）　178
打ち切り平均（truncated mean）　14
F分布（F-distribution）　134
応答変数（response variable）　39

カ 行

カイ2乗分布（chi-square distribution）　127
回帰直線（regression line）　40
回帰分析（regression analysis）　39
回帰平面（regression plane）　43
階級（class）　1
階級値（class mark）　1
ガウス分布（Gauss distribution）　106
確率（probability）　55
確率関数（probability function）　59
確率変数（random variable）　59
確率母関数（probability generating function）　76
確率密度関数（probability density function）　61
加重平均（weighted average, weighted mean）　14
片側仮説（one-sided hypotheses）　155
片側検定（one-sided test）　155
片側信頼区間（one-sided confidence interval）　156
偏り（bias）　144
株価収益率（net return of stock）　6
加法モデル（additive model）　48
ガンマ関数（gamma function）　100
ガンマ分布（gamma distribution）　104
幾何分布（geometric distribution）　90
幾何平均（geometric mean）　15
棄却（reject）　151
棄却域（rejection region）　153
棄却域検定（critical test）　153
棄却点（critical point）　153
稀現象（rare event）　86
危険率（significance level）　152
疑似値（pseudo-value）　251
基準化（normalization）　108
基準化（standardization）　18
規準化（normalization）　108
規準化（standardization）　18
疑似乱数（pseudo random number）　97
季節変動（seasonal variation）　48
期待値（expected value）　70
帰無仮説（null hypothesis）　152
境界値（boundary value）　1
共分散（covariance）　34, 74
寄与率（contribution rate）　41
空事象（empty event）　55
区間推定（interval estimation）　140

索　引

区間推定量（interval estimator）　140
クラメル-ラオの下限（Cramer-Rao bound）　144
計数値データ（counted data）　59
計量値データ（continuous data）　59
系列相関係数（serial correlation coefficient）　49
結合密度関数（joint density function）　63
決定係数（coefficient of determination）　41
検出力（power）　152
検定統計量（test statistics）　153
ケンドールの順位相関係数（Kendall rank correlation coefficient）　47
ケンドールの τ（Kendall's tau）　47
合計（total, total sum）　8
交互作用（interaction effect）　224
効率（efficiency）　146
コーシー分布（Cauchy distribution）　131
コクラン検定（Cochran test）　217
誤差（error）　143
誤差分布（error distribution）　106
誤差変動（error variation, fluctuation）　48
コレログラム（correlogram）　49
コンピュータ・シミュレーション（computer simulation）　97

サ　行

最強力検定（most powerful test）　154
最小2乗推定量（least square estimator）　230
最小2乗法（least square method）　39
最小2乗解（solution of least square）　40
再生性（reproductivity）　123
採択（accept）　151
最頻値（mode）　12
最尤推定量（maximum likelihood estimator）　147
最尤法（likelihood method）　147
3項分布（trinomial distribution）　95

残差（residual）　40
残差平均平方和（mean squared sum of residuals）　40
残差平方和（squared sum of residuals）　40
算術平均（arithmetic mean）　8
散布図（scatter diagram）　31
散布図行列（scatter diagram matrix）　50
時系列データ（time series data）　48
試行（trial）　55
事後確率（posterior probability）　58
事象（event）　55
指数分布（exponential distribution）　101
指数母集団（exponential population）　139
事前確率（prior probability）　58
下側信頼区間（lower confidence interval）　160
ジニ係数（Gini coefficient）　25
四分位範囲（interquartile range）　19
四分位偏差（quartile deviation）　19
周期変動（cyclic variation）　48
重相関係数（multiple correlation coefficient）　43
従属変数（dependent variable）　39
自由度（degree of freedom）　127
周辺確率関数（marginal probability function）　67
周辺密度関数（marginal density function）　64
主効果（main effect）　219
循環変動（long-term variation）　48
順序統計量（order statistics）　10
条件付き確率（conditional probability）　56
条件付き確率関数（conditional probability function）　67
条件付き分布（conditional distribution）　67
条件付き密度関数（conditional density function）　65
乗法モデル（multiplicative model）　48

295

信頼領域（confidence region） 155
推定量（estimator） 139
スタージェスの公式（Sturges formula） 3
ステムリーフ（stem and leaf） 6
ステューデント分布（Student distribution） 131
スピアマンの順位相関係数（Spearman rank correlation coefficient） 46
スピアマンのρ（Spearman's rho） 46
正規分布（normal distribution） 106
正規母集団（normal population） 139
積率（product moment） 70
積率相関係数（product correlation coefficient） 35
積率母関数（moment generating function） 76
絶対誤差（absolute error） 142
説明変数（explanatory variable） 38
漸近的（asymptotically） 125
全事象（total event） 55
尖度（kurtosis） 23
相関係数（correlation coefficient） 35, 74
相関図（correlation diagram） 31
相関図行列（correlation diagram matrix） 50
相関表（correlation table） 31
相対効率（relative efficiency） 146

タ 行

第一種の過誤（first kind error） 151
対数株価収益率（net log return of stock） 6
対数正規分布（log normal distribuion） 111
大数の弱法則（weak law of large numbers） 125
大数の法則（law of large numbers） 125
対数尤度（log-likelihood） 148
第二種の過誤（second kind error） 151
大標本（large sample） 125
対立仮説（alternative hypothesis） 152

大量観察（mass observation） 86
多項展開（multinomial expansion） 95
多項分布（multinomial distribution） 95
多変量正規分布（multivariate normal distribution） 115
単純仮説（simple hypothesis） 151
チェビシェフの不等式（Chebychev inequality） 124
チャーノフの顔形グラフ（Chernoff's face chart） 51
中央値（median） 10
中心極限定理（central limit theorem） 125
t 分布（t-distribution） 131
データ（data） 1
点推定（point estimation） 139
点推定量（point estimator） 139
統計的仮説検定（statistical testing hypotheses） 151
統計量（statistic） 1
同時確率関数（joint probability function） 66
同時密度関数（joint density function） 63
独立（independent） 57, 65
独立変数（independent variable） 39
度数（frequency） 1
度数分布表（frequency table） 1
トレンド（trend） 48

ナ 行

長さ n のベルヌーイ試行（Bernoulli traial with length n） 81
並べかえ検定（permutation test） 249
2項展開（binomial expansion） 82
2項分布（binomial distribution） 82
2項母集団（binomial population） 139
日経平均株価（Nikkei stock average） 6
2変量正規分布（bivariate normal distribution） 113

索　引

ハ 行

ハートレイ検定（Hartley test）　217
バートレット検定（Bartlett test）　217
バイアス（bias）　144
バイアス補正推定量（bias corrected estimator）　251
排反（disjoint）　55
箱ひげ図（box whisker chart）　25
外れ値（outlier）　4
範囲（range）　21
半数補正（half correction）　126
反応変数（response variable）　39
ピアソンの相関係数（Pearson coefficient of correlation）　35
P 値（P value）　157
ヒストグラム（histgram）　2
被説明変数（objective variable）　38
左片側仮説（left-sided hypotheses）　155
左片側検定（left-sided test）　155
非復元抽出（sampling without replacement）　69
標準化（normalization）　18
標準化（standardization）　108
標準誤差（standard error）　146
標準正規分布（standard normal distribution）　107
標本標準偏差（sample standard deviation）　17
標本（sample）　8
標本共分散（sample covariance）　33
標本空間（sample space）　55
標本尖度（sample kurtosis）　23
標本相関係数（sample correlation coefficient）　35
標本P値（sample P value）　157
標本分散（sample variance）　16
標本平均（sample mean）　8
標本歪度（sample skewness）　22
フィッシャーの厳密検定（Fisher's exact test）　209

フィッシャーのz変換（Fisher z transformation）　235
復元抽出（sampling with replacement）　69
複合仮説（composite hypothesis）　151
負の2項分布（negative binomial distribution）　88
不偏共分散（unbiased covariance）　34
不偏推定量（unbiased estimator）　140
不変推定量（invariance estimator）　142
不偏性（unbiasedness）　140
不変性（invariance）　8, 142
不偏分散（unbiased variance）　17
分割表（contingency table）　206
分散（variance）　16, 70
分布関数（distribution function）　60
平均（average, mean）　8
平均（mean）　70
平均2乗誤差（mean square error）　143
平均値（mean value）　70
平均偏差（mean deviation）　22
ベイズの定理（Bayes theorem）　58
ベータ関数（beta function）　100
ベータ分布（beta distribution）　99
ベルヌーイ試行（Bernoulli trial）　81
偏相関係数（partial correlation coefficient）　45
変動係数（coefficient of variation）　24
ポアソン分布（Poisson distribution）　86
ポアソン母集団（poisson population）　139
捕獲－再捕獲法（capture-recapture method）　94
母共分散（population covariance）　74
母集団（population）　1, 55
母相関係数（population correlation coefficient）　74
ホッジス・レーマン推定量（Hodges-Lehmann estimator）　243
母分散（population variance）　70
母平均（population mean）　70

297

マ行

右片側仮説 (right-sided hypotheses)　155
右片側検定 (right-sided test)　155
未知パラメータ (unknown parameter)
　139
密度関数 (density function)　61
無記憶性 (loss of memory property)　103
無作為標本 (random sample)　69
メディアン (median)　10
モード (mode)　12
モード階級 (mode class)　12
モーメント (moment)　70
モーメント推定量 (moment estimator)
　150
モーメント法 (moment method)　150
モーメント母関数 (moment generating function)　76
目的変数 (objective variable)　39

ヤ行

ヤコビアン (Jacobian)　120
有意 (significant)　151
有意水準 (significance level)　152
有意性検定 (significance test)　151
有限修整 (finite correction)　126

有限修整項 (finite correction)　93
有効推定量 (efficient estimator)　144
尤度関数 (likelihood function)　147
尤度比検定 (likelihood ratio test)　155
予測値 (predicted value)　41
予測変数 (predictor variable)　39

ラ行

ラプラスの定理 (Laplace theorem)　125
乱数 (random number)　97
離散確率変数 (discrete random variable)
　59
両側仮説 (two-sided hypotheses)　155
両側検定 (two-sided test)　155
累積度数 (cumulative frequency)　1
累積分布関数 (cumulative distribution function)　60
連続確率変数 (continuous random variable)
　59
ローレンツ曲線 (Lorenz curve)　25
ロジスティック分布 (logistic distribution)
　112

ワ行

歪度 (skewness)　22
ワイブル分布 (weibull distribution)　105

《著者紹介》
白旗慎吾（しらはた・しんご）

1947年　生まれ。
1970年　大阪大学理学部数学科卒業。
1974年　九州大学理学部助手。
1975年　理学博士（九州大学）。
　　　　大阪大学講師・助教授・教授を経て、
現　在　大阪大学大学院基礎工学研究科教授。
主　著　『パソコン統計解析ハンドブック　4』共立出版、1987年。
　　　　『統計解析入門』共立出版、1992年など多数。

Minerva ベイシック・エコノミクス
統計学

2008年11月10日　初版第1刷発行　　　　　　　検印廃止

定価はカバーに
表示しています

著　者　　白　旗　慎　吾
発行者　　杉　田　啓　三
印刷者　　坂　本　喜　杏

発行所　株式会社　ミネルヴァ書房
607-8494　京都市山科区日ノ岡堤谷町1
電話代表　(075) 581-5191番
振替口座　01020-0-8076番

© 白旗慎吾, 2008　　冨山房インターナショナル・藤沢製本

ISBN 978-4-623-05235-6
Printed in Japan

MINERVA ベイシック・エコノミクスシリーズ

初級から中級レベルを網羅するテキスト
Ａ５判・並製・平均280頁・２色刷り

監修　室山義正

マクロ経済学	林　貴志 著
ミクロ経済学	浦井　憲・吉町昭彦 著
財政学	室山義正 著
金融論	岡村秀夫 著
国際経済学（国際貿易編）	中西訓嗣 著
国際経済学（国際金融編）	岩本武和 著
社会保障論	後藤　励 著
日本経済史	阿部武司 著
西洋経済史	田北廣道 著
経済思想	関源太郎・池田　毅 著
制度と進化の経済学	磯谷明徳・荒川章義 著
経済数学（微分積分編）	中井　達 著
経済数学（線形代数編）	中井　達 著
統計学	白旗慎吾 著
ファイナンス	大西匡光 著

――― ミネルヴァ書房 ―――
http://www.minervashobo.co.jp/